导弹与航天技术概论

金永德　崔乃刚　关英姿
齐乃明　李中郢　赵　钧　编　著

哈尔滨工业大学出版社

内 容 简 介

本书介绍了导弹、运载火箭和航天器的组成及分类;动力装置;导弹的弹道及其制导原理;航天器的轨道及其控制原理;航天器的姿态动力学及姿态控制原理;战斗部和航天器有效载荷的分类及工作原理;导弹、运载火箭和航天器的外形和结构设计原理;航天器的应用。

本书可作为高等学校导弹和航天工程专业的教材,也可以作为相关专业的选修课教材,也可供从事导弹、航天事业的工程技术人员和相关专业人员参阅。

图书在版编目(CIP)数据

导弹与航天技术概论/金永德编著. —哈尔滨:哈尔滨工业大学出版社,2002.8(2020.1 重印)

ISBN 978-7-5603-1775-5

Ⅰ.导… Ⅱ.金… Ⅲ.①导弹-概论 ②航天工程-概论 Ⅳ.①TJ76 ②V4

中国版本图书馆 CIP 数据核字(2002)第 055385 号

责任编辑　杨明蕾
封面设计　卞秉利
出版发行　哈尔滨工业大学出版社
社　　址　哈尔滨市南岗区复华四道街 10 号　邮编 150006
传　　真　0451-86414749
网　　址　http://hitpress.hit.edu.cn
印　　刷　哈尔滨市工大节能印刷厂
开　　本　787mm×960mm　1/16　印张 18.5　字数 360 千字
版　　次　2002 年 8 月第 1 版　2020 年 1 月第 5 次印刷
书　　号　ISBN 978-7-5603-1775-5
定　　价　48.00 元

前　言

　　导弹与航天技术是以多门相关学科的成果为基础的综合性现代科学技术,它又不断地对相关学科提出新的要求而推动相关学科的发展。

　　导弹与航天技术的发展水平反映了一个国家的综合国力,正因为如此,国家投入了大量的人力、物力、财力发展导弹与航天技术。

　　经过几代人的努力,我国在导弹与航天技术领域内取得了显著的成绩,在世界上占有重要的地位。为了航天事业的发展,为了体现中华民族的实力,我们一代又一代航天人要持之以恒地努力奋进。基于以上理念我们编写了这本教材,为更多热爱航天的人提供一份学习的资料。

　　本教材以 1991 年编写、1998 年修订的哈工大校内讲义《航天技术概论》为基础,根据 20 年本课程的教学体会,参考国内外新发表的相关资料及最新发展状况而编写。内容系统全面,是高校导弹与航天相关专业的专业基础课教材,也可作为其他非航天专业本科生及研究生的参考书。

　　本教材以导弹与航天技术有关的基本概念的论述为主,用基本公式及图示,加深对基本概念的理解,使学生牢固掌握导弹、航天技术的基本概念与基本理论。

　　导弹与航天技术由多门学科构成。本教材有助于专业人员全面了解导弹与航天技术,及其与相关专业的相互关系。

　　本教材分为两部分,第一篇为导弹技术、第二篇为航天技术。

　　参加本教材第一篇编写工作的有崔乃刚(第一、三章)、关英姿(第二章)、齐乃明(第四章)、李中郢(第五章)、赵钧(第六章)和金永德(第七章),第二篇由金永德编著。

　　由于作者的水平有限,难免存在不足之处,希望读者批评指正。

　　本教材编写过程中,参考了很多国内外文献资料和兄弟院校有关教材,在此对原作者表示衷心的感谢。

作　者

2002 年 3 月

目　　录

第一篇　导弹技术

第二篇　航天技术

第一篇　导弹技术

第一章　绪　论

自第二次世界大战德国首先研制并在战争中率先使用 V-Ⅰ、V-Ⅱ导弹以来,经过 50 余年的发展,导弹已经成为种类繁多、用途广泛的现代化武器,是国家军事实力的重要标志之一,并在现代战争中发挥着越来越重要的作用。近代几场局部战争如美越战争、中东战争、马岛战争、海湾战争、科索沃战争及美国对阿富汗的军事打击充分体现了导弹武器在现代战争中的重要性。导弹武器已逐渐成为决定现代战争胜负的关键因素之一。

本章首先介绍火箭和导弹的发展史,并对导弹的组成和分类、反作用飞行原理等作详细介绍。

1.1　火箭和导弹的发展史

1.1.1　火箭和导弹

作为军事用途的飞行器,有飞机、火箭、导弹及各种军用卫星。飞机是一种有人或无人架驶的飞行器,而火箭和导弹是无人架驶的飞行器。下面就火箭和导弹的概念做简要说明。

火箭是依靠火箭发动机产生的喷气反作用力推进的一种无人驾驶飞行器。火箭的用途广泛,当它装有战斗部系统时,称为火箭武器。火箭也可用于发射卫星、空间站、载人飞船等各类航天器,称之为运载火箭,是目前的主要航天运载工具。还可应用火箭进行各种科学探测和试验,如生物火箭、探空火箭等。火箭可以是有控的,也可以是无控的,区别在于可控火箭上带有制导系统,可对火箭的运动进行控制,而无控的则与之相反。

导弹是依靠火箭发动机或航空喷气发动机产生的喷气反作用力推进的,本身带有制导系统和战斗部系统的一种飞行武器。制导系统的作用是保证导弹自动地飞向目标,并能较准确地到达目标附近或直接命中目标。在此条件下引爆战斗部,就可起到对目标的毁伤作用。

从火箭和导弹的定义可以看出,在含义上二者既有联系,又有显著的不同。图1.1清楚地表示了导弹和火箭的联系和区别。在交集部分,两个概念可以通用,如"洲际导弹"也可称为"洲际火箭"等。

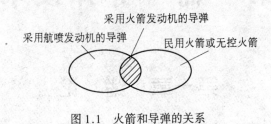

图 1.1　火箭和导弹的关系

1.1.2　火箭和导弹的发展史

1.1.2.1　火箭的发展史

中国是火箭的故乡,自从我国古代发明火药以来,火箭就开始了发展。从其出现开始就与战争有着密切的关系。在宋代初期(公元 969 年),冯义升和岳义方两人利用火药制成了世界上第一支火箭,将其作为武器用于宋灭南唐的战斗中。之后经过发展和传播,进入了阿拉伯和欧洲。这一时期的火箭从组成和原理上看都极其简单,属火箭发展的萌芽期。

公元 1896 年,俄国伟大的科学家齐奥尔科夫斯基发表了一篇重要的论文《用火箭征服宇宙》,他在这篇论文中详细阐述了火箭的基本原理,并对火箭赋与了新的用途——打开宇宙之门,即火箭是把各类卫星送入太空的运载工具。这标志着火箭技术进入了现代火箭技术发展时期。

进入 20 世纪,火箭技术由理论探索阶段向工程化迈进,1926 年美国科学家戈达德研制出了世界上第一枚液体推进剂火箭,进行了飞行试验并获得成功。特别值得一提的是在二战期间,德国在冯·布劳恩的领导下,研制出了首次在实战中使用的现代化火箭武器 V – Ⅱ导弹,标志着现代火箭技术已进入了实用化阶段,是火箭技术发展史上一个重要的里程碑。

二战结束后,前苏联、美国在德国 V – Ⅱ导弹技术的基础上大力发展自己的火箭技术,使火箭技术获得了突飞猛进的发展。除作为军事用途研制出多种火箭武器(导弹)外,还大力发展航天事业,将火箭作为开发太空的运载工具,终于在 1957 年 10 月 4 日,前苏联首先利用运载火箭把人类历史上第一颗人造地球卫星送入了太空。之后运载火箭与军用火箭逐渐分道扬镳,技术发展迅猛。到目前为止,美、俄、欧空局(ESA)、日本、中国及印度等国家已研制出 30 余种大、中、小型运载火箭,并将数千颗各类卫星、月球及行星探测器,以及载人飞船和空间站等载人航天器送入太空,使航天事业获得了飞速的发展。世界各国已经和正在使用的运载火箭主要有:前苏联的"东方"、"闪电"、"联盟"、"质子"、"天顶"、"能源",美国的"德尔他"、"宇宙神"、"大力神"、"土星",欧空局的"阿里安"系列,日本的"M"系列和"H"系列及中国的"长征"系列运载火箭等。

进入 21 世纪后,为了适应人类空间活动不断增加、航天技术不断发展和国际商业竞争的需要,航天运载火箭仍面临着新的技术挑战。研制出运载能力系列化、低成本、高可靠性、无污染、高性能的一次使用运载工具及可重复使用运载工具已经是大势所趋,能够实现单级入轨和完全重复使用的航天运载工具将给航天运载技术带来革命性的变革。

1.1.2.2 导弹的发展史

自二战以来,经过 50 余年的发展历程,导弹已成为种类繁多、用途广泛的现代化武器。目前,世界上能自行研制导弹的国家有 20 多个,装备有自己研制或从别国购买导弹武器的国家有 100 余个。可以说,凡是有正规军的国家,几乎都装备了现代化导弹武器。

回顾导弹的发展历史,导弹的发展可大致划分为四个阶段:早期发展阶段、大规模发展阶段、质量进一步提高阶段和全面更新阶段。

1.早期发展阶段(1945～20 世纪 50 年代初)

各国从第二次世界大战中德国使用 V－Ⅰ、V－Ⅱ导弹所发挥的作战效果中认识到,导弹在未来的战争中将发挥重要作用。在二战结束后不久,美、前苏联、英、法、瑞士和瑞典等国便开始启动或恢复原有的导弹研究工作。这一阶段的重点是对导弹的基础理论和关键技术开展了全面研究,并开始了新的导弹武器试验和研制工作。

2.大规模发展阶段(20 世纪 50～60 年代初)

进入 20 世纪 50 年代,导弹开始了大规模发展时期,美、前苏联等国在早期发展阶段提出的各种导弹型号相继研制成功。现在所熟知的地地和潜地弹道式导弹、地(舰)空导弹、空空导弹、空地导弹、反舰导弹、反坦克导弹、反潜乃至反导弹导弹等,都是在这一阶段问世的。据资料统计,在这一阶段各国研制的各类导弹总数达 180 余种。

由于当时经济实力、科技工业水平及战争理论和作战思想的限制,这一阶段研制的导弹主要解决有无问题,导弹的作战性能还比较差。在此期间导弹已开始装备部队,导弹的种类和数量已达到相当规模,世界范围的导弹武器市场已开始形成。

3.质量进一步提高阶段(20 世纪 60～70 年代初)

从 20 世纪 60 年代初开始,导弹进入了改进性能、提高质量的发展阶段。这一阶段改进的重点是:改进发动机性能,缩小导弹外形尺寸,减小结构质量,提高制导系统精度和抗干扰能力,提高各分系统可靠性和零部件的工艺质量,延长导弹的使用寿命和贮存期,降低成本,改善导弹的战术使用性能,使导弹向实用化方向迈进一大步。

在这一阶段,导弹技术的发展主要表现在两个方面,一是各类导弹都进行了多次改进,性能有明显提高;二是一些国家根据战争需求,加强和补全了自己缺少的导弹类型。但是上述改进大多是在没有打破原有导弹基本方案的前提下进行的。因此,导弹性能提高的幅度是有限的。

4．全面更新阶段(20世纪70年代以来)

国际形势的变化、战争的刺激、防御能力的增强、导弹需求量的增长都要求加快导弹更新换代的速度,要求各导弹生产国以更高性能的导弹投入国际竞争。

在此期间,导弹武器系统的设计思想有了新的发展,系统科学的理论和设计方法在导弹武器系统研制中发挥了重要作用。计算机技术已广泛应用于导弹武器研制的各个环节,模块化、多用途的设计思想在先进导弹的研制中有了充分体现,并广泛采用了"预埋改进技术"的研制方法。正是由于先进设计思想、设计方法的采用,在此期间先后出现了一些足以代表本类导弹发展方向的新型号,如弹道导弹中美国的"潘兴－Ⅱ"、"MX"和"侏儒"导弹,前苏联的"SS－20"导弹;巡航导弹中的美国"战斧"导弹;防空导弹中美国的"爱国者",法国的"响尾蛇",前苏联的"SA－12"、"S－300"导弹;空空导弹中美国的"不死鸟"导弹;反舰导弹中的法国"飞鱼",美国的"捕鲸叉"系列导弹;反坦克导弹中的美国"海尔法"导弹等。它们的共同特点是:都考虑了复杂的电子对抗和火力对抗的作战环境,抗干扰能力显著增强;导弹具有高度的机动性,生存能力和杀伤能力、作战使用方便性不断提高,较集中地反映了导弹武器的发展方向。

进入20世纪90年代后,"精确打击"概念的提出对导弹武器的命中精度提出了更高的要求,性能先进的制导体制如毫米波制导、激光制导、红外成像制导、景像区域相关制导及GPS/惯导组合导航等技术得以进一步发展,并广泛应用于先进的导弹武器上。

1.2　导弹的分类和组成

1.2.1　导弹的分类

按不同的分类准则,导弹可分为不同的类型。

若按弹道特征分类,可分为弹道式导弹和飞航式导弹。

弹道式导弹是一种由地面垂直发射的远射程、大威力的进攻性武器,其弹道由主动段、自由飞行段和再入段组成(自由段和再入段又统称为被动段)。在主动段飞行阶段,导弹受到发动机推力和制导系统的作用,主动段飞行结束后,导弹飞出稠密大气层,实现弹头与弹体分离,转入自由飞行段。在此阶段导弹只受到地球引力的作用,按椭圆轨迹在稠密大气层外飞行,之后导弹再入大气层,在再入飞行段导弹受到强烈的气动加热,需要对弹头进行防热。早期的弹道式导弹在再入段不进行控制,因此落点精度及突防能力较差。

有些先进的弹道式导弹在再入弹头上增加了制导系统,进行再入控制,使其落点精度和突防能力都有较大提高。图1.2给出了弹道式导弹的一种典型弹道。

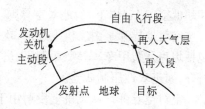

图1.2 弹道式导弹的弹道

根据射程的不同,弹道式导弹可分为近程(100~1 000 km)、中程(1 000~4 000 km)、远程(4 000~8 000 km)和洲际(8 000~10 000 km或以上)弹道式导弹。

飞航式导弹(西方通称为巡航导弹)是一种以火箭发动机或航空喷气发动机为动力,在大气层内飞行并有较长平飞段的自控飞行作战武器。"飞航"是指导弹在大气层内升力与重力、推力与阻力大致平衡的条件下,以某一较经济或特定的高度和速度飞行的方式。

飞航导弹的外形有些像飞机,飞行航迹大部分为等高、等速巡航飞行弹道。当从飞机上发射时,导弹先下滑后转入平飞;若从地面或舰艇上发射,导弹先助推爬升,然后转入平飞(自控段),捕捉到目标后自动导向目标(自导段),攻击陆上目标的现代巡航导弹还有地形回避/跟踪和末端机动飞行弹道,可大大提高突防能力。图1.3表示了一种飞航导弹的典型弹道。

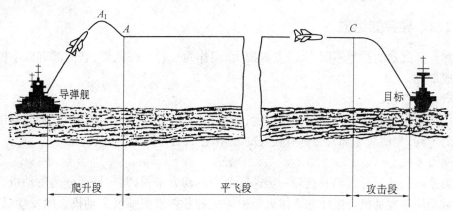

图1.3 飞航导弹的典型弹道

若按发射点和目标的空间位置划分,导弹可分为地对空、空对地、空对空、地对地导弹。

地对空导弹又称防空导弹,是从地面或海上发射攻击空中目标的导弹,主要用于保卫城市、军事基地等重要设施、大型军舰等。攻击的目标包括飞机、导弹及军事卫星等。若攻击的目标是飞机,根据不同的作战空域,又可分为中高空(10~30 km)、低空(3~10 km)

和超低空(3 km 以下)的地对空导弹。

空对地导弹是由飞机上发射,攻击地上或海上目标的导弹,其打击的目标极其广泛,包括坦克及装甲车、车辆、军舰、人员、桥梁及指挥所等建筑、雷达等军事设施等地海一切目标,属进攻性压制武器。

空对空导弹是从飞机上发射用于攻击空中目标的导弹,打击的主要目标是各种军用飞机和巡航导弹,又称之为航空导弹。空对空导弹根据攻击能力的不同又可分为尾部攻击导弹和全向攻击导弹。尾部攻击导弹只能从目标后方的一个区域内对目标进行攻击,而全向攻击导弹可从目标的前方、后方全区域攻击目标。按射程的不同,又可分为近距格斗弹和远程攻击弹。

地对地导弹是指从地上或海上发射、打击地上或海上目标的导弹。在这类导弹中,弹道式导弹、陆射(海射)巡航导弹占有较大比例。

若按导弹打击的目标类型不同,可分为反飞机导弹、反导弹导弹、反卫星导弹、反舰导弹、反辐射导弹(用于攻击雷达等电磁辐射源),反坦克导弹及攻击地面常规目标导弹。其中攻击地面常规目标导弹的导弹打击目标极广,包括地面上的一切有生力量和重要设施。

另外,导弹还可按作战中的作用划分为战略导弹、战术导弹;按使用的推进剂划分为液体导弹、固体导弹和固液导弹;按级数划分可分为单级导弹和多级导弹等。

1.2.2　导弹的组成

虽然导弹武器的类型不同,大小差异很大,但作为一种可控武器,它们都有以下四个主要组成部分。

1.战斗部系统

战斗部系统是摧毁目标的主要执行者,由战斗部、引信和保险装置组成。针对打击目标特点的不同,为使战斗部对目标有较好的破坏效果,有不同类型的战斗部。

2.动力系统

动力系统是使导弹运动并达到一定速度要求的动力来源,其主要部分是发动机。导弹上经常使用的发动机有固体或液体火箭发动机和各种航空喷气发动机。除发动机外,动力系统还包括发动机架、推进剂输送和管理系统(对液体火箭发动机系统而言)等附属系统。

3.制导系统

制导系统是导引系统和控制系统的综合,其任务是控制导弹准确命中预定目标。制导系统可以全部装在导弹上,也可以一部分装在导弹上,而另一部分安装在地面的指挥站内。

4.弹体结构

弹体结构的作用是将导弹的各个组成部分牢固地连接在一起,并使导弹有一个良好的气动外形,是导弹的承力结构。

后续章节将对上述四个分系统做详细介绍。

导弹除具有上述四个主要分系统外,特别是对于试验弹来说还包括遥测系统、外弹道测量系统及安全自毁系统等。遥测系统主要任务是将导弹飞行过程中各种信息下传到地面,用于故障分析与判断及试验的评定;外弹道测量系统主要任务是对导弹的飞行弹道进行监视和测量,也是判定故障和进行试验评定的重要依据;安全自毁系统主要任务是保证导弹飞行试验区内地面设施和人员的安全,即根据外弹道测量结果一旦预报出导弹将飞出事先确定的安全轨道,则发出自毁指令使导弹在空中自毁。

1.3 反作用飞行原理

导弹的飞行动力是发动机的推力,推力的主要部分是喷气反作用力。产生喷气反作用力的代价是导弹要不断地消耗燃料,导弹的质量不断减小,因此导弹是一个变质量的力学系统。

1.3.1 喷气反作用力的产生

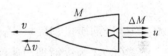

图1.4表示一个变质量力学系统,图中 M、v 分别代表 t 时刻导弹的质量和飞行速度;ΔM、Δv 分别代表经 Δt 时间段后导弹所消耗的推进剂质量和获得的速度增量;u 为发动机燃气经喷管排出的喷气速度(相对于导弹)。

图 1.4 变质量力学系统

设导弹所受的外力的合力为 $\sum F_{外}$,则根据动量定理,有

$$(M - \Delta M)(v + \Delta v) + \Delta M(v - u) - Mv = \sum F_{外} \cdot \Delta t \qquad (1.1)$$

忽略上式中的 $\Delta M \cdot \Delta v$,并求极限,有

$$M \frac{\mathrm{d}v}{\mathrm{d}t} = \dot{m}u + \sum F_{外} \qquad (1.2)$$

其中,$\dot{m} = -\dfrac{\Delta M}{\Delta t}$ 代表推进剂的秒消耗量。

式(1.2)称为密歇尔斯基公式,$\dot{m}u$ 称为喷气反作用力,它与推进剂的秒消耗量及喷气速度成正比。要想获得较大的喷气反作用力,可通过提高发动机喷气速度和增加推进剂秒消耗量来实现。喷气反作用力是发动机推力的主要部分,一般称之为动推力,大约占总推力的90%以上。

1.3.2　火箭的理想速度公式

设火箭的初始速度为零,并假设火箭只受发动机推力(喷气反作用力)的作用,当 t_K 时刻发动机停止工作时(发动机关机点)火箭的质量为 M_K,速度为 v_K,火箭起飞时速度为零,质量为 M_0。

由于假设了火箭在飞行过程中只受到喷气反作用力的作用,于是 $\sum F_{外} = 0$,则式(1.2)可表示为

$$M \frac{\mathrm{d}v}{\mathrm{d}t} = \dot m u \tag{1.3}$$

而 $\dot m = -\dfrac{\mathrm{d}M}{\mathrm{d}t}$,则有

$$\mathrm{d}v = -\frac{1}{M} \cdot u \mathrm{d}M \tag{1.4}$$

两边同时积分,有

$$\int_0^{v_K} \mathrm{d}v = -u \int_{M_0}^{M_K} \frac{1}{M} \mathrm{d}M \tag{1.5}$$

$$v_K = u \ln \frac{M_0}{M_K} = u \ln(1 + \frac{M_P}{M_K}) \tag{1.6}$$

M_P 为推进剂质量,$M_0 = M_P + M_K$。

式(1.6)为火箭理想速度公式,又称为齐奥尔科夫斯基公式。从式中可以看出,发动机关机时火箭所能达到的速度与发动机的喷气速度成正比,与火箭的发动机停火时刻的质量 M_K 成反比,如果喷气速度越大,发动机关机时火箭的结构质量越小(在带有同样多推进剂条件下),则火箭所能达到的速度越大。因此,提高火箭的飞行速度有两个途径,一是提高火箭发动机产生的燃气流排出速度,选用高能推进剂,即提高火箭发动机的性能;二是尽可能减轻火箭发动机关机点火箭的质量,尽量增加所带推进剂的质量。

1.3.3　多级火箭的概念

人造地球卫星是由运载火箭送入轨道的,要想用运载火箭发射人造地球卫星的条件是最低把人造地球卫星加速到第一宇宙速度(7.91 km/s)。而由于技术和工艺加工水平的限制,单级火箭是很难达到这一速度的,即实现单级入轨是极其困难的。

为了实现人类宇宙航行的宿愿,俄国伟大的科学家齐奥尔科夫斯基于1903～1914年间提出了多级火箭的概念,正是由于他的多级火箭理论和后来技术的工程实现,打开了人类通向宇宙的大门。多级火箭的技术出发点是减轻火箭结构质量,达到提高火箭速度的目的。多级火箭是由几级独立推进的火箭组成,每级火箭独立工作。当第一级工作时,其发动

机产生的推力使整个火箭加速飞行,第一级发动机推进剂燃烧结束时,火箭达到速度 v_1。同时,第一级火箭自行脱落以降低结构质量,第二级火箭发动机点火开始工作,火箭继续加速至 v_2。这样继续下去,火箭的飞行速度不断增加,直到达到第一宇宙速度,将有效载荷送入预定的宇宙航行轨道为止。如果是 n 级火箭,最终的速度为

$$v = \sum_{i=1}^{n} v_i = \sum_{i=1}^{n} u_i \ln \frac{M_{0i}}{M_{Ki}} \tag{1.7}$$

其中, u_i 为第 i 级火箭发动机的有效喷气速度; M_{0i} 为第 i 级火箭的起飞质量; M_{Ki} 为第 i 级火箭的发动机停火时刻的质量。

当然,随着火箭级数的增加,火箭系统要变得更为复杂,可靠性下降,所以火箭级数不宜太多。目前的运载火箭多为 2 ~ 4 级。用于发射载人航天器的运载火箭对可靠性要求更高,一般采用两级。除发射阿波罗登月飞船的土星 5 号采用三级之外,世界上载人航天器的运载火箭都是二级火箭。

随着科学技术的进步、新型高性能火箭发动机和质量更轻的新型火箭结构的问世,将给现代运载火箭带来革命性的变革,用单级运载火箭发射人造卫星、空间探测器和载人航天器终究会成为现实。美国已进行了以火箭发动机为动力的单级入轨飞行器 X – 33 的飞行试验并取得了一定的进展,预示着实现单级入轨的愿望已为期不远。

第二章 动力装置

2.1 动力装置的分类

　　飞行器(导弹、飞船、运载火箭、航天飞机)飞行的动力组成部分称为动力装置,又称推进系统,是为飞行器飞行提供推力的装置。目前绝大多数情况下飞行器所采用的动力装置都是喷气发动机。现代喷气发动机可分为空气喷气发动机、火箭发动机和组合发动机。

　　空气喷气发动机利用大气层中的空气与发动机所携带的燃料燃烧产生高温燃气,因此,空气喷气发动机只能在大气层中工作。火箭发动机利用自身携带的氧化剂和燃料产生高温高压气体,因此火箭发动机既能在大气层内工作,也能在大气层外的宇宙空间中工作。组合发动机指两种或两种以上不同类型发动机的组合,如空气喷气发动机与火箭发动机之间的组合。根据目前的使用和研制情况,喷气发动机大致的分类,见图2.1所示。

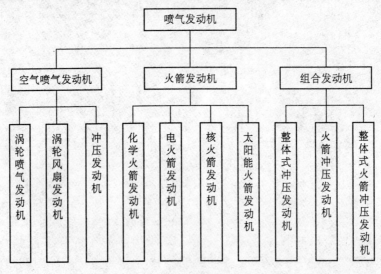

图 2.1　喷气发动机的分类

2.2 空气喷气发动机

空气喷气发动机按对空气的增压方式不同可划分为有压气机式和无压气机式两类，前者包括涡轮喷气发动机和涡轮风扇发动机，后者包括冲压发动机。

2.2.1 涡轮喷气发动机

2.2.1.1 组成及各部分的功能

这种发动机因用涡轮作压气机的驱动源而得名，简称涡轮发动机。主要由进气道、压气机、燃烧室、涡轮和尾喷管组成，如图 2.2 所示。

进气道的主要作用是整理进入发动机的空气流，消除紊乱的涡流，使气流沿整个压气机进口处有比较均匀一致的压力分布，从而保证压气机有良好的工作条件。压气机为轴流式的，即在压气机内气流方向基本上与压

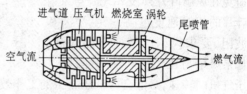

图 2.2 涡轮喷气发动机

气机轴线方向平行。压气机通道做成收敛形状。在发动机匣上装有静子叶片，在压气机轴上装有转子叶片。压气机轴由涡轮带动高速旋转，从而使静子叶片和转子叶片发生相对运动迫使进气道来的空气不断压缩增压。空气被压缩增压后进入燃烧室，一部分空气与喷嘴喷入燃烧室的燃油混合、雾化、燃烧，变成了具有很大能量的高温高压燃气，其余的空气与燃气混合在一起，变成 800 ~ 1 000 ℃的气流进入涡轮，驱动涡轮盘使其高速旋转。经过涡轮的气流进入尾喷管，在尾喷管内膨胀加速，然后高速排出。

2.2.1.2 工作原理及特点

工作时，先用启动器把空气吸进发动机，空气经进气道整流、均压后进入压气机受压缩。压缩后的空气进入燃烧室，与喷嘴中喷出的燃油混合燃烧产生热燃气。燃气膨胀做功使涡轮旋转，并带动与涡轮联轴的压气机转动，启动器就自动停止了工作。燃气经过涡轮进入尾喷管并进一步膨胀加速，向后高速喷出，喷出的燃气给发动机以反作用力。

由于涡轮喷气发动机中装有压气机和涡轮两个转动部件，所以结构比较复杂。但它能在静止状态和速度不大的情况下工作。涡轮喷气发动机的耗油率为 0.8 ~ 1.0 kg(燃油)/kg(推力)·h,适合远距离飞行。

和飞机上采用的涡轮喷气发动机相比，导弹用的涡喷发动机的最大特点是体积小，重量轻。

2.2.2　涡轮风扇发动机

　　由喷管排出燃气和风扇排出空气的涡轮喷气发动机称为涡轮风扇发动机,它由进气道、风扇、压气机、带动压气机的涡轮、带动风扇的涡轮、燃烧室和喷管组成,如图 2.3 所示。

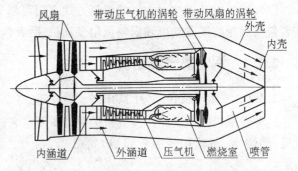

图 2.3　涡轮风扇发动机示意图

　　风扇一般都在发动机压气机的前端。工作时,涡轮带动风扇和压气机等旋转,不断吸进空气。为了避免在风扇叶片外段外气流与风扇叶片的相对速度过高,产生激波和波阻,要求风扇的转速不能太高。如果风扇与压气机同轴,就限制了压气机的转速,必然会降低压气机的工作效率。因此,采取两组涡轮分轴带动风扇和压气机。空气经风扇压缩后,按一定比例进入内、外两个气流通道。外通道气流一般只作平滑流动,经喷管加速排出,这股气流所经过的通道称为外涵道;另一股气流与普通涡轮喷气发动机相同,经过压气机,进入燃烧室、涡轮后由喷管排出,这股内部气流通道称为内涵道,所以这类发动机又叫做内外涵道发动机。两股气流或分别通过各自的喷管排出,或在涡轮后汇合,然后一起排出。

　　涡轮风扇发动机排出的燃气速度都比较低,燃气射流的动能损失较小,因此这种发动机在亚音速飞行时有较好的经济性。但是超音速飞行时,排气速度小又成为障碍,为了提高涡轮风扇发动机的使用性能,就出现了加力式涡轮风扇发动机,如图 2.4 所示。

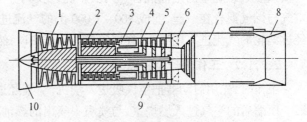

图 2.4　内外涵气流混合后加力的涡轮风扇发动机示意图
1—风扇;2—高压压气机;3—燃烧室;4—高压涡轮;5—低压涡轮;
6—混合器;7—加力燃烧室;8—可调喷管;9—外涵道;10—进气装置

　　涡轮风扇发动机和加力式涡轮风扇发动机发展得很快,在飞机上得到了广泛应用。主要是它们的耗油率低(耗油率为 $0.35 \sim 0.7$ kg(燃油)/kg(推力)·h),经济性好。与同样的轴流式涡轮喷气发动机相比,涡轮风扇发动机的推力大,迎风面积大。这种发动机在航程比较远的巡航导弹上得到了广泛的应用。

2.2.3　冲压发动机

冲压发动机是依靠高速迎面空气流的冲压增压作用而进行工作。冲压发动机种类很多,按飞行速度可分为亚音速、超音速和高超音速冲压发动机;按燃烧室气流速度可分为亚音速燃烧和超音速燃烧冲压发动机;按使用条件可分为加速式、巡航式和加速巡航式冲压发动机。下面以典型的超音速冲压发动机为例,说明冲压发动机的组成及工作原理。

2.2.3.1　组成及各部分功能

超音速冲压发动机本体由扩压器、燃烧室和喷管三部分组成,如图2.5所示。

扩压器包括圆柱形的外壳和中心锥体。中心锥体内可放油泵、制导系统和战斗部等。扩压器的主要作用是引入空气,实现压缩过程,提高气流的压强。增压原理是利用高速气流滞止,使动压变为静压。燃烧室主要由壳体、喷嘴环、火焰稳定器和预燃室等几部分组成。壳体也是圆柱形的,与扩压器壳体相连。喷嘴环是圆环形管状构件,上有燃油喷嘴。从喷嘴喷出的油呈雾状,与空气流混合,成为能

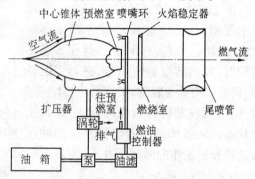

图 2.5　冲压发动机示意图

燃烧的油气混合气。混合气流速仍较高,不易点燃,为使气流减速易燃,在喷嘴环后装有火焰稳定器。混合气被从预燃室喷出来的火舌点燃,形成高温燃气,然后通过喷管向后喷出。预燃室实际上是一个小燃烧室,也有喷嘴,喷出的燃油由点火器点燃,产生持续的火舌向外喷出,起到长期点火的作用。喷管的作用是使高温高压燃气膨胀加速。

除发动机本体外,还有一套燃油输送系统。从扩压器引出的一小股气流推动小涡轮,小涡轮再带动同轴的燃油泵,把燃油从油箱中吸出,经油滤、燃油控制器、喷嘴环进入燃烧室。

上面所述的是一种液体燃料冲压发动机。它是发展最早、技术最成熟、使用也最多的一种冲压发动机。特点是需要燃料输送和调节系统、喷雾燃烧装置及火焰稳定器,以获得良好的雾化掺合和恰当的燃油浓度分布,保证稳定有效地燃烧。液体燃料冲压发动机具有液体燃料流量调节容易实现,发动机燃烧效率高、能量高等优点,但同时存在燃料流量调节系统复杂,大攻角飞行时燃烧稳定性差等不足。

如果采用固体燃料,则燃料直接放入燃烧室内,这就是固体燃料冲压发动机。固体燃料冲压发动机由冲压进气道(扩压器)、突扩燃烧室、固体燃料药柱、补燃室和喷管组成。由进气道进入的冲压空气流经固体药柱中心通道时与周围燃料药柱热解、蒸发产物进行

混合、燃烧。固体燃料冲压发动机不像液体燃料冲压发动机需要燃料供应和控制系统,因此结构最简单。由于发动机尺寸限制了工作时间,它特别适用于中小型的空空、空面和面空等超音速战术导弹。

冲压发动机不能自行起飞,必须有助推器进行助推。如果将固体火箭助推器置于冲压发动机内,使冲压发动机的燃烧室与固体火箭助推器的燃烧室是共用的,并且使它们在结构上成为一体化的发动机整体,则这种发动机称为整体式冲压发动机。整体式冲压发动机按冲压发动机所使用的燃料的物态又分为整体式液体燃料冲压发动机和整体式固体燃料冲压发动机。

图 2.6 为整体式液体燃料冲压发动机示意图,其工作过程是首先助推器点火,使发动机加速,在助推器药柱 5 燃尽的同时,发出转级控制信号,进行工况转换;助推器喷管 7 脱落,扩压器出口堵盖 3 打开,冲压发动机开始喷油点火,进入工作状态。从固体助推器工作结束到冲压发动机开始工作的时间为 0.5 s 左右。

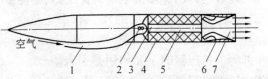

图 2.6　整体式液体燃料冲压发动机示意图

1—进气扩压器;2—液体燃料喷嘴;3—扩压器出口堵盖;4—燃烧室;5—固体药柱;6—冲压发动机喷管;7—助推器喷管

2.2.3.2　特点

与涡喷、涡扇发动机以及火箭发动机相比,冲压发动机具有如下突出优点。

(1)构造简单、质量小、成本低。若以 $Ma = 2$ 飞行时,冲压发动机的质量约为涡喷发动机质量的 1/5,制造成本则仅为 1/20。

(2)高速飞行状态下($Ma > 2$)经济性好,耗油率为 2.5 kg(燃油)/kg(推力)·h。

(3)比冲高。冲压发动机的比冲比火箭发动机高 4～6 倍。

(4)在超音速和高超音速($Ma = 1.0 \sim 5.0$)飞行条件下,冲压发动机的推重比优于涡喷发动机。

冲压发动机也有其固有的不足之处,其主要缺点如下。

(1)低速时推力小,耗油率高;静止时根本不能产生推力,所以不能自行起飞,必须要有助推器助飞。

(2)冲压发动机的工作对飞行状况的变化敏感。例如,飞行速度、飞行高度、燃烧后剩余的空气量、飞行迎角等参数变化都直接影响发动机的工作。

(3)与火箭发动机相比,随着推力增加,发动机的体积和直径都增加很大,这给导弹的气动布局带来困难。这种发动机迎风面积大,从而增加导弹飞行时的阻力。

冲压发动机常用于靶机和飞航式导弹,还可用作高超音速飞行器的动力装置。

2.3 化学火箭发动机

2.3.1 发动机的主要参数

2.3.1.1 推力

1.推力室的推力

推力室的作用是将推进剂的能量转变成射流的功能,以产生反作用力,即推力。推力室的推力产生的原因是由于发动机工作时,作用于发动机推力室壁内外力的不平衡。图 2.7 为发动机推力室壁内外表面的受力图,内表面受燃烧气体的压力作用,外表面受环境介质的压力作用,二者不平衡,其合力的轴向分量形成作用于火箭发动机推力室的推力。

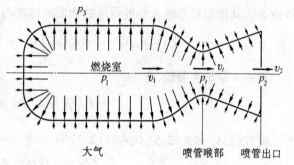

图 2.7 推力室上的压力平衡图

因此,推力室的推力定义为推力室工作期间,作用在推力室内表面上的燃气压力和未受扰动的周围介质作用在推力室外表面上压力的合力的轴向分量。根据该定义可直接在试车台上测出推力。

现在来确定图 2.7 所示的推力室的推力。推导中采用以下假设:推力室为一维轴对称体,推力室内的燃气流动为完全气体的一维定常流。

由推力定义,推力室的推力 F 应为

$$F = F_{ex} + F_{in} \tag{2.1}$$

其中,F_{ex} 和 F_{in} 分别表示作用于推力室外表面和内表面上压力的合力。

由图 2.7 及上述轴对称体的假设,有

$$F_{ex} = \int_{A_{ex}} p_3 dA = p_3 A_2 \tag{2.2}$$

$$F_{in} = \int_{A_{in}} p_g dA \tag{2.3}$$

式中,p_3 为大气压强,p_g 为推力室内燃气压强,A_{in} 和 A_{ex} 分别为推力室壁内外表面的面积。

为了给出式(2.3) 的解析式,取推力室内表面和出口截面所包围的燃气为控制体,对作用于控制体表面上的力进行分析。容易看出,从控制面周界一侧作用于控制体上的外力,其大小等同而方向相反于燃气的压力。外力的合力可以看作是两个量之和,即等于作用于推力室内表面上的作用力和作用于喷管出口截面假想表面上的作用力的积分之和,即

$$\int_{A_{con}} (-p_g) dA = \int_{A_{in}} (-p_g) dA + \int_{A_2} (-p_g) dA$$

式中 A_{con} 为控制体的表面积,A_2 为喷管出口的横截面积。

由动量定律知道,作用于控制体上的外力的合力等于每秒穿过该控制体表面的燃烧气体的动量差。由于单位时间内通过面积 A_2 流出控制体的燃烧产物的质量为 $\dot{m}$,速度为 v_2,以液态或其他聚集态流入该控制体的物质的速度与 v_2 相比可以忽略不计,于是有

$$\int_{A_{con}} (-p_g) dA = \dot{m} v_2 = \int_{A_{in}} (-p_g) dA + \int_{A_2} (-p_g) dA \tag{2.4}$$

再由一维满流假设,有

$$\int_{A_2} (-p_g) dA = -p_2 A_2 \tag{2.5}$$

将式(2.4) 和式(2.5) 代入式(2.3) 有

$$F_{in} = -\dot{m} v_2 - p_2 A_2 \tag{2.6}$$

将式(2.2) 和式(2.6) 代入式(2.1),有

$$F = -\dot{m} v_2 - p_2 A_2 + p_3 A_2$$

由于假设推力室是轴对称的,所以合力仅有轴向分量。取火箭发动机运动的方向为正方向,则上式各力在轴向方向投影为

$$F = \dot{m} v_2 + A_2 (p_2 - p_3) \tag{2.7}$$

由式(2.7) 可知作用在推力室上的推力由两项组成:第一项 —— 动量推力,是组成推力的主要部分;第二项 —— 压力推力。由第二项可以引出几种工作状态的推力公式。

设计状态推力 F_D

此时 $p_2 = p_3$,也就是发动机工作在与 p_3 相对应的飞行高度上,有

$$F_D = \dot{m} v_2$$

海平面推力 F_0

此时 $p_3 = p_0 = 101\ 325$ Pa,即发动机在海平面高度上工作,有

$$F_0 = \dot{m} v_2 + (p_2 - p_0) A_2$$

真空推力 F_v

此时 $p_3 = 0$,即发动机在真空状态下工作,有

$$F_v = \dot{m}v_2 + A_2 p_2$$

式(2.7)表明,推力室的推力与飞行速度无关。由于外界流体压力的变化影响压力推力,所以可以预料火箭发动机推力室的推力随高度是变化的。因为大气压力随着高度的增加而下降,所以,如果飞行器在比较高的高度上飞行,推力和比冲都将增加,对于典型的火箭发动机,如图2.8所示。

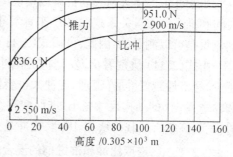

图2.8 典型的火箭发动机的高度特性

2. 发动机的推力

一台火箭发动机可以只有一个推力室,也可以有多个推力室。所以,火箭发动机的推力应该是组成发动机的所有推力室的推力之和。而对于采用涡轮泵式供应系统输送推进剂的液体火箭发动机,驱动涡轮以后从专门的排气管排出的涡轮废气也能产生一定的推动力。所以发动机的推力应为

$$F_{\text{eng}} = \sum_{i=1}^{n} F_i + \sum_{j=1}^{k} \Delta F_j$$

式中,n 和 k 分别是发动机的推力室和涡轮废气排出管的个数;F_i 为第 i 个推力室提供的推力;ΔF_j 为第 j 个废气排出管提供的推力。

2.3.1.2 总冲与比冲

总冲 I_t 为整个工作时间内推力对时间的积分,即

$$I_t = \int_0^t F \mathrm{d}t \tag{2.8}$$

总冲的单位为 N·s。

对于恒定推力,忽略起动和关机过渡过程,上式可简化为

$$I_t = Ft \tag{2.9}$$

总冲是表征火箭发动机工作能力的参数,总冲越大,在有效载荷一定时,导弹射程越远。

比冲 I_s 为单位质量的推进剂所产生的总冲,其单位为 m/s。定义式为

$$I_s = \frac{I}{M_p} = \frac{\int_0^t F \mathrm{d}t}{\int_0^t \dot{m} \mathrm{d}t} \tag{2.10}$$

其中,M_p 为总的推进剂的质量。

对于恒定的推进剂质量流量 $\dot{m}$、恒定推力 F,并略去短暂的启动和关机过程,则

$$I_s = \frac{F}{\dot{m}} \tag{2.11}$$

上式表明,比冲也可定义为每秒消耗单位质量的推进剂所产生的推力。

由于许多固体火箭发动机难以精确测量推进剂的流量,因此,通常用总冲(或推力)、时间和推进剂重量关系式(2.10)来计算平均比冲。在液体推进剂发动机中,推力和推进剂流量是可以测量的,因此,可用式(2.11)来计算比冲,通常称其为比推力。

由式(2.11)清楚看出,发动机的比冲越大,为产生同样的推力需要消耗的推进剂量越少,经济性越好。同样道理,比冲大也会使推力室(对液体火箭发动机还包括推进剂贮箱和输送系统)的结构尺寸减小,进而使整个火箭飞行器尺寸减小、质量减轻,最终使火箭射程、射高或有效载荷增加。因此,比冲是火箭技术中最重要的性能参数之一。

2.3.1.3　密度比冲和推进剂的混合比

有时也按推进剂的体积流量 $\dot{V}$ 来确定密度比冲 $I_{s,V}$

$$I_{s,V} = F/\dot{V} = I_s \rho_b \tag{2.12}$$

推进剂的混合比 ν 定义为氧化剂流量与燃烧剂流量之比

$$\nu = \frac{\dot{m}_o}{\dot{m}_f} \tag{2.13}$$

推进剂的混合比对发动机的比冲有很大影响,同时由于它影响推进剂的密度 ρ_b,从而也影响到运载火箭及航天器的结构质量和尺寸。

2.3.1.4　有效排气速度

有效排气速度 c 是飞行器喷射推进剂的平均等效速度,它被定义为

$$c = F/\dot{m} = I_s \tag{2.14}$$

c 的单位是 m/s。

将式(2.7)代入式(2.14)可得

$$c = v_2 + \frac{A_2}{\dot{m}}(p_2 - p_3) \tag{2.15}$$

显然,只有当 $p_2 = p_3$ 时,有效排气速度的值才和喷管出口截面上的速度值相等。

2.3.1.5　推力系数

推力系数 C_F 是表征喷管性能的一个重要参数,它定义为推力除以燃烧室压力 p_1 和喉部面积 A_t,即

$$C_F = \frac{F}{p_1 A_t} \tag{2.16}$$

C_F 是一个无因次量,由于乘积 $p_1 A_t$ 可视为燃烧室产生的推力,所以,推力系数表示由

于喷管的作用,使推力室推力与燃烧室推力分量相比增大的倍数。显然,C_F 越大,表示喷管在产生推力室推力方面的作用越大。

2.3.1.6 特征速度

特征速度 c^* 定义为

$$c^* = \frac{p_1 A_t}{\dot{m}} \tag{2.17}$$

特征速度 c^* 主要用于化学火箭发动机,根据 $\dot{m}$、p_1 和 A_t 的测量数据很容易求出。它是代表推进剂组合的优越性及燃烧室设计品质的一个参数,基本上与喷管的特性无关。

2.3.1.7 迎面推力和推重比

火箭飞行器技术的发展对火箭发动机设计提出了越来越高的要求,除了推力、比冲等性能指标外,对发动机结构、尺寸和重量等要求越来越高。迎面推力和推重比是评定火箭发动机结构、工艺完善性和使用性能好坏的两个重要指标。

发动机推力 F 与发动机最大迎风面积 A_{max} 之比称为迎面推力 F_M,即

$$F_M = F/A_{max} \tag{2.18}$$

在其他条件相同的情况下,若 F_M 值大,表明火箭飞行中的迎面阻力小。

推重比为发动机推力 F 与加载飞行器质量 ω_0(装有推进剂)之比,其为重力加速度的倍数,用以表示加速性。

2.3.2 液体火箭发动机

2.3.2.1 发动机的组成、结构及其工作原理

液体火箭发动机一般包括一个或多个推力室,一个或多个贮存推进剂的贮箱,强迫推进剂进入推力室的推进剂输送系统,推进剂流量调节控制装置和发动机架等。

1.推力室

推力室是液体推进剂进行喷注、雾化、混合和燃烧,并使燃气膨胀以高速喷出产生推力的部件。包括喷注器、燃烧室和喷管三部分。

喷注器位于燃烧室前端,其作用是把推进剂喷入燃烧室,使之雾化、混合。喷

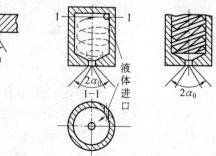

图 2.9 喷嘴

注器的主要部分是喷嘴,喷嘴有直流式和离心式两种类型,如图 2.9 所示。

燃烧室是推进剂在高压下燃烧的场所,燃烧室的形状和容积对推进剂的燃烧效率和

燃烧的完全程度有重要影响。从结构质量考虑,应该在给定的容积下使壳体表面积尽量小,壁厚尽量薄,所以大发动机燃烧室通常为球形或椭球形;短时间工作的小推力发动机,为了结构及工艺简单,经常采用圆筒形燃烧室。

　　喷管和燃烧室组成整体式结构。目前所有的喷管一般都是圆形横截面的,但其纵向截面却有多种形式,如图 2.10 所示。锥形喷管的形状最简单,也比较容易制造。从性能及结构质量等方面考虑,所选取的最佳扩张锥角一般为 20° ~ 30°。这种喷管常用于小推力及工作时间短的发动机中。钟形喷管在紧接喉部之后处的扩张段有较大扩张角(30° ~ 60°),随后喷管轮廓线的斜率缓慢变平,减小了喷管出口处的流动扩张损失。钟形喷管及在其基础上进行型面改进的特型喷管在液体火箭发动机中得到了广泛使用。塞式喷管和膨胀偏流喷管是与环形燃烧室相配合的特种喷管。

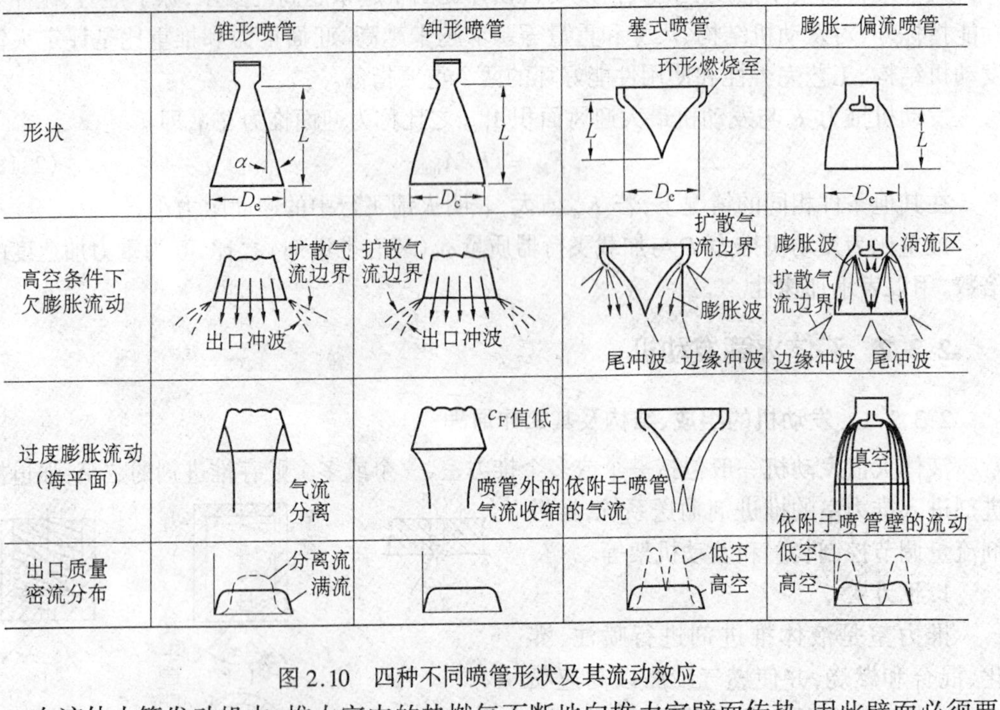

	锥形喷管	钟形喷管	塞式喷管	膨胀—偏流喷管
形状				
高空条件下欠膨胀流动				
过度膨胀流动(海平面)				
出口质量密流分布				

图 2.10　四种不同喷管形状及其流动效应

　　在液体火箭发动机中,推力室中的热燃气不断地向推力室壁面传热,因此壁面必须要有足够的冷却从而使壁温不会超过其允许的极限。大中型液体火箭发动机推力室壁采用的主要冷却方式是再生冷却,即一种推进剂组元在进入喷嘴之前,先流过推力室的冷却夹层,以对流方式吸热,而后再由喷嘴喷入推力室中,于是作为冷却剂的推进剂组元所吸收的热量并没有浪费掉,而是增加了推进剂自身的能量。

2.推进剂输送系统

将推进剂从贮箱输送到推力室的系统称为推进剂输送系统。目前液体火箭发动机的输送系统有挤压式和泵压式两种。

(1)挤压式输送系统。它借助于高压气体的压强,将推进剂由贮箱挤压到推力室中。图2.11是一种双组元挤压式液体火箭发动机简图。工作时,通过指令打开阀门,气瓶里的高压氮气就通过阀门、调节器和自动调节机构,分别进入氧化剂箱和燃烧剂箱。氧化剂和燃烧剂被高压氮气压出箱外,分别通过各自的调节机构和燃烧室头部的喷嘴喷入燃烧室燃烧。

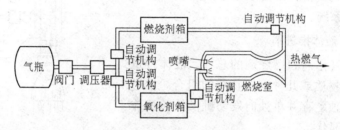

图2.11　双组元挤压式液体火箭发动机简图

挤压式输送系统结构简单可靠,易实现多次起动,适用于推力不大,工作时间短的推进系统,诸如航天器的姿态控制发动机等。

(2)泵压式输送系统。利用涡轮泵提高来自贮箱的推进剂的压强,使推进剂按规定的流量和压强进入燃烧室。

泵压式输送系统中,按涡轮工质流程的不同,可分为开式循环和闭式循环两类。开式循环是指涡轮排气经涡轮排气管排至发动机外,或引入推力室喷管下游与主燃气流一起膨胀后排出的一种循环,它包括燃气发生器循环、抽气循环和冷却剂分流循环。闭式循环是指将涡轮排气全部导入推力室进一步燃烧和膨胀的一种循环,它包括膨胀循环和分级燃烧循环。下面分别介绍具有燃气发生器循环和分级燃烧循环的涡轮泵输送系统的液体火箭发动机的工作过程。

图2.12为具有燃气发生器循环的泵压式液体火箭发动机简图。涡轮通过齿轮箱带动氧化剂泵和燃烧剂泵,氧化剂和燃烧剂经过泵增压后,通过主管路和各自的主阀门进入燃烧室。泵后的一少部分氧化剂和燃烧剂进入到燃气发生器中燃烧,产生的燃气驱动涡轮,涡轮废气由涡轮排气管排出。涡轮的起动依靠专门的火药起动器,待涡轮跌动泵运转后,燃气发生器即开始工作,整个系统进入正常运转。为了避免氧化剂泵的进口处出现气蚀现象,将泵后的氧化剂引出极少的一部分经过蒸发器汽化,产生蒸气给氧化剂贮箱增压。燃气发生器循环是应用得最广泛的一种循环。

图2.13为具有分级燃烧循环的泵压式液体火箭发动机简图。在此循环中全部的燃

烧剂通过推力室冷却套后进入预燃室,与部分氧化剂进行燃烧,产生燃气驱动涡轮。涡轮排气全部导入主燃烧室,与其余的氧化剂进行补充燃烧后,经喷管膨胀排出。分级燃烧循环又称补燃循环,美国航天飞机主发动机 SSME 就采用该种循环。

由于涡轮泵系统泵入口压强要求不高(0.3~0.5 MPa),因而推进剂贮箱压强低,总结构质量轻;但总系统结构较复杂,适用于推力大、工作时间长的推进系统。

2.3.2.2　液体推进剂

推进剂是氧化剂和燃烧剂的总称。液体推进剂是一种液态物质或几种液态物质的组合。推进剂组元是指单独贮存并单独向发动机供给的液体推进剂的组成部分。

1.液体推进剂的分类

按照推进剂所包含的基本组元,可分为单组元、双组元和三组元推进剂。单组元推进剂是指在同一物质中既含有氧化剂又含有燃烧剂。它可能

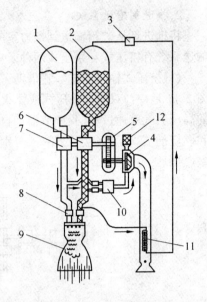

图 2.12　液体火箭发动机泵式输送系统示意图
1—燃烧剂贮箱;2—氧化剂贮箱;3—增压活门;4—涡轮;5—齿轮箱;6—氧化剂泵;7—燃烧剂泵;8—主活门;9—推力室;10—燃气发生器;11—蒸发器;12—火药起动器

是几种成分的混合物,也可能是单一物质,例如硝基甲烷和肼。单组元推进剂在常温状态下是稳定的,而当受热或受催化作用时就分解并产生炽热的燃烧气体。双组元推进剂中,一个组元是氧化剂,另一个组元是燃烧剂。它们被分别贮存,并且在燃烧室以外不混合。现代液体火箭发动机广泛采用双组元液体推进剂。三组元推进剂由氧化剂、燃烧剂和具有小摩尔质量的组元组成,液氢和甲烷等都是具有小摩尔质量的组元。采用这类第三种组元后,可增大动力装置的比冲,但同时也使结构复杂,使飞行器的质量特性变坏。

如果按照推进剂或其组元保持液态的温度范围来分类,则可分为高沸点推进剂和低沸点推进剂。在使用条件下,高沸点推进剂组元的沸点高于 298 K(25 ℃),这类推进剂在地面的一般使用条件下是液态,而且在保存时无蒸发损失。在标准压力下,低沸点推进剂组元的沸点温度低于 298 K,并处于不断汽化的状态。在低沸点组元中,还可分出所谓的低温推进剂组元,其沸点温度低于 120 K。低温推进剂组元必须采用特殊的方法保存。下述液化气体都属于低温组元:液氧、液氢、液氟、液态甲烷等。

按照长期条件下的物化稳定性,分为可长期保存的推进剂和短期保存的推进剂。

2.对液体推进剂的要求

(1)能量性能的要求

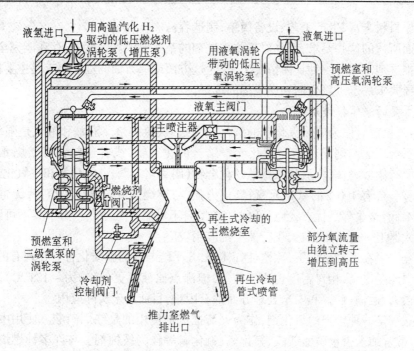

图 2.13 用液氢和液氧做推进剂的航天飞机主发动机分级燃烧系统简图

要求比冲和密度比冲高。

(2)使用性能的要求

①液态的温度范围宽,即要求沸点高,冰点低。这可以使火箭在非常恶劣的气候条件下工作。

②密度大。为了在一定的飞行器贮箱内装更多的推进剂,要求推进剂的密度大。这可使飞行器结构尺寸缩小,因此得到相对低的飞行器结构质量和较小的气动阻力。

③有足够的稳定性,至少应考虑:高的自燃温度,以防止意外着火;有足够的抗机械冲击的稳定性;不易突然爆炸;与材料有相当好的相容性。

④温度变化。液体推进剂的物理性质随温度变化应当尽量小。

⑤满足可以作为冷却剂的要求。应考虑:高的沸点和分解温度;高的比热容;高的导热系数,高的临界温度。

⑥点火性能方面。为了减少启动期间爆炸的危险,液体推进剂应该容易点火以及点火延迟时间小。

⑦推进剂和燃烧产物的毒性要小。

(3)经济性要求

①推进剂价格低廉。

②原材料丰富,生产工艺、设备简单,制造容易。

上面所述的这些要求,都是对液体推进剂的基本要求。当然,不存在能完全满足上述要求的推进剂。在每一种具体情况下,有时这方面或那方面的性能要求是主要的,而正是这些主要要求决定了氧化剂和燃烧剂的选择。

3. 主要的液体推进剂

(1)氧化剂。作为液体氧化剂的氧化元素是氧、氯和氟。液氟和液氧是强氧化剂,其他一些复合氧化剂则是由不同氧化元素结合的化合物,或者还包含有燃烧元素(碳、氢等),主要有硝酸、过氧化氢和一些氮的化合物(四氧化二氮、一氧化氮和一氧化二氮等)。

液氧　含有 100% 的氧化元素,氧化力强,与燃烧剂混合燃烧热值高,无毒、密度高、制造成本低,这些都是优点;沸点低(- 183 ℃),不可贮存是缺点。由于其不可贮存性,所以导弹武器上一般不用,航天飞行器上则应用较广。

液氟　氟在适当条件下,除惰性气体外,几乎能与任何物质化合。在现有的化学推进剂组合中能量最高,相对密度也高于液氧;但沸点比液氧更低(约为 - 188 ℃),腐蚀性和毒性都很大,运输、贮存和安全处理方面都有困难,目前尚未实际应用。

硝酸　是一种较强的氧化剂,作为火箭推进剂使用的是红烟硝酸。使用中为了降低腐蚀性,常常加入少量磷酸或碘、氟化氢、氟化磷等作为缓蚀剂。与许多种燃烧剂组合可形成自燃推进剂(两种组元一接触便自行燃烧,无需点燃)。硝酸作为液体推进剂优点很多,如密度大、密度比冲高、冰点低、沸点高、液态温度范围很宽等等。缺点是腐蚀性强、比冲较低、液体及蒸气毒性大,一般只在中小型火箭发动机上使用。

过氧化氢　可以作为氧化剂,也可以作为单组元推进剂使用,火箭上使用的过氧化氢是 65% ~ 100% 的水溶液。高浓度的过氧化氢为无色液体,无毒,性能稳定。但与普通重金属接触则引起分解,因此注意材料的选择是安全使用过氧化氢的关键。纯铝、纯锡、聚四氟乙烯等对于过氧化氢都比较稳定。一般作为单组元推进剂用于驱动涡轮的燃气发生器或姿态控制小发动机。

四氧化二氮　化学稳定性好,是一种较强的氧化剂。与肼类、胺类和某些醇类可组成自燃推进剂,沸点为 21.15 ℃,冰点为 - 11.23 ℃。这种推进剂能量高、密度大、可贮存、资源丰富;缺点是冰点较高,因此在野战使用的导弹武器上应用受到限制。

(2)燃烧剂。作为燃烧剂的燃烧元素主要有碳、氢、氮和硼等,包含在碳氢类、氮氢类和硼氢类化合物中。液氢则属于单燃烧元素的燃烧剂。

液氢　能量高、燃烧产物相对分子质量低,因而比冲高而燃烧温度不高,无毒性、无腐蚀、来源广、成本低;缺点是密度小(69.5 kg/m^3)、沸点太低(- 252.8 ℃)、不易贮存、易燃、易爆,给运输和操作都带来麻烦。液氢贮箱材料一般选用不锈钢、因康镍、蒙乃尔合金及铝合金等,液氢系统中不能使用绝缘材料,以防静电集聚造成着火爆炸。目前广泛用于航天器和运载工具上。

　　火箭用煤油　煤油属于烃类燃料,是透明的液体。颜色有水白色、淡黄色不等。不溶于水,但本身是一种优良的溶剂。煤油的主要成分是烷烃、环烷烃、芳香烃。不同牌号及产地的煤油其组成和性质是不同的,故组成及性质是一种平均值。俄国火箭煤油有 T‐1 和 T‐5,美国有 JP‐4 和 RP‐1。能量高、毒性小、化学安定性好、经济性好、易贮存和处理;缺点是密度低$[(0.8\sim0.85)\times10^3\ kg/m^3]$。

　　肼及其衍生物　肼(N_2H_4)是一种强还原剂,与硝酸、四氧化二氮、液氧、卤素、过氧化氢等接触即可自燃。作为推进剂其优点是能量较高、可贮存;缺点是冰点高(1.4 ℃)、热稳定性差、易爆、毒性大。

　　肼的衍生物主要有甲肼$[CH_3N_2H_3]$和偏二甲肼$[(CH_3)_2N_2H_2]$,冰点都大大降低,所以稳定性较好,便于贮存,所以广泛用于各种导弹和航天飞行器。

　　将质量各占 50% 的肼和偏二甲肼混合,组成一种液体燃烧剂称为混肼‐50,兼备二者各自的优点,传热性能较好,常用于大型导弹的液体火箭发动机和姿态控制发动机。

2.3.3　固体火箭发动机

2.3.3.1　发动机的组成及工作原理

　　固体火箭发动机由燃烧室、推进剂药柱、点火器和喷管四部分组成,如图 2.14 所示。

　　燃烧室又称发动机壳体,是固体推进剂燃烧的地方。最简单的壳体形状是圆柱形。为使壳体质量轻、强度高、耐高温,壳体材料多采用高强度钢、钛合金和玻璃纤维增强塑料。

　　推进剂药柱是固体火箭发动机内推进剂的成型药柱,它是一个浇铸、模压或挤压的型

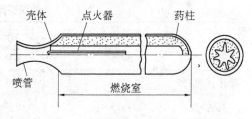

图 2.14　固体火箭发动机结构示意图

体。药柱直接或浇铸在壳体内。一台发动机可用一根或几根药柱。点火器产生发动机点火所需要的热量和燃气。点火器包括烟火、电、火炬、自燃和催化等类型,其中应用得最广泛的是烟火式点火器。喷管位于燃烧室后部,是产生推力的关键部件,它的形状多呈收敛扩张形,中间最狭窄部分称为喉部。大部分喷管都采用30°扩张角的锥形扩散段。由于喷管受高温热燃气冲刷,又没有冷却散热装置,所以往往在喷管内表面涂上一层耐高温、耐冲击的材料。喷管喉部一般用喉衬来绝热,最常用的喉衬材料是石墨和烧蚀材料。

　　固体火箭发动机是利用反作用原理工作的。药柱在燃烧室内燃烧,产生大量炽热高压燃气,燃气在喷管中膨胀加速,从喷管高速喷出,从而产生反作用力,即推力。

　　固体火箭发动机结构简单、维护方便,但比冲低。装药的初始温度对燃烧室压强和发

动机工作时间影响很大,推力调节困难,难于实现多次重复起动。

2.3.3.2 固体推进剂

1.固体推进剂的分类和组成

常用的固体推进剂分为两大类:一是均质推进剂,二是异质推进剂。

均质推进剂从微观结构上看比较均匀,在同一分子内既包含燃烧剂又包含氧化剂。通常把均质推进剂中的主要组成物质称为推进剂的基。现代使用的均质推进剂常指双基推进剂。

异质推进剂从微观结构上看是不均匀的,由固体颗粒氧化剂、金属粉末和胶体状态的粘合剂组成。这类推进剂有复合推进剂和复合改性双基推进剂。

双基推进剂主要由硝化纤维素和硝酸酯(例如硝化甘油)组成。硝酸酯是溶剂,硝化纤维素放入硝酸酯溶剂中而形成胶体溶液,该溶液冷却后则得易压制成药柱的塑性药料,通过压制工艺可得到各种形状的药柱。此外,双基推进剂中还掺入一些添加剂,如为提高双基推进剂的贮存安定性,推进剂中加入安定剂,为提高推进剂的力学性能和生产药柱中硝化纤维素的热塑性,改善加工工艺性能,推进剂中加入增塑剂;为调节推进剂燃速,推进剂中添加燃速催化剂。

表2.1列出了一些双基推进剂的组成和性能。双基推进剂具有燃烧产物无烟的优点,其主要缺点是比冲较低和燃速变化范围有限。

表2.1　一些双基推进剂的组成和性能

	双铅-2	双石-2	双芳镁-2	双钴-1
硝化棉/%	59.5	55.0	57.0	56.0
硝化甘油/%	25	29.3	24.0	27.0
其他/%	15.5	15.7	19	17
比冲/(m·s^{-1})	1 990 (8.7 MPa,20 ℃)	2 000 (10.5 MPa,20 ℃)	1 990 (9.7 MPa,20 ℃)	2 000 (6.4 MPa,20 ℃)
燃速公式 /(mm·s^{-1})	$2.6 \times 10^{-4}\,P^{0.66}$ (20 ℃,3~10 MPa)	$3.794 \times 10^{-3}\,P^{0.485}$ (20 ℃,4~10 MPa)	$2.626 \times 10^{-3}\,P^{0.517}$ (20 ℃,5~11 MPa)	
燃速温度 系数/(%·℃$^{-1}$)	0.313	0.25(7 MPa)	0.178(7 MPa)	0.058(7 MPa)
密度/(g·cm^{-3})	1.61	1.589	≥1.57	1.66

复合推进剂由晶体氧化剂、粘合剂和金属粉末组成,粘合剂将晶体氧化剂和金属粉末紧紧粘合在一起,并具有适当的力学性能。

复合推进剂通常按粘合剂分类。如聚丁二烯推进剂(PB),其中包括以端羧基聚丁二烯为粘合剂的推进剂,称为端羧基聚丁二烯推进剂(CTPB);以端羟基聚丁二烯为粘合剂的推进剂,称为端羟基聚丁二烯推进剂(HTPB);此外还有聚硫橡胶推进剂(PS),聚氨脂推进剂(PU),聚氯乙烯推进剂(PVC)等。端羟聚丁二烯具有成本低、粘性低、流动性好,制成的推进剂固体含量高、比冲高、内弹道性能和力学性能良好,抗高温老化性能较好等优点,得到了广泛的应用。

氧化剂是复合推进剂含量最多的成分,质量分数一般占 60% ~ 80%,对发动机的比冲、推进剂燃速及工艺性能等有极大的影响。氧化剂在物理 – 化学性能方面必须和粘合剂相容,有效含氧量高、生成焓高、密度高、燃烧产物中尽可能不含有固体颗粒和强腐蚀性气体,而且价廉。目前应用最广的氧化剂是高氯酸铵 NH_4ClO_4。硝酸铵 NH_4NO_3 作为无烟推进剂的氧化剂也得到了应用,但它的能量比较低。

推进剂加入金属粉末是为了提高推进剂的燃烧温度,从而提高推进剂的特征速度和发动机比冲。同时也是为了抑制一定频率范围的不稳定燃烧和提高推进剂的密度。最常用的金属粉末是铝粉,其含量约是推进剂质量的 14% ~ 18%。铍因热值高,燃烧产物相对分子质量低而被应用于推进剂中,但铍稀少价贵,而且本身及其燃烧产物剧毒,只可用于高空工作的发动机。表 2.2 列出了常用复合推进剂的组成和性能。

表 2.2 常用复合推进剂的组成和性能

	HTPB	CTPB	聚硫推进剂(PS)
高氯酸铵/%	67.0	72	67.5
铝粉/%	15.0	8	5.0
其他/%	18.0	20.0	27.5
比冲/($m\cdot s^{-1}$)	2 300 ~ 2 400	2 250 ~ 2 400	2 150 ~ 2 300
密度/($g\cdot cm^3$)	> 1.75	> 1.75	> 1.70

复合推进剂的生产大多采用真空浇铸工艺,即推进剂各组分经预混、捏合形成均匀的推进剂药浆后,在真空条件下浇铸入事先准备好的发动机中。真空浇铸的目的是避免药柱中出现气孔,保证药柱质量。为了使发动机中的药浆定型,需要把发动机放入规定温度的环境中进行固化。

双基推进剂的最大缺点是能量低,且用挤压工艺难于制造大型药柱。因此,发展了浇铸双基推进剂工艺,并在其中又加入了高氯酸铵和金属粉末,有的还加入了黑索金、吉纳等。这样制成的推进剂称为复合改性双基推进剂。复合改性双基推进剂的能量高,特别是硝酸酯增塑聚醚(NEPE)推进剂,不但能量高,力学性能好,在低温条件下不发生脆变,而且弹道性能、工艺性能和安全性能等也都能满足要求,成为新一代大型固体火箭发动机广泛选用的推进剂。

2. 典型药形及其特点

装药是推进剂的成型。固体火箭发动机装药的几何形状及尺寸直接决定着发动机的各项主要性能参数,因此药形的选择必须根据推进剂的性能和发动机的原始参数(推力、工作时间等等)进行。固体火箭发动机装药的构形极多,从设计角度考虑,对药形的要求有:(1)满足发动机推力变化规律的要求;(2)装药在燃烧室内能可靠地固定;(3)装药受力状态良好;(4)燃烧产物对发动机壳体的热作用小;(5)未燃烧的推进剂剩余量最少;(6)装填密度高。装填密度指装药的体积与燃烧室容积之比。

对药柱的分类方法很多,按燃烧表面随时间的变化规律分为增面燃烧药柱、减面燃烧药柱和中性燃烧药柱;按药柱的几何形状分为星形装药、车轮形装药、水母形装药、多孔形装药;按燃烧表面所处的位置分为端面燃烧药柱、侧面燃烧药柱和侧端面燃烧药柱;按药柱主燃方向维数可分为一维药柱、二维药柱和三维药柱,如图 2.15 所示。

端燃药柱燃面垂直于发动机纵轴。这类药柱大都为圆柱形,整个侧面和另一端面包覆阻燃。燃烧过程有如下特点:(1)装药燃面面积始终保持为常值;(2)燃烧表面无燃烧产物流动冲刷;(3)随着燃面的推移,燃烧室壁逐渐暴露于燃气,发动机工作即将结束时,整个室壁都受到炽热燃气的冲刷;(4)随着装药的燃烧,发动机质心前移;(5)装填密度最大。此种药形多用于助推发动机或燃气发生器。这种药形属于一维燃烧药柱。

侧燃药柱端面进行包覆阻燃或部分包覆,药形较多,可以得到各种不同的表面变化规律。内侧面燃烧药形,由于从内向外燃烧,所以燃烧室壁可以完全避免与燃气接触,此为最重要的优点。缺点是燃烧结束时通常留有残余推进剂。外侧面燃烧或内、外侧面同时燃烧药形,由于燃气始终冲刷燃烧室壁,所以要求严格的绝热,因此导致消极质量增加,工作时间也受到限制,装填密度不高。从燃烧表面推进的方向看,属于二维药柱。这类药柱以内侧面燃烧药形应用最多,一般用于小型战术导弹固体火箭发动机。

端侧面同时燃烧药形一般为内侧面加端面同时燃烧,属于三维装药;内侧面某部位上制成圆锥形,开平槽或翼肋形槽,调节燃面大小及变化规律。这类药形比侧燃形装填密度高,装药大都贴壁浇铸,因此其本身也起到保护室壁隔离燃气的作用。燃面可调范围宽,适于大体积装填,广泛应用于大型发动机。

2.3.4　固液混合火箭发动机

如果火箭发动机的燃烧剂和氧化剂,分别为液体和固体,这种发动机称为固液混合火

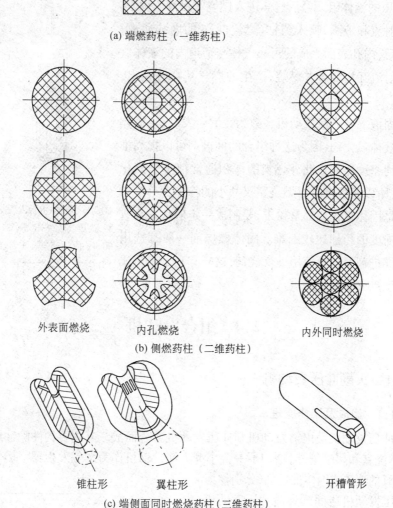

(a) 端燃药柱（一维药柱）

外表面燃烧　　内孔燃烧　　　　　　　内外同时燃烧

(b) 侧燃药柱（二维药柱）

锥柱形　　　翼柱形　　　　　　　开槽管形

(c) 端侧面同时燃烧药柱（三维药柱）

图2.15　各种典型药形

箭发动机。一般把燃烧剂为固体、氧化剂为液体的称为正混合，反之为逆混合。这种发动机的结构、原理和优缺点一般界于固体火箭发动机和液体火箭发动机之间。

固液混合火箭发动机有许多不同的方案。它们之间的差别可以是贮存液体和固体组元的容器在布局上不同，液体组元的供应方式不同(挤压式或泵压式)，燃烧过程不同等。

图2.16是一种典型挤压式固液混合火箭发动机简图。发动机起动时，高压气瓶1中

的高压气通过减压器 2 降低至所需的压强进入氧化剂贮箱 3;受挤压的液体组元经活门 4 进入燃烧室,经喷注器 5 形成雾化射流和液滴,喷入药柱(燃烧剂)6 的内孔通道;药柱点燃后,内孔表面生成的可燃气体与通道内的液体氧化剂组元射流互相混合并燃烧,产生的燃气从喷管喷出,产生推力。

目前固液混合火箭发动机多数为正混合发动机:固体燃烧剂 + 液体氧化剂,因为这种组合的推进剂可以提高推进剂的平均密度比冲。此外燃料的体积通常都小于氧化剂的体积,所以正混合具有燃烧室尺寸小的特点。另一个重要原因是固体氧化剂都是粉末,要制成一定形状并具有一定机械强度的药柱比较困难。固体燃烧剂一般都选用贫氧固体推进剂而避免使用纯燃烧剂,这样有利于工艺成型并有利于点火和燃烧。

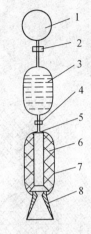

图2.16 挤压式混合火箭发动机示意图
1—高压气瓶;2—减压器;3—氧化剂贮箱;4—活门;5—喷注器;6—固体燃烧剂;7—燃烧室;8—喷管

2.4 组合发动机

2.4.1 火箭冲压发动机

2.4.1.1 组成及工作原理

火箭冲压发动机由火箭发动机和冲压发动机组合而成。其主要构件除冲压发动机的扩压器、燃烧室和尾喷管外,增加了一台小型火箭发动机作为燃气发生器。燃气发生器可以使用贫氧的液体或固体推进剂(分别称为液体火箭冲压发动机或固体火箭冲压发动机)。图 2.17 为液体火箭冲压发动机的原理图。

1. 进气扩压器

包括从中心锥尖端至补燃室开口截面的部分,作用和单独的冲压发动机一样,引入空气,冲压压缩,并为燃烧室提供合适的进口气流。

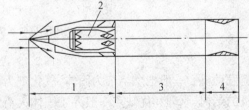

图 2.17　液体火箭冲压发动机
1—进气扩压器;2—液体推进剂燃气发生器;3—补燃室;4—尾喷管

2. 液体推进剂燃气发生器

即贫氧液体火箭发动机，包括推进剂喷注器、燃烧室及多孔喷管。由于贫氧，则燃烧不完全，燃烧产物中仍含有大量可燃物质，所以称燃气发生器内为初次（一次）燃烧。初次燃烧后的燃气从火箭多孔喷管喷出，进入补燃室与进气道来的压缩空气掺混再次燃烧。

3. 补燃室

作用是使进气道来的空气实现引射、增压，并使从燃气发生器喷出的燃烧产物与空气掺混，进行补充燃烧，所以通常又把这个燃烧室称做引射掺混补燃室。

4. 尾喷管

与一般的冲压发动机相同。

为简化发动机结构，一般的燃气发生器均选用可贮存的自燃推进剂。组织一次燃烧的余氧系数通常为 $0.1 \sim 0.3$。对于使用偏二甲肼和红发烟硝酸作为推进剂的发动机，比冲可达 $6\ 000 \sim 6\ 500$ m/s。

固体火箭冲压发动机中，固体推进剂也是贫氧的，其余氧系数为 $0.05 \sim 0.3$。贫氧固体推进剂的制造方法与普通固体推进剂相同，只是固体氧化剂含量减少，粘结剂和金属粉末含量相对增加，要求热值高、密度大、易点火、燃烧稳定、燃气与空气的混溶性好和成本低等等。

将固体火箭助推器置于火箭冲压发动机内，使二者相继共用一个燃烧室，这样构成的组合发动机称整体式火箭冲压发动机，其结构如图 2.18 所示。助推器燃烧室也是发动机的补燃室，故称为助推补燃室。助推器药柱 3 装在助推补燃室内，燃气发生器 1 和进气扩压器的出口都被堵盖 2 盖住，与助推补燃室隔开，使助推器工作时保持密封。助推器的喷管 4 嵌在主发动机喷管 5 内形成组合

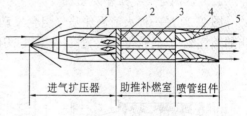

图 2.18　整体式火箭冲压发动机示意图

1—燃气发生器；2—扩压器出口堵盖；3—助推器药柱；
4—助推器喷管；5—发动机喷管

喷管。助推器药柱将燃尽时，发动机工况转换机构使助推器喷管脱落，此时进气扩压器的堵盖也被抛出，并点燃火箭冲压发动机。从助推器工作完至进入火箭冲压发动机工作状态的时间约为 $0.3 \sim 0.5$ s。

2.4.1.2　特点

(1)比冲比火箭发动机的高,可达 5 000 ~ 12 000 m/s。

(2)燃气发生器的连续不断地向燃烧室提供高温燃气,相当于一个点火源,因而不需要预燃室和点火器,不需要燃油供给系统,也不需要火焰稳定器,这不仅使发动机的结构简单、工作可靠,而且使用时不必加注燃油,给勤务处理带来方便,提高了作战机动性。

(3)与冲压发动机相比,显著提高了迎面推力,可达 200 kN/m² 以上(冲压发动机一般为 110 kN/m²)。扩大了作用范围,能适应高速和高加速机动飞行,性能优良。

(4)采用整体式火箭冲压发动机的导弹,结构紧凑、尺寸小、质量轻,在某些特殊情况下,与采用火箭发动机的导弹相比,性能明显优越。因此,有广阔的发展前景。

2.4.2　涡轮喷气发动机的组合

和前面几种冲压发动机的组合不同,涡轮喷气发动机的组合技术尚处于发展研究阶段,其中有的方案已经进展到试验阶段,但还没有达到实际工程应用的阶段。

1.涡轮冲压发动机

涡轮喷气或涡轮风扇发动机与冲压发动机的组合。涡轮喷气(涡轮风扇)发动机工作到一定飞行 Ma 数(Ma = 3 ~ 3.5)后停车,随后冲压发动机开始工作。图 2.19 为一种涡轮喷气冲压组合发动机的方案。这种发动机的加力燃烧室,同时又是冲压发动机的燃烧室。

2.火箭涡轮喷气组合发动机

图 2.20 是一种火箭涡轮喷气组合发动机的方案。涡轮由火箭发动机燃气发生器流出的燃气驱动,涡轮带动压气机,使空气增压。压气机涡轮系统中仍然需要有减速装置。

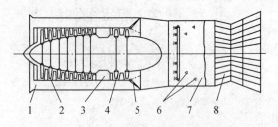

图 2.19　涡轮冲压式发动机示意图

1—冲压涵道;2—压气机;3—涡轮喷气发动机燃烧室;
4—涡轮;5—冲压涵道关闭机构;6—稳定器;7—涡轮喷气
发动机加力燃烧室(冲压发动机燃烧室);8—喷管

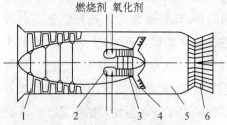

图 2.20　火箭涡轮喷气发动机示意图

1—压气机;2—燃气发生器;3—涡轮;4—稳定器;
5—燃烧室;6—可调喷管

2.5 其他火箭发动机

2.5.1 电火箭发动机

电火箭发动机是利用电能加速工质的一种推进系统。由于能源和工质分开,所以发动机工作的经济性就不像化学火箭发动机那样只取决于比冲,而是取决于比冲和效率二种因素。

按照输入电能的主要部分转变成工质动能的原理不同,电火箭发动机可分为电热型、静电型和电磁型三类。

2.5.1.1 电热型

利用电能加热工质,然后借助于喷管使工质加速排出。由于加热工质的方式不同,又可分为电阻加热发动机和电弧加热发动机。

电阻加热发动机如图 2.21 所示,使用电阻加热器使推力室中的气体加热,再经过常规的喷管将气体喷出产生推力。采用的推进剂有肼、氨,电阻加热发动机最先用于INTELSAT – V同步轨道卫星的南北位置保持。而在铱星系统中有 66 个肼电阻加热发动机用于轨道提升,基本上达到规模化生产的水平。

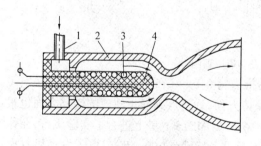

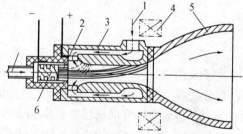

图 2.21 电阻加热发动机

1—供应工质;2—加热室和喷管;3—加热元件(钨导线);4—加热元件支架

图 2.22 电弧加热发动机

1—供应工质;2—阴极(钨);3—阳极(钨);4—磁绕组;5—喷管;6—螺纹衬套

电弧加热发动机见图 2.22,通过两电极间的电弧放电将电能转变成热能。工作流体(如氨、氢及肼)通过电弧被加热,温度上升到 6 000 ~ 28 000 K。随后,高温气体经喷管膨胀加速以后,以很高的速度($7\,600 \sim 2 \times 10^4$ m/s)排出。电弧加热发动机比冲可以达到 6 000 ~ 10 000 m/s。但由于热损失大,效率一般仅为40%左右。目前已有 5 个肼电弧加热发动机用于洛马7 000 系列(INTELSAT – VIII卫星的南北位置保持)。

2.5.1.2 静电型

在这种系统中,静电场使离子或带正电荷的粒子加速,依靠被加速的带电粒子流的反作用冲量而产生推力。主要包括离子发动机和霍尔效应发动机两种类型。

离子发动机的工作原理如图 2.23 所示。中性的推进剂蒸气(氙气)依靠供应系统进入到离子发动机中,由阴极发射的电子撞击氙原子使之电离。在电离室内通过偏转的略微扩张的磁场,使电离效率得以提高。然后氙离子在静电场作用下被加速到非常高的速度($3 \times 10^4 \sim 10^5$ m/s),随后经中和器中和成中性粒子后排出。

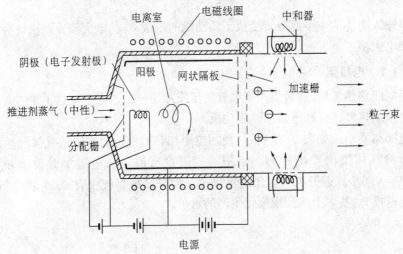

图 2.23　离子发动机原理图

离子发动机比冲高,可达 10^5 m/s,产生的推力为 $0.01 \sim 0.5$ N。这种发动机是深空飞行的最佳选择,在静止轨道卫星的南北位置保持方面,远地点到静止轨道的转移方面也很有竞争力。目前离子发动机已在日本的 ETS – 6 和 COMETS 卫星上进行了实验飞行,在休斯公司的 PAS – 5 和 Galaxy8 – 1 卫星上已开始服役。特别是 1998 年末,离子发动机首次作为主推进用在了"深空 1 号"探测器上。

2.5.1.3 电磁型

电磁型发动机的工作原理是进入到发动机中的工质(氢、氦、氩、锂蒸汽)在高温情况下被电离,形成等离子体 – 电子从原子或分子中跑出,丢掉电子和原子或分子带正电,但总体上是呈中性的。呈中性的等离子体具有导电性,与磁场能相互作用,因此由电磁感应可以得到产生加速度的力。属于电磁型的有磁等离子体发动机(MPD)和脉冲等离子体发动机(PPT)。

磁等离子体发动机可以分为在工质(等离子体)和结构元件内部被电流感应的自身磁场式和由独立供给的专用电磁绕组组成的外部磁场式。两种类型的工作原理相同,仅结构和性能有所差异。图 2.24 为自身磁场式电磁发动机的原理图。

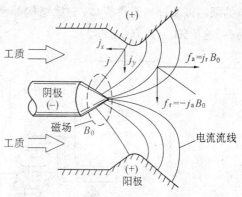

图 2.24　自身磁场等离子体发动机原理图

电流从环形阳极流向中心圆柱形阴极,工质(氢气或锂气) 从燃烧室后部通孔进入,随即被电离加速。等离子体内轴向电流分量 J_z 感应自身磁场 B_Q;B_Q 和径向电流分量 J_r 作用,产生安培力 —— 即等离子体所受的轴向力 f_z。则

$$f_z = J_r \times B_Q = J_r B_Q \sin \theta$$

当 $\theta = 90°$ 时,$\sin \theta = 1$　所以 $f_z = J_r B_Q$

磁等离子体发动机目前正处于研制阶段,其由于具有其他电推力器无法比拟的大推力(10 ~ 100 N)、高功率(0.1 ~ 1 MW)特性,因此尽管在目前的卫星能源状况下,它还难以有用武之地,但随着将来高效太阳能电池和聚变反应器的发展,MPD 前途无量,它也是深空飞行的必然选择。

脉冲等离子体发动机(PPT)的推进剂一般为固体(如特氟隆),有一个推动推进剂移动的弹簧。它的工作原理见图 2.25。电容器积聚电荷到一定程度,然后以千分之几秒的高强度电流脉冲产生电磁场。推进剂前端的火花塞引发放电,放电产生的高温热流使推进剂前端表面暴露的聚合物分解,分解后的气体被电离,电磁场与电离的气体相互作用,

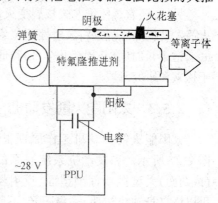

图 2.25　PPT 的工作原理图

使气体加速,喷出喷管产生推力。PPT 的比冲可达 2×10^4 m/s,产生的推力为 4.45 mN,功率为 1 ~ 200 W。这种发动机在 20 世纪 70 年代开始飞行,主要用于卫星定点和定姿。

2.5.2　核火箭发动机

核火箭发动机是以核能为能源的火箭发动机。按照能量释放形式可分为核裂变型、放射性同位素衰变型和核聚变型三种类型。

图 2.26 是一个具有固体堆芯核裂变反应器的核火箭发动机原理图。反应器中铀的裂变反应释放出的热量对工质(液态氢)加热,被加热汽化后的氢经过喷管膨胀后高速排

出,产生推力。固体堆芯式核裂变火箭发动机发展较早,由于受到固体核燃料释热元件熔点的限制以及释热元件壳体、支撑结构等强度的限制,这种核火箭发动机的比冲不是很高,可达 7 500 ~ 12 000 m/s。

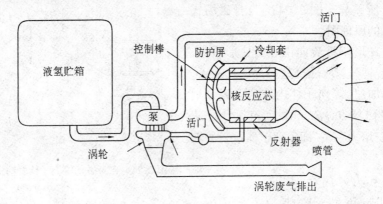

图 2.26　使用固体堆芯核裂变反应器的核火箭原理图

　　另外,还有气体堆芯式核裂变火箭发动机,其比冲可达 $5 \times (10^4 \sim 10^5)$ m/s,衰变型核火箭发动机的原理是将放射性同位素衰变产生的射线转变成热能,比冲为 2 000 ~ 8 000 m/s,适于长时间(几周至几个月)和低推力(1N 以下)工作。核聚变型火箭发动机目前处于探索和研究阶段。

2.5.3　太阳能火箭发动机

　　太阳能火箭发动机工作原理很简单,如图 2.27 所示。和发动机系统联系的是一面(或两面)大型抛物面型镜面(反射器),镜面可以绕自身轴线转动、采集阳光,不受发动机方向的限制。镜收集到的太阳能焦聚在热交换器系统,加热工质,产生推力。整个系统可以分成光学采集和发动机两个独立系统研制。发动机系统基本上是一种热能转换装置,着眼点在于迅速地使工质加热,减少系统

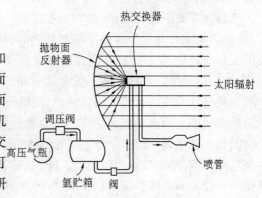

图 2.27　太阳能火箭发动机原理图

的热损失。过去研究的太阳能推进方案,多为固定的吸热器式,热能损失较严重,因而效率不高。最近报导的一种较新的可行方案,称为转动粒子床式,如图 2.28 所示。石墨微粒靠离心力附着于转动床内壁,粒子受焦聚的太阳能加热达到高温,并迅速将热量传给流过的工质。由于石墨的升华温度高(3 500 ℃),并且导热率也较高,所以换热效率提高。

更先进的方案设想是使焦聚的太阳能直接作用在工质上,免去中间的换热装置。图2.29为一种可行的设想方案。工质中加入碱金属以扩大对太阳能吸收的光谱带。由于取消了转换太阳能的中间材料,所以不存在材料使用温度的限制问题,工质温度可以更高。恰当地应用辐射能收集技术,可以使燃烧室中心温度极高,而靠近壁面的温度却较低。

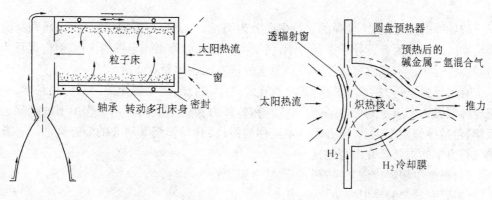

图2.28 转动粒子床式太阳能推进方案   图2.29 太阳能直接加热工质的方案设想

第三章　导弹飞行力学基础

按导弹的类型划分,导弹的飞行主要分为两类,一类为有翼导弹的飞行,研究有翼导弹运动的课程称为有翼导弹飞行力学;另一类为无翼的弹道式导弹的飞行,对应课程为弹道导弹弹道学。本章就有翼导弹飞行力学的基本问题做简要介绍。

有翼导弹飞行力学是研究有翼导弹在大气中飞行的运动规律的一门应用科学,一般把导弹假设为变质量的可控刚体,研究其在各种力和力矩及制导系统作用下的空间运动规律,包括导弹质心运动(质心运动轨迹称为弹道)和导弹绕其质心的姿态运动。有翼导弹飞行力学的主要研究内容包括:

(1)根据牛顿定律建立导弹的运动数学模型;

(2)研究导弹的导引控制规律;

(3)采用数值计算方法,对导弹在制导系统作用下的运动过程进行六自由度数学仿真计算,提供导弹从发射开始直至命中目标的各飞行时刻的各种运动状态;

(4)给定导弹飞行过程中的各种干扰误差源及其统计分布特性,进行扰动弹道仿真计算,并应用统计分析方法的导弹的命中精度进行分析;

(5)导弹的动态特性分析,将导弹运动数学模型简化成常系数线性动力学系统,应用自动控制理论研究导弹的动态品质,主要包括导弹的飞行稳定性和可操纵性。

导弹飞行力学是导弹设计和研制过程中必不可少的一门基础研究学科,通过对导弹飞行过程的分析与仿真计算,可为导弹的总体方案设计、弹体结构和气动布局设计、制导系统设计等提供必要的依据,是研究导弹性能和进行导弹系统设计的基础。

有翼导弹在空气中高速飞行,除受到发动机推力和重力的作用,由于导弹和空气间存在相对运动,还会受到空气动力和空气动力力矩的作用。为了解空气动力和空气动力力矩产生的机理,本章首先对空气动力学的基本知识做一介绍。

3.1　空气动力学基本知识

空气动力是作用在导弹上的主要外力之一,空气动力的变化规律与导弹的运动规律密切相关,因此研究导弹飞行力学,首先必须具备有关空气动力学的基本知识。

空气动力学是研究物体和空气做相对运动时,空气的运动规律及其作用力的规律的科学。在这种相对运动过程中,空气作用在物体上的力叫做空气动力,它是空气作用在物体外表面上分布力系的合力。

3.1.1 空气流动时的基本规律

3.1.1.1 状态参数及状态方程

空气的状态参数包括密度 ρ、压强 P 和温度 T。状态方程写为

$$P = \rho R T \tag{3.1}$$

其中的 R 为空气常数,$R = 287.053 \ \mathrm{m^2/(s^2 K)}$,$T$ 为绝对温度。

在等压条件下,可表示为

$$\rho T = C \tag{3.2}$$

在等温条件下,可表示为

$$\frac{P}{\rho} = C \tag{3.3}$$

在等容条件下,可表示为

$$\frac{P}{T} = C \tag{3.4}$$

在绝热条件下,可表示为

$$\frac{P}{\rho^k} = C \tag{3.5}$$

其中的 k 为绝热指数。

3.1.1.2 气体流动的质量守恒方程

若设空气为连续介质,在流动过程中不中断也不堆积,则在同一时间内,流进任意截面的气体和从另一截面流出的气体质量相等,即

$$\rho_1 v_1 A_1 = \rho_2 v_2 A_2 = C \tag{3.6}$$

也可表示为

$$\rho v A = C \tag{3.7}$$

式中的 v 为流速,A 为流管横截面积。

对于低速不可压缩流,$\rho = C$,则式(3.7) 可写或

$$v A = C \tag{3.8}$$

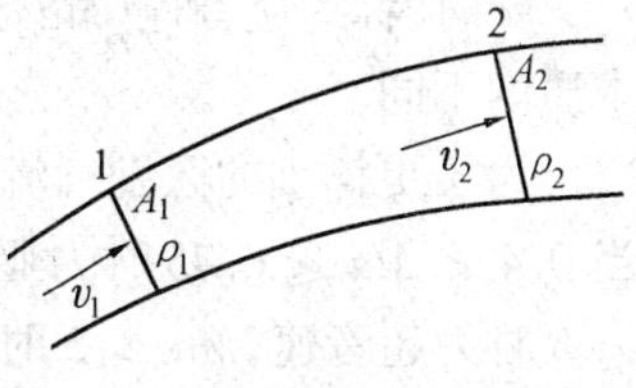

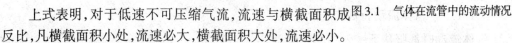

上式表明,对于低速不可压缩气流,流速与横截面积成反比,凡横截面积小处,流速必大,横截面积大处,流速必小。

图 3.1 气体在流管中的流动情况

3.1.1.3 伯努利方程

伯努利方程是描述气体在流动过程中,压强和流速间关系的方程,是研究气流特性和

作用在物体上的空气动力变化的基本定理之一。

在定常流动(各气体状态参数不随时间变化)和绝热条件下,不经推导给出如下伯努利方程

$$\frac{v^2}{2} + \frac{k}{k-1}\frac{P}{\rho} = C \tag{3.9}$$

其中的 k 为绝热指数,$\frac{v^2}{2}$ 是单位质量气体的动能,$\frac{k}{k-1}\frac{P}{\rho}$ 是气体的压力能和内能之和,则式(3.9)代表了气体流动过程中能量是守恒的,气体流速越快、压强越小,反之流速越慢、压强越大。

3.1.1.4　音速和马赫数

1. 音速 a

微弱扰动(气体压强和密度的微弱变化)在气体中的传播速度称为音速。凡是有弹性的介质,给它一个任意的扰动,这个扰动就会自由地传播出去,而且只要扰动不是太强,其传播速度是一定的,传播速度的大小就反映了该介质的弹性(或者说可压缩性)的大小。

音速的大小与传播介质的状态参数有关,具体的关系是

$$a^2 = \frac{\mathrm{d}P}{\mathrm{d}\rho} = k\frac{P}{\rho} = kRT \tag{3.10}$$

对于空气,$k = 1.4$,$R = 289.053$,于是得近似公式

$$a \approx 20.05\sqrt{T} \tag{3.11}$$

对于海平面标准大气($T = 15\ ℃ = 288\ K$),$a = 340\ \mathrm{m/s}$。

2. 马赫数 Ma

马赫数又称 Ma 数,它是指气体流动速度 v 与音速 a 之比,即 $Ma = \frac{v}{a}$。

气体流经一物体时,由于其压强 P、温度 T、密度 ρ 都不同,所以 Ma 数也不同。当 $v > a$ 时,称为超音速($Ma > 1$),当 $v < a$ 时,称为亚音速流动,亚、超音速气流特性有着本质的不同。

为了更详细的区别气流的特性,一般进行如下更详细的划分:当 $Ma \leqslant 0.4$ 时为低速;当 $0.4 < Ma \leqslant 0.75$ 时为亚音速;$0.75 < Ma \leqslant 1.2 \sim 1.4$ 时为跨音速;$1.2 \sim 1.4 < Ma \leqslant 5$ 时为超音速;$Ma > 5$ 时为高超音速。

3.1.1.5　气体流动特性方程

气体流动时都服从下一公式的规律

$$\frac{\mathrm{d}A}{A} = (Ma^2 - 1)\frac{\mathrm{d}v}{v} \tag{3.12}$$

式中的 $\mathrm{d}A$ 为流管横截面积变化量;$\mathrm{d}v$ 为气流速度变化量。

式(3.12)可由绝热方程式(3.5)、质量方程式(3.7)、伯努利方程式(3.9)、音速方程式(3.10)和马赫数的定义推导出来。

从公式(3.12)可以看出,当 $Ma < 1$ 和 $Ma > 1$ 时,dA 和 dv 的变化规律是不同的。当 $Ma < 1$ 时,$Ma^2 - 1 < 0$,dv 和 dA 异号,说明亚音速流动时气流速度随横截面积的减小而增大,即气流收缩加速;当 $Ma > 1$ 时,$Ma^2 - 1 > 0$,dv 和 dA 同号,说明超音速流动时气流速度随横截面积的增大而增大,即气流膨胀加速。由此不难解释发动机尾喷管为什么设计成两头大、中间细的形状(拉瓦尔喷管)。

3.1.1.6 激波和膨胀波

为了了解激波和膨胀波形成的物理原因,首先介绍一下微弱扰动在空气中的传播情况。

1.微弱扰动在空气中的传播

微弱扰动在空气中的传播与扰动源的运动状态密切相关,图3.2表示出了四种情况:

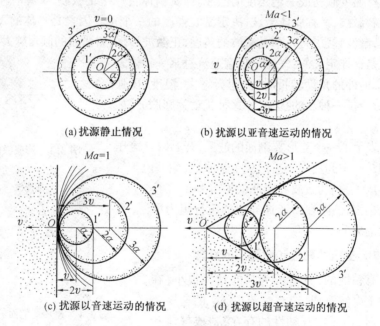

(a)扰源静止情况　　　(b)扰源以亚音速运动的情况

(c)扰源以音速运动的情况　　　(d)扰源以超音速运动的情况

图 3.2 微弱扰动传播图

图3.2中 O 表示扰动源当前位置;v 表示扰动源前一秒位置;$2v$ 表示扰动源前二秒位置;$3v$ 表示扰动源前三秒的位置。

由图3.2中(a)可以看出,当 $v = 0$ 时,扰动波可以向四面八方对称传播;(b)中当 $v < a$ 时,扰动波也可向四面八方传播,但前后方是不对称的;(c)中当 $v = a$ 时,扰动源的运

动与扰动的传播速度相同,因此扰动传不到扰动源的前方,只限于向扰动源的后半个空间传播;(d)中当 $v > a$ 时,扰动源的运动超过了所有的扰动波面,扰动的传播仅限于以扰动源为顶点的一个锥面内,该锥面即为扰动区与未扰动区的分界面,此锥称为扰动锥,也叫马赫锥。马赫锥的半顶角 μ 称为马赫角(见图 3.2(d)),其值为

$$\sin \mu = \frac{a}{v} = \frac{1}{Ma} \tag{3.13}$$

2. 激波和膨胀波

激波是一种强烈的空气压缩波,当物体以超音速在空气中飞行时,前方的空气来不及让开被突然压缩形成堆积而形成的压缩波。激波是空气的突然压缩变化,波后的压强 P、密度 ρ 及温度 T 都突然升高。激波厚度只有 10^{-5} cm,所以可不计及其厚度,认为其是一个突变面。

激波有正激波和斜激波之分。正激波是指波面和飞行速度垂直的激波,而斜激波则是波面相对飞行速度倾斜成一定角度的激波。钝头物体会产生正激波,又称脱体激波;尖头物体多产生斜激波,又称脱体激波;决定激波强度的一个重要因素是物体的飞行马赫数,马赫数越大,激波越强。另一个是激波的角度,正激波最强,斜激波的倾角越大,激波越弱。

膨胀波是这样定义的:气流以超音速流过某一物体表面,突遇一个向外的角度转折时,流速会增大,温度、压强降低,这就形成了一种新的扰动,称这种扰动为膨胀波,如图 3.3 所示。

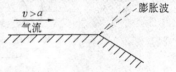

图 3.3　膨胀波的产生

图 3.4 表示了一个菱形翼剖面的波系,开始时气流压缩,形成激波,在中间翼面处折形成了膨胀波,最后由于气流堆积又形成了激波。激波和膨胀波对导弹的飞行气动力影响很大,波阻在超音速导弹的飞行阻力中占有相当大的成分。

3.1.1.7　空气的粘性和附面层的概念

空气是有粘性的,只是因为它的粘性很小,在日常生活中不太注意而已。当气流以 v_∞ 的速度流过物体表面时,由于空气粘性的存在,造成气流和

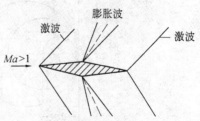

图 3.4　菱形翼剖面的波系

物体表面之间、相邻两层气流之间存在摩擦力,使得贴近物体表面很薄的气流层内的流速逐渐降低,达到物体表面时流速为零。气流层内流速 u 是离开的距离 y 的函数,即 $u = f(y)$。离开的距离越大,相邻流层间由于空气粘性造成的牵扯作用越小,u 越大直至趋近于 v_∞。一般把当 $u = 99\%$,v_∞ 时的贴近物体表面的气流层称为附面层,如图 3.5 所示。

3.1.2　升力和阻力

3.1.2.1　相对气流

只要物体和空气间存在相对运动,就会产生空气动力。导弹在空气中飞行,会产生空气动力,在研究导弹运动产生的空气动力时,一般采用相对气流的方法,即把导弹固定起来,使流动的空气作用在导弹上,研究作用在导弹上的气动力和力矩作用,这样所研究出的规律和导弹运动而空气静止时的规律是相同的。

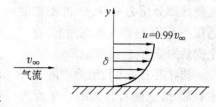

图 3.5　空气粘性的表现(δ 为附面层厚度)

3.1.2.2　升力和阻力

1.升力的产生

升力 Y 定义为与气流速度 v_∞ 方向垂直的气动力,以亚音速气流流过一个上下非对称翼面为例来解释升力的产生。由图 3.6 可以看出:气流从远前方均匀流到翼面上方,由于翼面上方凸起,气流流过上翼面的流速加快(气体流动特性方程),因此上翼面的压强会下降(伯努利方程)。而下翼面的弯曲没有上翼面严重,气体流速变化不大,压强基本保持不变。综合的结果是上下翼面会产生一个向上的压强差,将其乘以弹翼的参考面积,便会产生与气流速度垂直向上的升力 Y。

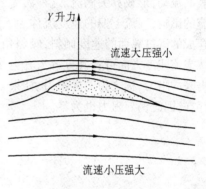

图 3.6　升力的产生

若气体流过上下表面对称的翼面,则不会直接产生升力。要获得升力首先必须改变翼面相对于气流的角度,造成上下翼面的流场不对称产生压强差形成升力。

2.阻力的产生

阻力定义为与气流流速方向一致(与导弹运动方向相反)的气动力。

阻力的产生因素很多,一般包括摩擦阻力、压差阻力、波阻和诱导阻力等。摩擦阻力是由空气的粘性引起的,造成贴近导弹表面的气流层与弹体表面间存在摩擦力,气流速度逐渐降为零。压差阻力是气流流过弹翼时,由于空气的粘性阻滞,在弹翼后缘面形成涡流区,压强下降,造成弹翼翼面的前后缘出现压力差而形成的阻力(见图 3.7)。

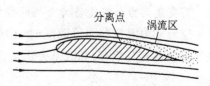

图 3.7　压差阻力的产生

波阻只有导弹超音速飞行时才会出现。由图 3.8 可以看出,超音速气流流过翼面时,在前缘部分压力上升,经过膨胀波后压力下降,综合在翼剖面上,有一个向后的分力,就是波阻。

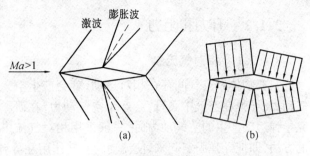

诱导阻力是飞行阻力中的又一主要部分,它随着升力的产生而产生,是由升力诱导出的阻力,若没有升力,也不会有诱导阻力。下面解释一下诱导阻力产生的原因(见图3.9)。

图 3.8 波阻的产生

当弹翼产生升力时,下表面的压强比上表面大。在翼尖部分,气流就要由下表面向上表面流动,形成翼尖涡流。这种涡流的不断扩大,使流过翼面的气流向下偏离,这种由于涡流的影响,气流下偏的速度流称为下洗流 w。由于下洗流的存在,使来流速度与下洗速度合成的流过翼面的速度倾斜,倾斜角为 ε。这样,总的升力就向后倾斜了 ε 角,其值为 Y'。按来流速度方向可将其分解为升力 Y(与来流垂直)和阻力 X,其中 X 就是由升力 Y 诱导出来的阻力,称之为诱导阻力。如果 $\varepsilon = 0$,上下表面压强相等,翼尖没有涡流,下洗流就不存在,因此诱导阻力也为零。

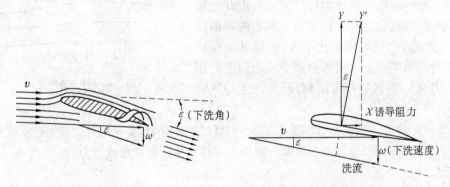

图 3.9 诱导阻力的产生

3. 空气动力和空气动力力矩的数学表示

空气动力 R 按与飞行速度 v 的相对方向可分解为升力 Y,侧向力 Z 和阻力 X,Y 与 Z 均与 v 垂直并相互垂直,其数学表示是

$$X = \frac{1}{2}\rho v^2 S_f C_x \tag{3.14}$$

$$Y = \frac{1}{2}\rho v^2 S_f C_y \tag{3.15}$$

$$Z = \frac{1}{2}\rho v^2 S_\mathrm{f} C_z \tag{3.16}$$

其中的 $q = \frac{1}{2}\rho v^2$ 称为动压头，S_f 为参考面积，C_x、C_y、C_z 为阻力系数，升力系数和侧向力系数。

空气动力力矩 $\boldsymbol{M}$ 按相对于弹体的关系可分解为滚动力矩 M_x、偏航力矩 M_y、俯仰力矩 M_z，其数学表达式为

$$M_x = \frac{1}{2}\rho v^2 S_\mathrm{f} l_\mathrm{f} m_x \tag{3.17}$$

$$M_y = \frac{1}{2}\rho v^2 S_\mathrm{f} l_\mathrm{f} m_y \tag{3.18}$$

$$M_z = \frac{1}{2}\rho v^2 S_\mathrm{f} l_\mathrm{f} m_z \tag{3.19}$$

其中的 l_f 为参考长度，m_x、m_y、m_z 为气动力矩系数。

气动力和气动力矩系数 C_x、C_y、C_z、m_x、m_y、m_z 与导弹本身的气动布局，弹体的角运动状态及舵偏角运动状态等密切相关。

3.2　导弹飞行运动方程

3.2.1　常用坐标系的定义及转换关系

为描述问题方便，在研究导弹运动时，一般至少要定义惯性参考系、弹体坐标系、弹道坐标系、速度坐标系四个坐标系，这四个坐标系间满足一定的坐标转换关系。

3.2.1.1　常用坐标系的定义

1. 惯性参考系 $O_o x_o y_o z_o$

为描述一个物体的绝对运动，必须首先确定一个惯性参考空间。在研究导弹运动时，根据所研究的导弹对象不同，可定义不同的惯性参考系。如对于"地对地"、"地对空"导弹，可将导弹在地面上的发射点 O_o 做为坐标原点；$O_o x_o$ 轴与地球表面相切，它的方向可以指向任意方向；$O_o y_o$ 轴与地平面垂直，向上为正；$O_o z_o$ 轴

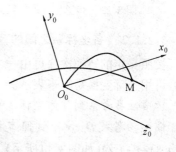

图 3.10　惯性参考系的定义

垂直于 $O_o x_o y_o$ 平面,与 $O_o x_o$、$O_o y_o$ 构成右手系,如图 3.10 所示。

这一坐标系相对于地球是静止的,随地球自转而旋转,所以严格地说也非惯性系,不过在初步研究导弹运动或导弹的航程不大时可近似地当做惯性系。

2. 弹体坐标系 $Ox_t y_t z_t$

此坐标系是固联于弹体上,原点 O 取在导弹的质心上;Ox_t 轴沿弹身轴线指向头部为正;Oy_t 位于导弹纵对称平面内,垂直于 Ox_t 轴,向上为正;Oz_t 轴与 Ox_t、Oz_t 构成右手系,如图 3.11 所示。

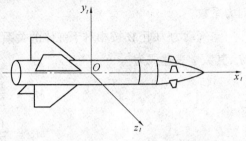

图 3.11　弹体坐标系的定义(Ox_t 轴垂直向星)

3. 弹道坐标系 $Ox_d y_d z_d$

坐标原点 O 取在导弹质心;Ox_d 轴与导弹飞行速度矢量 v 的方向重合;Oy_d 轴位于当地铅垂面内,垂直于 Ox_d 轴向上为正;Oz_d 轴与 Ox_d、Oy_d 轴构成右手系,图 3.12 所示所示。

4. 速度坐标系 $Ox_v y_v z_v$

该坐标系又称气流坐标系,坐标原点 O 取在导弹质心;Ox_v 轴与速度矢量 v 的方向重合;Oy_v 轴与 Ox_v 轴垂直,位于导弹纵对称平面内;Oz_v 轴与 Ox_v、Oy_v 轴构成右手坐标系,如图 3.13 所示。

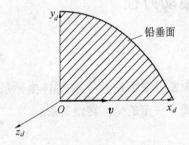
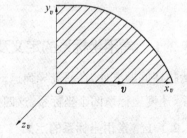

图 3.12　弹道坐标系的定义　　　　　　　图 3.13　速度坐标系的定义

3.2.1.2　各坐标系之间的转换关系

按照一定的转换次序可由一个坐标系变换到另外一个坐标系,两个坐标系间的转换关系可用坐标变换矩阵来表示。

1. 惯性参考系到弹体坐标系的转换矩阵

惯性参考系 $O_o x_o y_o z_o$ 到弹体坐标系的转换可经三次坐标旋转完成,转换次序为 $y(\psi)$ → $z(\vartheta)$ → $x(\gamma)$(如图 3.14 所示),三次旋转的角度 ψ、ϑ、γ 分别称为弹体的偏航角 ψ、俯仰角 ϑ 和滚转角 γ,统称为弹体的姿态角,用于描述弹体相对于惯性空间的姿态。

则由惯性系 $O_o x_o y_o z_o$ 到弹体坐标系的坐标变换矩阵 $C_o^t(\psi、\vartheta、\gamma)$ 可表示为

$$C_o^t(\psi、\vartheta、\gamma) = C_x(\gamma)C_z(\vartheta)C_y(\psi)$$

$$= \begin{pmatrix} 1 & 0 & 0 \\ 0 & \cos\gamma & \sin\gamma \\ 0 & -\sin\gamma & \cos\gamma \end{pmatrix} \begin{pmatrix} \cos\vartheta & \sin\vartheta & 0 \\ -\sin\vartheta & \cos\vartheta & 0 \\ 0 & 0 & 1 \end{pmatrix} \begin{pmatrix} \cos\psi & 0 & -\sin\psi \\ 0 & 1 & 0 \\ \sin\psi & 0 & \cos\psi \end{pmatrix} \tag{3.20}$$

需要指出的是，做为坐标变换矩阵都是正交矩阵，因此成立下式 $C^{-1} = C^T$，则由弹体坐标系到惯性系的转换矩阵可表示为

$$C_t^0 = (C_0^t)^T = C_y^T(\psi)C_z^T(\theta)C_x^T(\gamma) \tag{3.21}$$

2.惯性坐标系到弹道坐标系的转换矩阵

惯性系 $O_o x_o y_o z_o$ 到弹道系 $Ox_d y_d z_d$ 的转换可经两次坐标旋转完成，转换次序为 $y(\psi_c) \to z(\theta)$（如图 3.15 所示），两次旋转的角度 $\psi_c、\theta$ 分别称为弹道偏角和弹道倾角，用于表示导弹飞行速度矢量在惯性空间的方位。

则由惯性系到弹道系的转换矩阵 $C_o^d(\psi_c、\theta)$ 可表示为

$$C_o^d(\psi_c、\theta) = C_z(\theta)C_y(\psi_c)$$

$$= \begin{pmatrix} \cos\theta & \sin\theta & 0 \\ -\sin\theta & \cos\theta & 0 \\ 0 & 0 & 1 \end{pmatrix} \begin{pmatrix} \cos\psi_c & 0 & -\sin\psi_c \\ 0 & 1 & 0 \\ \sin\psi_c & 0 & \cos\psi_c \end{pmatrix} \tag{3.22}$$

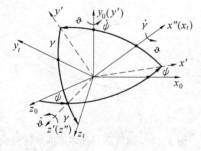
图 3.14　惯性系与弹体系间的转换

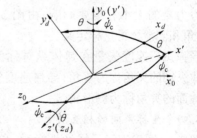
图 3.15　惯性系与弹道系间的转换

同理，由弹道系到惯性系的转换矩阵可表示为

$$C_d^0 = (C_0^d)^T = C_y^T(\psi_c)C_z^T(\theta) \tag{3.23}$$

3.弹道坐标系到速度坐标系的转换矩阵

速度坐标系 $Ox_v y_v z_v$ 可由弹道坐标系绕 x_d 轴旋转 γ_c 角直接得到，γ_c 角称为速度倾斜角。

则由弹道系到速度系的转换矩阵 $C_d^v(\gamma_c)$ 可表示为

$$C_d^v(\gamma_c) = C_x(\gamma_c) = \begin{pmatrix} 1 & 0 & 0 \\ 0 & \cos\gamma_c & \sin\gamma_c \\ 0 & -\sin\gamma_c & \cos\gamma_c \end{pmatrix} \tag{3.24}$$

4. 速度坐标系到弹体坐标系的转换矩阵

由速度坐标系 $Ox_vy_vz_v$ 经两次旋转可得到弹体坐标系 $Ox_ty_tz_t$，转换次序为 $y(\beta) \rightarrow z(\alpha)$（如图3.16），其中的转换角度 β、α 分别称为侧滑角和攻角，用于表示导弹飞行速度矢量相对于弹体的方位。

则由速度系到弹体系的转换矩阵 $C_v^t(\beta、\alpha)$ 可表示为

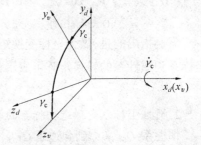

图 3.16　弹道系与速度系间的转换关系

$$C_v^t(\beta、\alpha) = C_z(\alpha)C_y(\beta) = \begin{pmatrix} \cos\alpha & \sin\alpha & 0 \\ -\sin\alpha & \cos\alpha & 0 \\ 0 & 0 & 1 \end{pmatrix} \begin{pmatrix} \cos\beta & 0 & -\sin\beta \\ 0 & 1 & 0 \\ \sin\beta & 0 & \cos\beta \end{pmatrix} \tag{3.25}$$

同理，由弹体系到速度系的转换矩阵可表示为

$$C_t^v = (C_v^t)^T = C_y^T(\beta)C_z^T(\alpha) \tag{3.26}$$

攻角 α 和侧滑角 β 对导弹所受的空气动力及空气动力力矩的大小有重要影响，由图3.17可以看出，攻角和侧滑角可这样定义：

导弹飞行速度矢量在弹体纵对称面内的投影与弹体纵轴的夹角称为攻角；导弹速度矢量与弹体纵对称面的夹角称为侧滑角。

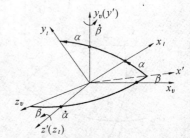

5. 四个坐标系间的相互关系

图 3.18 明确表示了惯性坐标系、弹体坐标系、弹道坐标系、速度坐标系间的相互转换关系。

图 3.17　速度系与弹体系间的转换关系

通过图3.18所示的各坐标系间的转换关系可推导出八个角运动变量 α、β、ϑ、ψ、γ、θ、ψ_c、γ_c 之间的三个关系方程，说明这八个角运动变量并不是完全独立的，其中三个可用另外五个表达式表示出来，称之为导弹角运动关系方程。

6. 坐标系旋转角速度的分解

根据坐标系的变换规则，任何一个坐标系都可以由基准坐标系按某一转换次序经过至多三次旋转得到，坐标系绕某一坐标轴每次旋转都有一个角速度矢量，把每次旋转的角

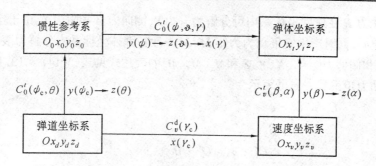

图 3.18　各坐标系间的转换关系

速度矢量相叠加,所获得的角速度矢量和即称为其一坐标系相对于基准坐标系的坐标系旋转角速度。

以惯性参考系到弹体坐标系坐标转换为例,坐标转换次序为 $y(\psi) \to z(\vartheta) \to x(\gamma)$,每次坐标旋转角速度矢量记为 $\dot{\psi}$、$\dot{\vartheta}$、$\dot{\gamma}$,则弹体坐标系相对于惯性参考系的坐标旋转角速度 $\boldsymbol{\omega}$ 可表示为

$$\boldsymbol{\omega} = \dot{\boldsymbol{\psi}} + \dot{\boldsymbol{\vartheta}} + \dot{\boldsymbol{\gamma}} \tag{3.27}$$

把式(3.27)在弹体坐标系或惯性参考系内分解,可写出其标量形式。设 $\boldsymbol{\omega}$ 矢量在弹体坐标系和惯性参考系内的分量形式为 $(\omega_{xt}、\omega_{yt}、\omega_{zt})^{\mathrm{T}}$ 和 $(\omega_{x0}、\omega_{y0}、\omega_{z0})^{\mathrm{T}}$,则有

$$\begin{pmatrix} \omega_{xt} \\ \omega_{yt} \\ \omega_{zt} \end{pmatrix} = C_x(\gamma)C_z(\vartheta)C_y(\psi)\begin{pmatrix} 0 \\ \dot{\psi} \\ 0 \end{pmatrix} + C_x(\gamma)C_z(\vartheta)\begin{pmatrix} 0 \\ 0 \\ \dot{\vartheta} \end{pmatrix} + C_x(\gamma)\begin{pmatrix} \dot{\gamma} \\ 0 \\ 0 \end{pmatrix} \tag{3.28}$$

$$\begin{pmatrix} \omega_{x0} \\ \omega_{y0} \\ \omega_{z0} \end{pmatrix} = \begin{pmatrix} 0 \\ \dot{\psi} \\ 0 \end{pmatrix} + C_y^{\mathrm{T}}(\gamma)\begin{pmatrix} 0 \\ 0 \\ \dot{\vartheta} \end{pmatrix} + C_y^{\mathrm{T}}(\gamma)C_z^{\mathrm{T}}(\theta)\begin{pmatrix} \dot{\gamma} \\ 0 \\ 0 \end{pmatrix} \tag{3.29}$$

实现了坐标系旋转角速度的分解。

3.2.2　导弹飞行动力学方程

3.2.2.1　作用在导弹上的力和力矩

导弹在飞行中,作用在导弹上的力由三部分组成,包括发动机的推力 $\boldsymbol{p}$,地球引力 $\boldsymbol{G}$ 和空气动力 $\boldsymbol{R}$。

发动机的推力 $\boldsymbol{p}$ 一般沿弹体坐标系的 Ox_t 轴方向,其大小随时间而改变,以推力曲线的方式给定;

地球引力 $\boldsymbol{G}$ 指向地心,随着燃料消耗,其数值不断地减小,以质量变化曲线形式给出;

空气动力 R 在速度坐标系内可分解为升力 Y，侧向力 Z 和阻力 X。由于空气动力 R 不通过导弹质心，同时产生空气动力力矩 M，M 一般在弹体坐标系内分解为滚动力矩 M_x、偏航力矩 M_y 和俯仰力矩 M_z。X、Y、Z 和 M_x、M_y、M_z 的表达式见式(3.14) ~ (3.19)。式中的气动力和气动力矩系数一般可表示为

$$C_y = C_y^\alpha \cdot \alpha + C_y^{\delta z} \cdot \delta_z \tag{3.30}$$

$$C_z = C_z^\beta \cdot \beta + C_z^{\delta y} \cdot \delta_y \tag{3.31}$$

$$C_x = C_{x_o} + C_{x_i}^\alpha \cdot \alpha + C_{x_i}^\beta \cdot \beta \tag{3.32}$$

$$m_x = m_x^\beta \cdot \beta + m_x^{\delta x} \cdot \delta_x + m_x^{\omega x} \cdot \omega_x + m_x^{\omega y} \cdot \omega_y \tag{3.33}$$

$$m_y = m_y^\beta \cdot \beta + m_y^{\omega y} \cdot \omega_y + m_y^{\delta y} \cdot \delta_y + m_y^{\dot\beta} \cdot \dot\beta + m_y^{\omega z} \cdot \omega_x \tag{3.34}$$

$$m_z = m_z^\alpha \cdot \alpha + m_z^{\omega z} \cdot \omega_z + m_z^{\delta z} \cdot \delta_z + m_z^{\dot\alpha} \cdot \dot\alpha \tag{3.35}$$

式中的 δ_x、δ_y、δ_z 为舵偏转角；C_{x0} 为零升阻力系数；C_{xi}^α、C_{xi}^β 为诱导阻力系数；ω_x、ω_y、ω_z 为弹体旋转角速度在弹体坐标系内的分量；C_y^α、$C_y^{\delta z}$、C_z^β、$C_z^{\delta y}$、m_x^β、$m_x^{\delta x}$、$m_x^{\omega x}$、$m_y^{\omega y}$、m_y^β、$m_y^{\delta y}$、$m_y^{\dot\beta}$、$m_y^{\omega x}$、m_z^α、$m_z^{\omega z}$、$m_z^{\delta z}$、$m_z^{\dot\alpha}$ 为力和力矩系数的斜率导数，它们和 C_{x0}、C_{xi}^α、C_{xi}^β 等系数可由风洞吹风获得。

3.2.2.2 导弹飞行动力学方程

在研究导弹运动时，一般把导弹假设成变质量的可控刚体，其运动包括质心的运动和弹体绕质心的姿态运动。在此假设条件下，考虑导弹在飞行过程中受到的各种力和力矩的作用，应用牛顿第二定律和刚体动力学的知识建立导弹运动的动力学矢量方程，并根据前面所述的坐标系变换和角速度矢量分解的知识对所建立的动力学方程在某一坐标系内进行标量化分解，获得相应的标量形式的质心动力学方程、姿态动力学方程、质心运动学方程、姿态运动学方程、角运动变量关系方程(共15个)，与导弹制导方程一起构成描述导弹运动的数学模型，它们多数都是微分方程，通过对方程的求解可模拟导弹的六自由度运动。由于这一建模过程较为复杂，一般在导弹飞行力学的书籍中有详细介绍，本章节对其进行相应简化，只考虑导弹在纵平面内的运动。

图 3.19 为导弹在纵平面内的受力情况分解图，以此为基础建立相应的纵平面内导弹运动数学模型。

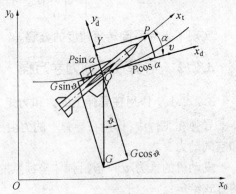

图 3.19   导弹在纵平面内的运动

根据牛顿第二定律 $a = \dfrac{F}{m}$，将其在弹道坐标系内分解，获得相应的质心动力学方程：

$$\dot{v} = (p\cos\alpha - X - mg\sin\vartheta)/m \tag{3.36}$$

$$v\dot{\vartheta} = (p\sin\alpha + Y - mg\cos\vartheta)/m \tag{3.37}$$

式中的 g 为重力加速度。

利用动量矩定理，可列出导弹姿态动力学方程：

$$\dot{\omega}_z = M_z/J_z \tag{3.38}$$

导弹的质心运动方程用导弹质心在惯性参考系中的位置坐标与速度的关系来表示，有

$$\dot{x} = v\cos\vartheta \tag{3.39}$$

$$\dot{y} = v\sin\vartheta \tag{3.40}$$

姿态运动学方程描述了导弹姿态角度变化与弹体角速度的关系，即

$$\dot{\vartheta} = \omega_z \tag{3.41}$$

角运动变量间的关系方程由图 3.19 可明显看出，即

$$\alpha = \vartheta - \theta \tag{3.42}$$

上述七个方程对应 v、x、y、θ、ϑ、ω_z、α 七个未知数，通过微分方程组的求解可描述导弹在纵平面内的运动。需要指出的是，在气动力和气动力矩的表达式中，均涉及到了舵偏角 δ_z，它可由制导方程按控制信号的形式给出。在进行导弹初步设计未涉及到控制回路时，可采用如下瞬时平衡假设求取舵偏角 δ_z，即

$$m_z^\alpha \cdot \alpha + m_z^{\delta z} \cdot \delta z = 0 \tag{3.43}$$

$$\delta z = -\frac{m_z^{\delta z}}{m_z^\alpha} \cdot \alpha \tag{3.44}$$

3.3　导弹的机动性、稳定性和操纵性

导弹的机动性、稳定性和操纵性是衡量导弹飞行控制性能的重要指标，下面分别对这三个概念加以介绍。

3.3.1　导弹的机动性

为了完成攻击目标的目的，导弹都必须具有改变自己飞行速度大小和方向的能力，这一能力称为导弹的机动性。在评定导弹机动性能时，一般用切向过载和法向过载来表示，也可用导弹在飞行过程中所产生的切向加速度和法向加速度来表示。

过载是个矢量，其定义是：导弹所受到的除重力以外的合力与导弹重量之比，用 **n** 来

表示。一般将其分解为切向过载 $n_切$ 和法向过载 $n_法$。切向过载与速度矢量方向重合,代表了切向加速度的大小,而法向过载与速度矢量垂直,代表了法向加速度的大小。法向过载越大,法向加速度就越大,导弹改变飞行速度方向实现转弯的能力越强,也就是法向机动性能越好,更有利于攻击目标。所以,机动性(特别是法向机动性)的好坏,是设计导弹时十分关键的问题。

下面以导弹在纵平面内的运动为例,对过载的概念加以说明。

方程(3.37)可表示为:

$$v\dot{\vartheta} = (p\sin\alpha + Y)/m - g\cos\vartheta = n_法 - g\cos\vartheta \tag{3.45}$$

其中的 $V\dot{\vartheta}$ 代表法向加速度,即表示了法向机动性。显然法向过载与法向机动性密切相关,而影响最大的一项就是升力 Y,根据瞬时平衡假设,有

$$Y = C_y^\alpha \cdot \alpha + C_y^{\delta_z} \cdot \delta_z = \left(C_y^\alpha - C_y^{\delta_z}\frac{m_z^\alpha}{m_z^{\delta_z}} \right)\alpha \tag{3.46}$$

由式(3.46)可以看出,导弹的法向过载的大小主要取决于攻角 α,α 越大,则法向机动性应越好。但根据空气动力学的知识,Y 和 α 之间并不满足单调增长关系,当 α 较小时,Y 和 α 呈线性增加关系,但 α 达到 $\alpha_{临界}$ 后,α 再加大,Y 不再增加,而会下降(如图 3.20 所示)。

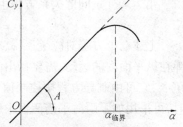

一般称由临界攻角 $\alpha_{临界}$ 所决定的法向过载为极限过载,它与导弹的外形尺寸(气动布局)及飞行条件等有关。但由于某些条件的限制,舵的最大偏转角是有限的,因而导弹飞行中可能达不到临界攻角 $\alpha_{临界}$,故实

图 3.20　攻角与升力的关系

际所能产生的最大法向过载小于由临界攻角所决定的极限过载,称由最大舵偏角所决定的最大法向过载值为可用过载。

导弹在按一定规律飞向目标的过程中,为了能够击中目标,必需具有改变飞行速度方向的能力,这就要求导弹要具有一定的法向过载,称之为需用过载,它与目标的机动性能,所采用的导引规律有关。

在研制一枚导弹时,为使导弹按给定规律飞行,达到摧毁目标的目的,导弹必须能提供足够大的可用过载,以满足导弹改变速度方向直至命中目标的需用过载要求,否则导弹对目标的攻击就会失败。因此,几个法向过载应满足如下关系:

需用过载 < 可用过载 < 极限过载

3.3.2　导弹的飞行稳定性

导弹的稳定性是指导弹在飞行中受到某种干扰,使其偏离了原来的飞行状态,当干扰

取消之后,导弹能否恢复原来飞行状态的能力。导弹的飞行稳定性是反映导弹飞行性能的重要指标之一,只有导弹在飞行过程中稳定的,才能保证导弹在飞行过程中基本沿预先轨迹飞行,否则会给导弹的控制造成困难。

一般说导弹的稳定性是指对某些飞行参数的稳定,一类飞行参数是导弹质心运动参数,如飞行速度、飞行高度等;另一类飞行参数是导弹角运动参数,如姿态角、攻角等。导弹的稳定性包括两部分意义:其一是指导弹(包括导弹的控制系统)的稳定性;二是指弹体自身稳定性(不包括导弹的控制系统)。下面以攻角 α 为例,说明一下如何要求弹体自身对攻角是稳定的。

若保证导弹的空气动力作用中心(压心)落在导弹质心之后,则当攻角 α 增大时,就会产生一个升力增量,形成一个低头力矩,使导弹的 α 减小,直到又回到原有状态附近平衡下来,当 α 减小时,情况正好相反,由此可见,压心在质心之后,则弹体自身对于攻角是稳定的,称这类导弹为静稳定导弹。若压心在质心之前,当 α 增大时,升力增量会使导弹抬头,攻角继续增大,会使导弹攻角失去平衡状态而发散。

导弹上一般有稳定控制系统,其作用可使弹体静不稳定变为稳定;若弹体是静稳定的,通过稳定控制系统也可起到加快扰动衰减的过程,改善导弹飞行品质。

3.3.3　导弹的操纵性

导弹在对目标进行攻击时,要不断地改变飞行方向。改变方向就要通过舵面偏转产生法向力来实现。导弹操纵性的好坏,就是指舵面给出一个固定的偏转角度,可以通过产生法向加速度的大小和反映过程来衡量,一般从三个方向来考虑:一是给定固定的舵偏角可产生法向加速度的大小;二是改变这一过程的快慢;三是产生法向加速度后的超调量大小。

操纵性好就要求产生大的法向加速度,改变的速度要快,同时要使这个过程平滑稳定。

需要指出的是,导弹的机动性、稳定性和操纵性都是反映导弹飞行控制性能的重要指标,在设计导弹时要综合考虑,不能单独去追求某一个指标。

3.4　导引规律

导弹是一种可控飞行体,它是在制导系统作用下飞行的。现代导弹的制导系统分为三个基本类型:自主式、遥控式和自寻的式。对于具有遥控和自寻的制导系统的导弹,其制导系统是按导弹和目标间的相对运动关系按一定规律来导引导弹的运动,以达到最终命中目标的目的,我们称这一规律为导引规律,它是指导弹在向目标接近的整个过程中应满足的运动学关系。有关导引规律的研究是导弹飞行力学的重要研究内容,其研究结果可为导弹导引控制系统乃至整个导弹系统的设计提供重要依据。

3.4.1　导弹和目标间的相对运动方程

相对运动方程是研究各种导引规律运动学特性的基础,为研究问题方便,假设导弹和目标位于同一平面内做相对运动。

如图 3.21 所示,设某一时刻目标位于 M 点,导弹位于 O 点,目标速度为 v_m,导弹速度为 v,二者位于同一平面内。图中的 R 为导弹和目标间的相对距离;θ_m、θ 为目标和导弹的速度矢量与参考线的夹角;q 为目标视线(导弹和目标的连线)与参考线的夹角,称为目标视线角;η_m、η 为目标和导弹速度矢量与视线的夹角,称为前置角。

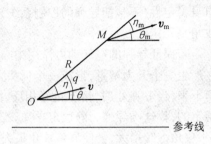

图 3.21　导弹和目标间的相对运动关系

则有如下相对运动方程:

$$\frac{\mathrm{d}R}{\mathrm{d}t} = v_m\cos\eta_m - v\cos\eta \tag{3.47}$$

$$\frac{\mathrm{d}q}{\mathrm{d}t} = \frac{1}{R}(v\sin\eta - v_m\sin\eta_m) \tag{3.48}$$

各角度间的几何关系为:

$$q = \theta + \eta \tag{3.49}$$

$$q_m = \theta_m + \eta_m \tag{3.50}$$

式(3.47) ~ 式(3.50) 共四个方程,其中 v、v_m、θ_m 为已知,需求解 R、q、θ、η、η_m 五个未知数,尚缺一个方程,这一方程由导引规律决定,称之为导引方程,不同的导引规律,会有不同的导引方程。

3.4.2　几种常用的导引规律

在各类导弹上使用的导引规律有很多,常用的自寻的导引律有纯追踪法、平行接近法(也可用于遥控)、比例导引法、直接瞄准法等,遥控导引律主要有两点法、三点法、矫直系数法等,下面就几种导引规律做详细介绍。

3.4.2.1　纯追踪法

纯追踪法又称速度追踪法,它是指导弹在飞向目标的过程中,导弹的运动速度方向始终指向目标。纯追踪法的导引方程可表示为

$$\eta \equiv 0, \text{或} \dot{\theta} \equiv \dot{q}, \text{或} \theta \equiv q \tag{3.51}$$

图3.22为纯追踪法导引导弹的飞行弹道示意图,图中1′、2′、3′……和1、2、3……分别代表同一瞬间目标和导弹所在的空间位置,则11′、22′、33′……等为不同时刻的目标视线,每一时刻的导弹飞行速度向量应与对应的目标视线重合。这种导引规律即可用于攻击固定目标,也可攻击活动目标。其优点在于制导系统工程实现容易,但缺点是当导弹迎击目标或攻击近距离高速目标时,弹道弯曲严重,需要较大的法向过载,因而采用这种导引律时对导弹的气动布局、结构强度及制导控制系统均提出了较高要求。

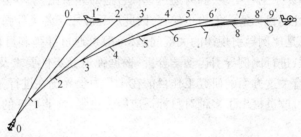

图 3.22 纯追踪法示意图

通过导弹和目标间的相对运动方程和纯追踪法引导方程,对纯追踪法的运动学分析可知,要使导弹能够直接命中目标,必须使速度比 $a = \dfrac{v}{v_\mathrm{m}}$ 在 1 和 2 之间,即 $1 < a < 2$。

3.4.2.2 平行接近法

平行接近法是指导弹在飞向目标的过程中,目标视线在空间始终保持平行(即目标视线角保持不变)。平行接近法的导引方程可表示为

$$\frac{\mathrm{d}q}{\mathrm{d}t} \equiv 0 \text{ 或 } q = q_0 \equiv C \tag{3.52}$$

图 3.23 表示了这种导引方法导引导弹的飞行弹道,在假设目标做等速直线飞行,导弹做等速飞行时,其弹道为直线弹道。即便取消上述假设,弹道也较平直。说明采用平行接近导引律时不需要太大的法向过载,导弹在空间飞行直至命中目标的飞行时间较短,这是它的优点,但该种导引规律实现起来很困难。

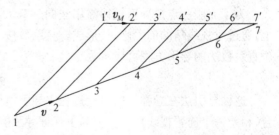

图 3.23 平行接近法示意图

通过运动学分析可知,采用平行接近导引规律时,导弹的需用法向过载与目标法向加速度、目标切向加速度及导弹切向加速度有关。随着速度比 a 的增大,需用过载减少。

3.4.2.3　比例导引法

比例导引法是在自寻的导弹上采用较多的一种导引规律,它是指在导弹飞向目标的过程中,导弹速度方向的变化率与目标视线的变化率成比例。比例导引法的导引方程可表示为

$$\dot{\theta} = k\dot{q} \tag{3.53}$$

k 称为导引比。

这种导引规律易于工程实现,同时通过选择合适的导引比,就不会需要太大的法向过载,对不同机动特性的目标适应能力也较强,因此广泛应用于各类导弹上。

导引比的选择是比例导引规律的关键问题,一般可通过导弹和目标间的相对运动方程和比例导引方程,进行比例导引运动学分析,根据弹道稳定性要求及需用过载要求,确定合适的导引比。有关这方面的研究工作目前在飞行力学界仍在进行,并在古典比例导引规律的基础上,通过改进提出了多种对目标适应能力更强、性能更好的改进型比例导引规律。

3.4.2.4　三点法和矫直系数法

三点法导引规律是指导弹在飞向目标的过程中,使导弹、目标和导引站始终在同一条直线上,导引站可以是相对于地球静止的,也可以是运动的。这种导引方法常用于遥控制导的导弹上,其导引方程可表示为

$$q_d = q_m \tag{3.54}$$

其中的 q_m 为由导引站至目标的视线角;q_d 为由导引站至导弹的视线角。

三点法导引规律易于工程实现、抗干扰性能好,但这种方法在导弹迎击目标时需用法向过载较大,弹道弯曲严重,在攻击低空目标时弹道"下沉"严重,在目标做机动飞行时会造成较大的导引误差。

为了克服三点法导引规律需用法向过载大、弹道弯曲严重的缺点、在三点法的基础上,通过对视线角的前置修正,形成矫直系数法,可减小弹道弯曲程度,使弹道平直一些。矫直系数法的导引方程可表示为

$$q_d = q_m + \Delta q \tag{3.55}$$

这种导引法在导弹飞向目标过程中导引站至目标的视线和导引站至导弹的视线不重合,相差一个前置视线角 Δq。但为了保证导弹能够直接命中目标,在命中目标点应使两个视线重合,即视线前置角 Δq 为零,则 Δq 可取如下形式

$$\Delta q = C \cdot \Delta R \tag{3.56}$$

ΔR 为导弹和目标间的相对距离,C 为系数。根据命中条件 $\Delta R = 0$、$\dot{q}_d = 0$(保证命中点处) 弹道平直一些,系数 C 可表示为

$$C = -\frac{\dot{q}_{m}}{\Delta\dot{R}}　　　　　　　(3.57)$$

则最终的矫直系数法的导引方程为

$$q_{d} = q_{m} - \frac{\dot{q}_{m}}{\Delta\dot{R}}\Delta R　　　　　(3.58)$$

　　矫直系统法克服了三点法弹道弯曲严重的缺点,但和三点法相比,这种导引方法的技术实现难度大、抗干扰性能下降。抗干扰性能下降主要体现在当目标带有积极干扰源时,导引站雷达系统无法进行准确测距,不能确定出前置角 Δq,造成矫直系数法导引规律无法实现。

第四章　导弹的制导

4.1　概　述

导弹是可以控制的,在飞向目标的过程中,可以通过制导系统不断地测出导弹和目标间的相对位置,并根据这些关系依照某一规律随时调整导弹的运动,使其有效地摧毁目标。所依照的规律称为导引规律。

4.1.1　制导系统的功用及组成

制导系统总体上分为引导和控制两大部分。引导系统用来测定或探测导弹相对目标或发射点的位置,按要求的弹道形成引导指令,并把引导指令送给控制系统。引导系统通常由导弹、目标位置和运动敏感器(或观测器)及引导指令形成装置等组成。

控制系统响应引导系统来的引导指令信号,产生作用力使导弹改变航向,沿着要求的弹道稳定飞行。导弹一般是细长圆柱体,当它受到扰动(如阵风等)时,其扰动运动可能不会平息,会越来越大,如没有控制系统,甚至会失控翻滚,以至自毁。因此,控制系统在导弹制导的精度及稳定性方面起着重要作用。它的组成一般包括导弹姿态敏感器、操纵面位置敏感器、计算机(或综合比较放大器)、作动装置、操纵面和弹体等。

导弹制导系统的组成如图 4.1 所示。其工作过程如下:导弹发射后,目标、导弹敏感器不断测量导弹相对要求弹道的偏差,并将此偏差送给引导指令形成装置。该装置将偏差信号加以变换和计算,形成引导指令,控制导弹改变航向或速度。引导指令信号送往控制系统,经变换、放大,通过作动装置驱动操纵面偏转,改变导弹的飞行方向,使导弹回到要求的弹道上来。当导弹受到干扰,姿态角发生改变时,导弹姿态敏感元件测出姿态偏差,并形成电信号送入计算机,从而操纵导弹恢复到原来的姿态,保证导弹稳定地沿着要求的弹道飞行。操纵面位置敏感元件,能感受操纵面位置,并以电信号的形式送入计算机,经过比较和计算,形成控制信号,以驱动作动装置。

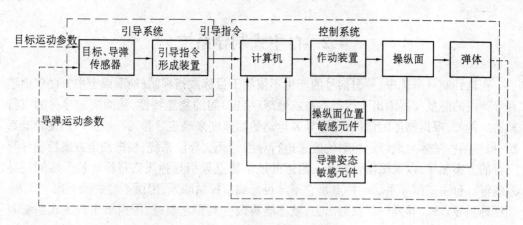

图 4.1 导弹制导系统的基本组成

4.1.2 制导系统的分类

制导系统常按照导引系统的特点来分类,也就是按产生导引信号的来源分类,一般分成自主式制导、遥控式制导、自寻的式制导等三种基本类型。为提高制导性能,将这些基本类型恰当地组合起来,产生一种新的制导方式,称为复合制导。详细的制导分类见表4.1。

自主式制导系统
- 惯性制导
- 方案制导
- 地形匹配制导
- 天文制导
- 卫星导航

遥控式制导系统
- (雷达、激光)波束制导
- (雷达、电视、目视、光学)指令制导

自寻的式制导系统
- 主动自寻的
  - 雷达自寻的制导
  - 激光自寻的制导
- 半主动自寻的
  - 雷达自寻的制导
  - 激光自寻的制导
- 被动自寻的
  - 红外自寻的制导
  - 雷达自寻的制导

复合制导
- 自主 + 遥控指令制导
- 自主 + 自寻的制导
- 遥控指令 + 自寻的制导
- 自主 + 遥控指令 + 自寻的制导
- 惯性组合导航

表 4.1 制导系统分类

4.2　自主式制导系统

在这种制导系统中,导引信号的产生不依赖于目标或指挥站(地面或空中),而仅由装在导弹内的测量仪器测出飞行器本身或地球(宇宙)间的物理特性,从而决定导弹的飞行轨迹。例如,根据物体的惯性,测量导弹运动的加速度来确定导弹飞行航迹的惯性导航系统;根据某些星体与地球的相对位置来进行导引的天文导航系统;根据预定方案控制导弹飞行的方案制导;以及根据目标地区附近的地形特点导引导弹飞向目标的地形匹配制导系统等。自主式制导系统的特点是它不与目标或指挥站联系,因而不易受到干扰。此外,用这种制导方式,导弹一旦发射出去,就不能再改变其预定航迹,因而单用自主式系统制导不能攻击活动目标。下面对几种制导方式作一简单介绍。

4.2.1　惯性制导

惯性制导系统是利用导弹上的加速度计测量导弹运动中的加速度来完成制导任务的。任何一个物体,若其质量为 m,在受到外力作用后,在惯性坐标系中就会产生一个加速度 a,如所受外力为 F,则它们的关系为

$$F = ma \tag{4.1}$$

如果设法将导弹上的加速度测量出来,对加速度积分一次,便可得出导弹的速度,再积分一次,又可得到导弹的位置

$$v = v_0 + \int_0^t a \mathrm{d}t \tag{4.2}$$

$$S = S_0 + \int_0^t v \mathrm{d}t \tag{4.3}$$

上式中的 v_0、S_0 分别为导弹的初始速度和距离。

如果用三块加速度计,正交地安装在导弹的重心处,并使它们不随导弹的姿态而变化,就能准确地测出惯性空间的三个方向加速度。测得结果为 a_x、a_y、a_z,对它们积分一次可得到三个方向上的速度

$$v_x = v_{x0} + \int_0^t a_x \mathrm{d}t \tag{4.4}$$

$$v_y = v_{y0} + \int_0^t a_y \mathrm{d}t \tag{4.5}$$

$$v_z = v_{z0} + \int_0^t a_z \mathrm{d}t \tag{4.6}$$

其中 v_{x0}、v_{y0}、v_{z0} 分别为导弹在惯性空间 x、y、z 三个方向上的初始速度。

对其速度再积分一次,可得到导弹在惯性空间的位置。

$$S_x = S_{x0} + \int_0^t v_x \mathrm{d}t \tag{4.7}$$

$$S_y = S_{y0} + \int_0^t v_y \mathrm{d}t \tag{4.8}$$

$$S_z = S_{z0} + \int_0^t v_z \mathrm{d}t \tag{4.9}$$

式中,S_{x0}、S_{y0}、S_{z0} 分别为导弹在惯性坐标系 x、y、z 三个轴上的初始位置坐标。

将所得到的速度 v 和位置 S 与方案计算机的预定值进行比较,由制导计算机计算的真实弹道和方案弹道的偏差量,形成引导指令,操纵航面偏转,使导弹按预定的弹道稳定飞行。其原理见图 4.2。

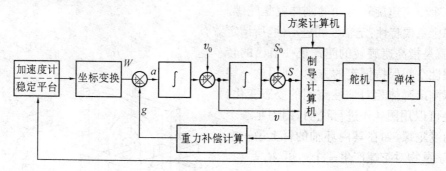

图 4.2 惯性制导原理图

由惯导原理可知,如何测量加速度和如何使正交的三个加速度计在惯性空间保持方向不变就成为惯性制导的关键。下面,简单介绍一下加速度计和陀螺稳定平台原理。

4.2.1.1 加速度计

图 4.3 是一个简单加速度计示意图。它的基座和飞行器连接在一起。当导弹作加速度运动时,基座跟着一起作加速运动。其加速度若为 a,基座上的质量块为 m,在敏感轴方向上相对基座运动,当基座随导弹作向前加速运动时,质量块则力图保持原有的运动状态而会相对基座向后退。此时,连接基座和质量块 m 间的弹簧就会受到拉伸或压缩。设弹簧力为 P 及变形为 Δs,它们的关系为

$$P = k \cdot \Delta s \tag{4.10}$$

其中 k 为弹簧刚度。此时,质量块 m 就会在弹簧的弹性力作用下产生一个加速度 a'

$$a' = \frac{P}{m} = \frac{k\Delta s}{m} \tag{4.11}$$

当质量块 m 经过一个运动过程,处于平衡状态时,a' 就等于导弹的飞行加速度 a,质量块

m 不再做与基座的相对运动了。此时

$$a' = a = \frac{k\Delta s}{m} = k'\Delta s \qquad (4.12)$$

式中的 k' 为已知的,只要测出 Δs,就可测得加速度 a。

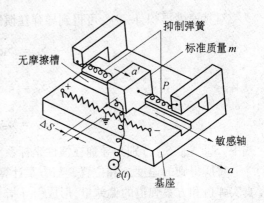

图 4.3　加速度计示意图

4.2.1.2　陀螺仪和稳定平台

加速度计必须放在一个稳定平台上。而稳定平台的作用就是保证其在导弹飞行过程中与惯性空间的几何关系不变。稳定平台实现这一功能就要借助于陀螺仪的特性了。

一个作高速旋转运动的刚体就是陀螺。它有二个重要特性:定轴性和进动性。所谓定轴性,就是指高速旋转的陀螺能使自己的转轴在惯性空间保持恒定的方向。利用这一特性可以测出弹体相对惯性空间的姿态变化。进动性可以用图 4.4 进行说明。图中是一个三自由度陀螺。如在其内环轴的臂上吊一个重物。该重物对陀螺产生一个力矩 $M = Gl$。在该力矩作用下,陀螺不是沿力矩 M 的方向倾斜,即不绕 x_1 轴转动,而是绕与力矩 M 方向垂直的 y_1 轴以角速度 ω 旋转。这种现象称为陀螺的进动性,进动的角速度为

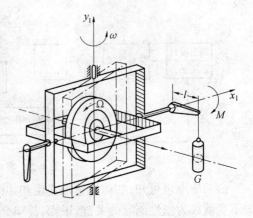

图 4.4　陀螺进动示意图

$$\omega = \frac{M}{H} \qquad (4.13)$$

式中 M 为施加的外力矩,H 称为角动量。

$$H = J\Omega \qquad (4.14)$$

式中 J 表示转子绕转轴的转动惯量,而 Ω 表示转子的转动角速度。如果用向量表示 H、M、ω 的关系时,那么可以用右手定则来确定。用四个手指向 H 方向,然后以最短路径握向 M,此时拇指指向就是进动角速度 ω 方向。

如果陀螺轴以 ω 指向转动,我们将三自由度陀螺仪的外框架用一弹簧固定起来,陀螺以 ω 的大小和方向转动,则框架的弹簧就呈现一个力矩,它与产生 ω 进动时需要的力矩大小相等而方向相反。此力矩称为陀螺力矩。如能测得这一力矩,就可以知道框架的转动角速度了。

利用定轴性和进动性,都可以测得基座的转动角度(或角速度)。做出一个平台,在其上装有测角陀螺仪。只要平台一转动,就有角度的输出。将这一个量放大,送到一个力矩器上,它使平台向其相反方向转动同样一个角度,这种平台就是陀螺稳定平台。如果三个相互正交的加速度计安装在平台上,而平台又安装在导弹上,就可正确测得惯性空间的三个方向加速度了。图 4.5 是双轴陀螺稳定平台,又称为双轴平台,能使被稳定对象在空间绕

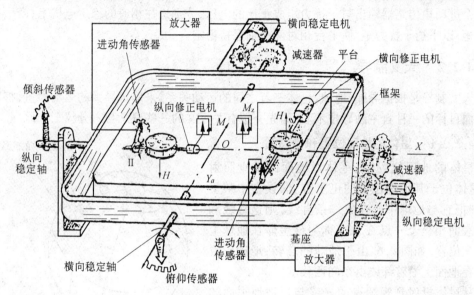

图 4.5 双轴陀螺稳定平台

两根相互正交的轴保持稳定。其工作原理为,平台通过台体轴 OY_a 支承在外环架上,外环架轴按导弹的纵轴安装,外环架通过外环架轴 Ox 支承在基座上,外环架轴上还安装了减速器,纵向稳定电机安装在基座上,横向稳定电安装在框架上,在外环轴上还安装了倾斜传感器的转动部分,非转动部分装在基座上,内环架就是被稳定的平台,通过轴承悬挂在外环架上。平台相对外环架可以转动,它有两旋转自由度,这两个旋转自由度的转轴就是两个稳定轴,即纵向稳定轴和横向稳定轴。平台上安装了两个自由度陀螺仪 Ⅰ、Ⅱ 和两套稳定回路(纵向稳定回路和横向稳定回路),分别敏感两个稳定轴方向的干扰力矩。将绕陀螺仪 Ⅰ、Ⅱ 进动轴输出的信号,由进动角传感器取出,经放大后送往相应的稳定电机,以使稳定力矩和干扰力矩平衡,从而达到双轴稳定的目的,两个进动角度传感器,在图中是用电位计来表示的。它们的活动部分,分别与相应陀螺的进动轴相固联,而非活动部分与平台相固联。

在图中,陀螺仪 Ⅰ 的角动量 H 向上,垂直于平台面,即进动轴与平台纵轴(X 轴)垂直,感受平台纵向稳定方向的干扰力矩,它与进动轴上的进动角传感器及纵向稳定电机和

力矩放大器(齿轮)组成纵向陀螺稳定器,使平台相对纵轴稳定。陀螺仪 II 的角动量 H 向下,其进动轴与平台横向稳定轴(Y 轴)垂直,感受平台横向稳定轴方向的干扰力矩。它与进动轴上的进动角传感器及横向稳定电机、力矩放大器(齿轮)组成横向陀螺稳定器,使平台相对横向稳定轴稳定。

这样,当有干扰作用在平台上时,两陀螺仪分别感受作用在两个稳定轴上的力矩,并由两个进动角传感器输出与干扰力矩成正比的电压,分别送往相应的稳定电机上,产生稳定力矩,以平衡干扰力矩,使平台相对两个轴保持稳定。

4.2.2　天文制导

天文制导是根据导弹、地球、星体三者之间的运动关系,来确定导弹的运动参量,将导弹引向目标的一种自主制导技术。下面先介绍有关天文的一些概念与六分仪工作原理。

4.2.2.1　星体的地理位置和等高圈

星体的地理位置,是星体对地面的垂直照射点。星体位于其地理位置的正上方。假设空中某星体,如把它与地球中心连成一条直线,则这直线和地球表面相交于一点 X_e,X_e 称为该星体在地球上的地理位置,如图 4.6。由于地球的自转,地理位置始终在地面上沿着纬线由东向西移动。

从星体投射到观测点的光线与当地地平面的夹角 h,叫做星体高度。由于星体离地球很远,照射到地球上的光线可视为平行光线。这样,在地球表面上,离星体地理位置等距离的所有点测得的星体

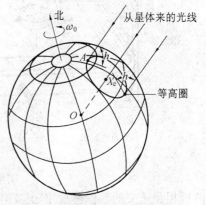

图 4.6　星体的地理位置及高等圈

高度相同。所以,凡以 X_e 为圆心,以任意距离为半径在地球表面画的圆圈上任一点的高度必然相等,这个圆称为等高圈。

4.2.2.2　六分仪的组成及工作原理

天文制导的观测装置是六分仪,根据其工作原理不同分为光电六分仪和无线电六分仪,下面主要介绍光电六分仪原理。

光电六分仪一般由天文望远望、稳定平台传感器、放大器、方位电动机和俯仰电动机等部分组成,如图 4.7。发射导弹前,预先选定一个星体,将光电六分仪的天文望远镜对准选定星体。制导中,六分仪不断观测和跟踪选定的星体。天文望远镜是由透镜和棱镜组成的光电系统,它把从星体来的平行光能聚焦在光敏传感器上。为精确的跟踪星体,不仅要求透镜系统有很高的精度,而且还应尽可能具有长的焦距和较窄的"视力场"。光电六分仪

的稳定平台通常是双轴陀螺稳定平台。它在修正装置的作用下始终与当地的地平面保持平行。这样,如天文望远镜的轴线对准星体,则望远镜的轴线与稳定平台间的夹角就可读出,并可换算出星体的高度 h。

4.2.2.3　天文制导原理

天文制导有两种,一种是一个光电六分仪跟踪一个星体的制导;另一种是用两部光电六分仪分别观测两个星体,根据两个星体等高圈的交点,确定导弹的位置,引导导弹飞向目标。

1.跟踪一个星体的导弹天文导航系统

其原理见图4.8。由于星体的地理位置由东向西等速运动,每一个星体的地理位置及其运动轨迹都可在天文资料中查到。因此,可利用光电六分仪跟踪较亮的恒星(织女星、衔夫星座等) 或最亮的行星(火星、土星等) 的方法来制导。在制导中,光电六分仪的望远镜

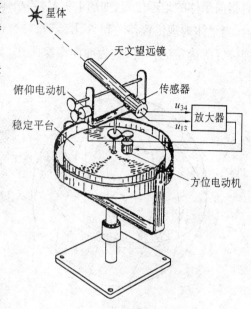

图4.7　光电六分仪原理图

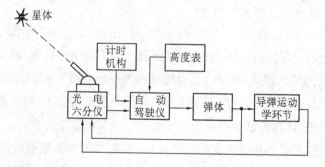

图4.8　跟踪一个星体的导弹天文导航系统方块图

自动跟踪并对准所选用的星体。当望远镜轴线偏离星体时,光电六分仪就向弹上控制系统输送控制信号。弹上控制系统在控制信号作用下,修正导弹的飞行方向,使导弹沿着预定弹道飞行。导弹的飞行高度由高度表输出的信号控制。当导弹在预定时间飞临目标上空时,计时机构便输出俯冲信号,使导弹进行俯冲或终端制导。

导弹的预定弹道与导弹速度、发射时间、光电六分仪跟踪的星体位置等参量有关。如果选定的星体位于导弹发射方向的前方,导弹天文导航系统便使导弹的速度向量始终向

前指向星体的地理位置,如图4.9(a),当星体地理位置在 A 点时,便从发射点向 aA 方向发射。当星体地理位置移动到 B、C 点时,导弹也正好位于 b、c 等点上。这种向前瞄准星体地理位置所确定的弹道,称为前向跟踪曲线。如果所选星体的地理位置在导弹发射方向后

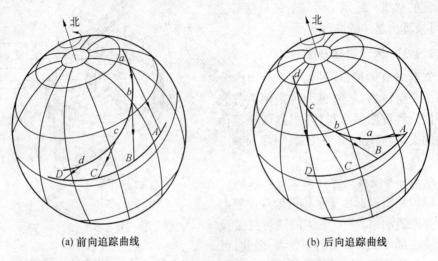

(a) 前向追踪曲线　　　　　　　　　　(b) 后向追踪曲线

图 4.9　前向和后向跟踪星体—进位置的弹道

方,导弹的速度向量的后延线始终指向星体地理位置(图(b)),称为后向追踪曲线。

2.跟踪两个星体的导弹天文制导

其原理见图 4.10。发射前,首先选定两个星体(甲和乙),并将两个六分仪对准两个星体。制导中,两个六分仪同时观测两个星体的高度,得到两个等高圈。由于导弹的位置既在甲星体等高圈上,又在乙星体等高圈上,即导弹的位置一定在两个星体等高圈交点上(图4.11)。而这两个等高圈有两个交点,且由于等高圈的直径一般选得较大,等高圈的两个交点之间可能相距数千公里,这就给区分导弹位于等高圈哪个交点带来方便。

将两个六分仪测得的星体高度送入计算机中,并参照导弹发射时的初始数据和预定方案,便可算出导弹的地理位置(经纬度),于是就可确定出导弹的瞬时位置在哪个交点上。将方案机构送来的预定值与测得的导弹瞬时地理位置比较形成导弹的偏差控制信号,送入弹上控制系统,控制导弹按预定弹道飞行。高度表用来控制导弹按预定高度飞行。当导弹的地理位置等于目标的地理位置时,说明导弹已处在目标上空。此时,计算机输出俯冲信号,导弹便向目标俯冲。

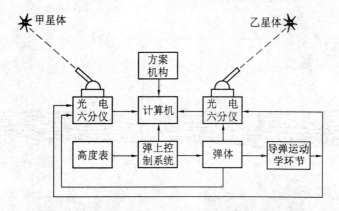

图 4.10　跟踪两个星体的导弹天文导航系统方块图

图 4.11　双星定位原理

4.2.3　方案制导

方案制导指控制导弹的某一个或几个飞行参数在飞行中按预定的方案实现。方案制导在一些飞航式导弹、弹道式导弹中的初始飞行段经常被采用。图 4.12 所示为一飞航式导弹在初始段按方案飞行的情况。导弹在发射后开始为爬升段,飞到 A_1 点开始转平,到 A 点开始作平飞,到 C 点方案飞行结束转入末制导飞行。末制导可以采用自寻的制导或其他制导方法。从图 4.12 可看出,图示的方案飞行弹道基本上由两段组成:第一段为爬升段,第二段为平飞段。

为了使导弹能等速爬升,作用在导弹上的力(见图 4.13)要满足下列关系。

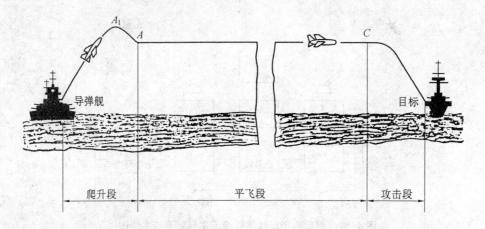

图 4.12　飞航式导弹的方案飞行

$$p\cos\alpha = X + G\sin\theta$$

$$Y + p\sin\alpha - G\cos\theta = \frac{G}{g}v\frac{\mathrm{d}\theta}{\mathrm{d}t} \qquad (4.15)$$

式中,p 为发动机推力,X 为空气动力阻力,Y 为空气动力升力,G 为导弹重力。由式(4.15) 可以看出,要使导弹沿一定的弹道倾角 $\theta(t)$ 爬升,作用在导弹上的升力与重力要保持一定关系。导弹的攻角变化规律就可以从上面关系式中求出,由于俯仰角 $\vartheta(t)$ 为

$$\vartheta(t) = \theta(t) + \alpha(t) \qquad (4.16)$$

图 4.13　爬升时作用在导弹上的力

若要求导弹以一定的弹道倾角 $\theta(t)$ 爬升,就可以根据上式计算出导弹弹体的俯仰角变化规律 $\vartheta^*(t)$(见图 4.14)。在俯仰角方案 $\vartheta^*(t)$ 中,爬升段实际上由两部分组成,一是由于导弹处于爬升段,还没有达到预定的高度而存在一高度差 ΔH,因而需要导弹有一定的攻角使导弹爬升,与这攻角相应的 $\vartheta_{\Delta H}$ 值;另一项是 ϑ_c^*,它是 $\vartheta^*(t)$ 与 $\vartheta_{\Delta H}(t)$ 之差

$$\vartheta_c^*(t) = \vartheta^*(t) - \vartheta_{\Delta H}(t) \qquad (4.17)$$

ϑ_c^* 就是在爬升段时方案机构给出的值。

在平飞段,如果导弹已稳定在预定高度 H_0,则高度差 ΔH 为零,因而 $\vartheta_{\Delta H} = 0$。那么此时导弹的攻角就是平衡导弹重力所需的攻角。与此攻角相对应有一个俯仰角 $\vartheta_h(t)$。因而在平飞段导弹俯仰角的方案值 $\vartheta^*(t)$ 应等于 $\vartheta_h^*(t)$,即

$$\vartheta^*(t) = \vartheta_h^*(t) \qquad (4.18)$$

如上分析,先爬升然后平飞的导弹,其俯仰通道的制导系统方块图如图 4.15。导弹在爬升段时,由于高度 H 还没有达到预定高度 H_0,因而就有高度差 ΔH。与此同时,方案机构给出方案信号 ϑ_c^*。这两个信号相加后,送给放大器,经放大送至舵机,舵机推动舵面偏转改变攻角也就改变了俯仰角。三自由度陀螺仪测出导弹的实际俯仰角后,与预定的方案俯仰角 $\vartheta^*(t)$ 相比较。若有误差,比较后就有一个 $\Delta\vartheta$。此信号继续通过舵机操纵导弹改变俯仰角,直至陀螺仪测出的实际俯仰角与方案俯仰角相等时,舵面不再继续偏转,导弹就按此方案俯仰角爬升。此外,在图 4.15 中加入高度表测量信号一方面可以改善爬升特性,另一方面也是为了导弹在平飞段稳定高度的需要。

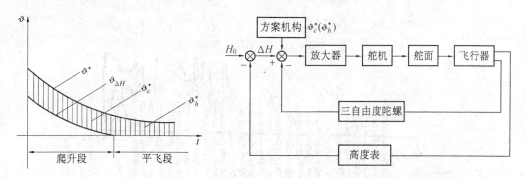

图 4.14 导弹爬升段和平飞段的俯仰角变化　　图 4.15 俯仰通道方案制导系统方块图

4.2.4 地形匹配制导

地球表面一般是起伏不平的,某个地方的地理位置,可用周围地形等高线确定,地形等高线匹配,就是将测得地形剖面与存贮的地形剖面比较,用最佳匹配方法确定测得地形的地理位置。利用地形等高线匹配来确定导弹的地理位置,并将导弹引向预定区域或目标的制导系统,称为地形匹配制导系统。

这种制导系统由以下几部分组成:雷达高度表、气压高度表、数字计算机及地形数据存贮器等。其中,气压高度表测量导弹相对海平面高度;雷达高度表测量导弹离地面的高度;数字计算机提供地形匹配计算和制导信息;地形数据存贮器提供某一已知地区的地形特征数据。其工作原理见图 4.16。用飞机或侦察卫星对目标区域和导弹预定航线下的区域进行立体摄影,就得到一张立体地图。根据地形高度情况,制成数字地形图(图 4.17),并把它存在导弹计算机存贮器中。同时把攻击目标所需航线编成程序,也存在导弹计算机中。导弹飞行中,不断从雷达高度表得到实际航迹下某区域的一串测高数据。导弹上的气压高度表提供了该区域内导弹的海拔高度数据。上述两个高度相减即得导弹实际航迹下某区域的地形高度数据。通过计算机,将得到实测地形高度数据与导弹计算机预存数据的

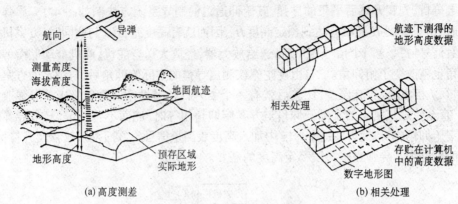

(a) 高度测差　　　　　　　　　　　　　　　　(b) 相关处理

图 4.16　地形匹配制导

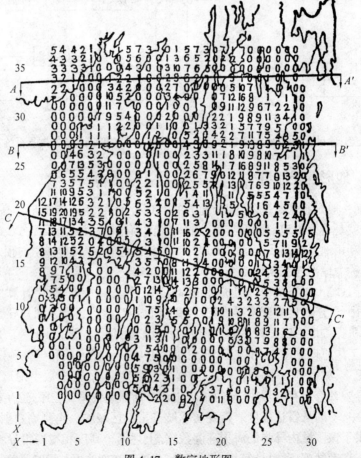

图 4.17　数字地形图

最佳匹配。因此,只要知道导弹在预存数字地形图中的位置,将它和程序规定比较,得到位置误差,就可形成引导指令。

若地形的地势比较平坦,数字地形图很难与高度表数字进行比较。此时,可以根据各地域地质条件的不同,利用它们对探测波长吸收与反射能力不同的特点,同样可以用这些特性完成地形匹配制导。

4.2.5 卫星导航

属于卫星导航系统的有第一代卫星系统子午仪,1978 年由法国国家空间研究中心,NASA 及美国国家海洋和大气监督局发展起来的多普勒卫星系统 ARGOS;1985 年欧洲空间局 ESA 开发的多用途卫星定位系统 NAVSAT;前苏联开发的卫星导航系统 GLONASS、美国的 GPS 及中国 1999 年和 2000 年分别发射的北斗导航星等。下面重点对 GPS 导航做一介绍。

4.2.5.1 GPS 组成及功能

GPS 由空间部分(卫星星座)、监控部分及用户部分组成。

空间部分由高度为 20 183 km 的 21 颗工作卫星和 3 颗在轨热备份卫星组成卫星星座,卫星分布在 6 个等间隔的、倾角为 55°的近圆轨道上,运行周期为 11.97 h。空间部分的主要任务是播发导航信号,星上设备有长期稳定度的原子钟、L 波段双频发射机、S 波段接收机、伪码发生器及导航电文存储器。卫星采用 3 种频率工作,L_1(1 575.42 MHz)和 L_2(1 227.6 MHz)用于导航定位,L_3(1 381.05MHz)是 GPS 卫星的附加信号,发射能探测到大气中核爆炸的星载传感器信息。卫星发播的导航电文包括:卫星星历、时钟偏差校正参数、信号传播延迟参数、卫星状态信息、时间同步信息和全部卫星的概略星历。用户通过对导航电文的解码,可以得到以上各参数,用于定位计算。

监控部分包括监控站、注入站和主控站。现有 5 个监控站,它们将收到的数据传送到主控站,主控站利用卡尔曼滤波器对伪距和累积距离差的数据处理,来估算卫星轨迹、时钟相位、频率及其变化。注入站的任务是当每颗卫星运行至头顶上时,把导航数据和主控站的指令注入到卫星。

用户即 GPS 接收机,它的主要功能是接收卫星发播的信号并利用本机产生的伪随机码取得距离观测值和导航电文,根据导航电文提供的卫星位置和钟差改正信息,计算接收机的位置。

4.2.5.2 GPS 定位原理及在导弹弹道测量中的应用

GPS 按定位方式不同可分为绝对定位、相对定位及差分定位。绝对定位是直接确定观测站相对于坐标系原点的一种定位方法。在两个或若干个测量站上设置 GPS 接收机,同步跟踪观测相同的 GPS 卫星,测定它们之间的相对位置称为相对定位。在定位区域内,在一个或若干个已知点上设置 GPS 接收机作为基准站,连续跟踪观测视野内所有可见的 GPS 卫星的伪距。经与已知距离对比,求出伪距修正值对卫星伪距进行修正。所谓伪距是由于卫星钟与用户接收机钟难以保持严格同步,所以实际观测站至卫星之间的距离,均含有卫星钟和接收机同步差的影响,故二者间距离称为伪距。由于接收机的钟差一般难以预

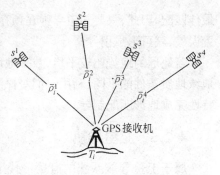

图 4.18　*GPS* 绝对定位(或单点定位)

先准确地确定。所以,通常把它作为一个未知参数,连同观测点三个位置坐标,共有四个未知参数,至少需要 4 个同步伪距($\bar{\rho}_i$) 观测值,即至少需要 4 颗卫星(见图 4.18),其观测方程为

$$\rho_i^1 = \sqrt{(x^1 - x_i)^2 + (y^1 - y_i)^2 + (z^1 - z_i)^2} + cdT_i$$

$$\rho_i^2 = \sqrt{(x^2 - x_i)^2 + (y^2 - y_i)^2 + (z^2 - z_i)^2} + cdT_i$$

$$\rho_i^3 = \sqrt{(x^3 - x_i)^2 + (y^3 - y_i)^2 + (z^3 - z_i)^2} + cdT_i \qquad (4.19)$$

$$\rho_i^4 = \sqrt{(x^4 - x_i)^2 + (y^4 - y_i)^2 + (z^4 - z_i)^2} + cdT_i$$

式中,ρ_i 代表伪距(已知),c 为光速,x_i、y_i、z_i 待求点位置坐标,dT_i 为待求点钟差。

　　随着 GPS 应用的不断深入,目前它已在导弹的跟踪弹道测量中得到应用。GPS 的应用,既可实时测定导弹的位置和速度,又可经事后处理得到精确的弹道参数。美国的实践表明,GPS 应用于外弹道测量,可成为导弹靶场的时空位置信息(TSPI)的数据来源。基于GPS 的时空位置信息系统 TSPI 数据可由机载接收机或转发器获得。接收机可用伪距和 δ 伪距测量值形式或笛卡尔坐标系中的位置和速度测量值提供 TPSI 数据,前者所需的机上数据处理量最小,后者要求有适中的机上数据处理量。在任何一种情况下,测量值都可被记录下来,用作事后处理或在要求实时处理时遥测发给地面站(见图 4.19)。转发器作为宽带 RF 中继站,采用 S 波段把未经处理的 GPS 信号重新发射给地面站。地面站可按宽带记录下未处理的 GPS 信号,用作事后处理,如需实时跟踪,也可用改型的接收机处理器检测和处理这些信号(图 4.20)。

　　采用 GPS 测量导弹弹道具有如下优点:(1)GPS 可提供全球覆盖,适应多场区、多射向、多变弹道测量;(2)GPS 测量误差与距离无关,对远距离目标也保持很高跟踪精度;(3)可同时跟踪多个目标;(4)可取代大型跟踪设备,降低试验费用;(5)GPS 可获得更精确速度数据;(6)GPS 可提供精密时钟信息。

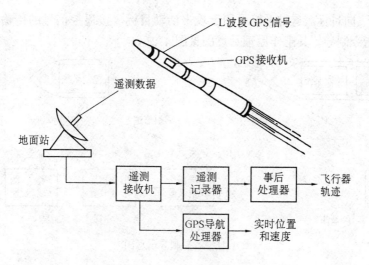

图 4.19　GPS 接收机测量系统概念框图

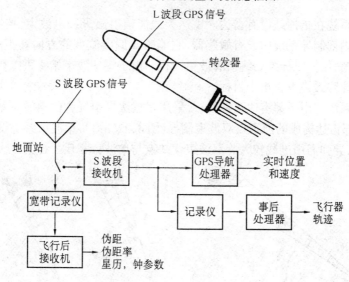

图 4.20　采用 GPS 转发器的跟踪测量系统

4.3　遥控式制导

　　在这种系统中,导引信号由设在导弹外部的指挥站发出。指挥站可设在地面,也可设在空中。它测定目标和导弹的相对位置,通过人或计算机形成导引信号,然后发送给导弹,控制导弹飞向目标。这种系统可用于攻击活动目标。按遥控信号的传输方式又分为波束制导和指令制导。其工作原理示意图见图 4.21。

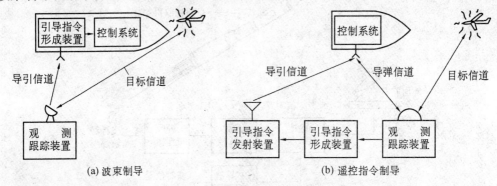

(a) 波束制导　　　　　　　　　　　(b) 遥控指令制导

图 4.21　遥控制导示意图

4.3.1　波束制导

这种制导系统在指挥站设有雷达。雷达天线能辐射出天线电波束,控制波束自动跟踪目标。导弹内部制导系统中设有敏感器,它能感知偏离波束的方向和距离。根据敏感器给出的偏差信号,操纵导弹始终沿着波束飞行。由于雷达波束始终跟踪目标,那么始终跟踪着波束的导弹最终也将击中目标。

波束制导系统有用一部雷达跟踪目标,采用三点法导引导弹的单波束系统,如图 4.22 (a),也有用二部雷达构成的前置点双波束制导(图 4.22(b))。单波束系统设备简单,但用三点法导引时,导弹需用过载较大。双波束优缺点与单波束相反。

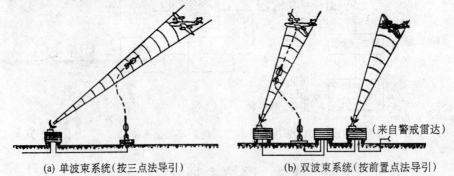

(a) 单波束系统(按三点法导引)　　　(b) 双波束系统(按前置点法导引)

图 4.22　单雷达、双雷达波束制导

波束制导系统设备比较简单,沿同一波束同时能导引几发导弹攻击同一目标,它在早期的空空、地空导弹中得到应用。但是波束制导有明显缺点。在导引空空导弹中,装有制导雷达的载机,在导弹击中目标前的所有时间内,必须连续不断地将波束指向目标,大大限制了载机在空战中的机动性。此外,为了避免导弹被甩出波束而失控,载机飞行时,应使导弹法向过载较小。为了减小波束制导的误差,需要减小波束宽度,但这种窄波束在跟踪快速运动或机动性大的目标时,导弹易从波束中甩出而失控。此外,无线电波束制导系统抗干扰性差。由于上述原因,这种制导系统在导弹上较少应用。

4.3.2 指令制导系统

在指令制导系统中,导引导弹的信号是由弹外的指挥站形成的。它通过控制线传输到导弹上,导弹按此指令控制导弹飞向目标。

为了形成导引信号,指挥站必须不断地根据目标和导弹的运动参数和导引方法进行计算,计算出导弹轨迹上的误差,形成指令信号传送给导弹。因此,指令制导系统必须包括以下几个部分:(1)跟踪测量装置。即跟踪测量目标和导弹运动参数的系统。它可以是目视的、光学的、雷达的和电视的;(2)指令形成装置。它根据观测到的目标、导弹的运动参数和选定的导引方法,进行比较计算,形成指令信号。通常由计算机完成;(3)指令传输装置。它是将导引站形成的指令信号传送给导弹的信号传输系统。它可以是有线的,也可以是无线的;(4)指令接收和变换装置。它接收指令信号并加以变换,放大后输给导弹的自动驾驶仪。

图 4.23 是一种双雷达指令制导系统。由于需要同时观测目标和导弹,要采用两部雷达。跟踪目标和导弹的雷达将目标和导弹的信息输给计算机,计算机根据已测得的目标和导弹的运动参数及导引方法计算出导弹偏离正确轨迹的偏差并形成控制指令,然后由指令传输装置发送给导弹以纠正其偏差。

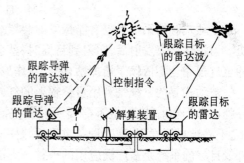

图 4.23 双雷达指令制导系统

为了简化设备,提高战斗运用性能,目前广为采用的是单雷达系统。在这种系统中,观测只用一部雷达。它同时对目标和导弹进行观测。

其他指令制导还有有线指令制导和电视指令制导等,不一一赘述。

遥控制导系统一般比较复杂,但它的作用距离较远。所以,远距离地对空、空对地等导弹中经常采用此种制导方式。

4.4　自寻的式制导系统

自寻的式制导系统是利用装在导弹上的设备接受目标辐射或反射的电磁波而形成导引信号的。根据信号的来源可分为主动式、半主动式和被动式三种(见图4.24)。根据信号的物理特征又可分为红外、电视及雷达等自寻的系统。

主动式和被动式自寻的系统均具有"发射后不管"的能力。半主动式寻的系统需要设在导弹外的一个照射源,如载机上的雷达。半主动式雷达自寻的系统可使导弹上的雷达功率大大减小,作用距离远,弹上设备简单。

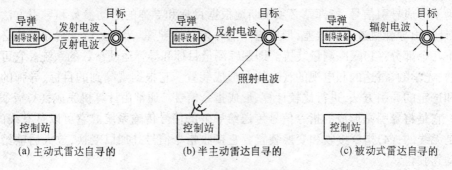

图4.24　自寻的制导示意图

主动式寻的系统弹上有能量发射装置。如雷达主动寻的系统,弹上就装有雷达发射机。当雷达波束发射后,照射到目标时,就会有雷达波反射回来。主动式优点是制导飞行的全过程完全不依赖于指挥站,因此对作战环境要求不高。

被动式寻的系统是利用目标辐射的红外线或无线电波而工作的。被动式寻的系统的导弹本身不辐射能量,也不需要照射源把能量照射到目标上去。因此,这种系统工作隐蔽,不易被目标发现,弹上设备重量轻,是一种较实用的寻的系统。在被动寻的系统中,红外线自寻的系统是被广泛应用的一种。大部分空对空导弹和一些空对地、地对空导弹都采用这种系统。

遥控式和自寻的式制导系统的区别在于导引信号的传递方式不同。如在电视自寻的制导中,自寻的式系统由弹头上安装的电视摄像机提供目标信息,在弹上同时装有比较装置,将对目标的偏差信号直接传送给导弹的控制系统,而不用指挥站形成信号和传递信号。因此,与遥控式电视制导相比,它的抗干扰能力强,隐蔽性好。

无论红外寻的系统,还是电视寻的系统,都受当地天气的影响。若天气不好,会严重破坏它们的导引精度。

4.5　复合制导

对于近距离战术导弹而言,因为其作用距离较近,一般均采用直接末制导方式,或经过较短时间不控或程控飞行之后进入末制导方式。然而,对中远程战术(战略)导弹,为保证一定的制导精度,有时需要把各种制导方式以不同的方式组合起来,取长补短,进一步提高制导系统的性能。这种多种制导方式复合在一起的制导模式称为复合制导。例如,导弹在飞行初始段可采用自主制导,将其引导到要求的区域。中段采用遥控指令制导,比较精确地把导弹引导到目标附近。末段采用自寻的制导,准确击中目标。这不仅增大了制导系统的作用距离,更重要的是提高了制导精度。目前对中远程导弹常见的复合制导模式有:(1)惯导 + 末制导;(2)遥控 + 自寻的;(3)自动驾驶仪 + 末制导。

此外,惯性制导在现代导弹应用中的地位非常重要。但随着制导时间或射程的增加,制导误差也愈来愈大。为提高惯导精度,各种组合惯导系统不断涌现。目前,常见的组合方式有:(1)天文 - 惯性制导系统;(2)多普勒 - 惯性制导系统;(3)地形匹配 - 惯性制导系统;(4)GPS - 惯性制导系统。

下面,对地形匹配 - 惯性制导系统作一简单介绍。

把地形匹配和惯性制导系统结合在一起,用地形匹配系统的精确匹配位置信息修正陀螺漂移和加速度计误差所造成的惯性制导系统的积累误差(定位误差),可大大提高制导精度。高精度制导的巡航导弹,如美国的"战斧"巡航导弹(包括地面发射的巡航导弹GLCM 和海上发射的巡航导弹 SLCM 等)就采用地形匹配 - 惯性制导技术。

由于地形匹配制导不宜在平坦地带或海面上工作,即使在有起伏变化的陆地上,因弹上计算机存储量有限,也没有必要从导弹发射到飞抵目标全过程都采用地形匹配制导。而惯性制导系统能够连续地工作。这样,就可用地形匹配的方法来修正制导系统由于陀螺漂移及加速度精度不高带来的航迹误差。这种组合制导系统如图 4.25。导弹由发射到飞抵目标整个飞行路线,分成若干段,各段之间用惯性制导,而选择合适的区域内采用地图匹配,以修正前一段惯性系统的位置误差。由于地形匹配只在几个适宜的区域内定期工作,所以,避免了弹上计算机的存储量过于庞大。典型的地形匹配—惯性制导的导弹飞行情况如图 4.26。导弹可由空中、陆地或海上发射。最初由惯性制导系统控制,按预定的弹道飞行。当到达第一个地图时,弹上传感器开始工作,并把实时数据送入计算机,计算机连续地把所测的实时数据和存储在存储器中的基准数据比较,给出导弹的位置数据。惯性导航计算机根据惯性装置输出的加速度、速度数据及地形匹配系统输出的位置数据进行计算,确定出实际航线与预定航线的偏差,计算出必要的修正量,形成控制指令,送给弹上控制系统,控制导弹回到预定的航线上来。计算机在修正航线的同时,修正陀螺

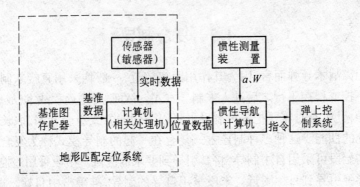

图 4.25　地形匹配 – 惯性制导系统方块图

平台由陀螺漂移所产生的误差。导弹飞过选定的地形匹配区域后,又输入惯性制导,遇到下一个地图时再修正。如此下去,直到接近目标。

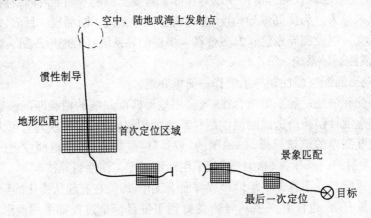

图 4.26　地形匹配 – 惯性制导导弹飞行情况

　　目前,复合制导已获得广泛应用。如地空导弹、空地导弹、地地导弹等,随着微电子技术的发展,复合制导的应用也将越来越广泛。

第五章 导弹的外形与结构

5.1 弹道式导弹

5.1.1 弹道式导弹的分类和 V – 2 导弹的概况

弹道式导弹的飞行轨迹很象炮弹的飞行弹道,故称弹道式导弹,其分类方法如下表所示。按作战使命有战术、战役和战略之分。通常战术导弹的射程一般都在几十公里的范围之内,用于野战部队的作战行动;战役导弹的射程一般都在几百公里至一千公里,由担负战役任务的主力部队使用;战略导弹的射程在一千公里以上,由统帅部直接掌握,用于打击敌国纵深具有重要战略意义的目标。

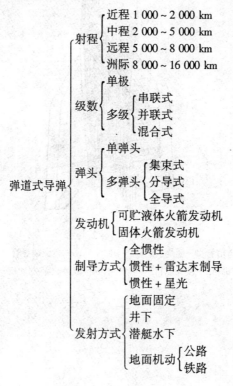

　　"V–2"导弹(图 5.1)是第二次世界大战末期,纳粹德国设计和制造的世界上最早的一种弹道式导弹。其主要性能数据如表 5.1 所示。

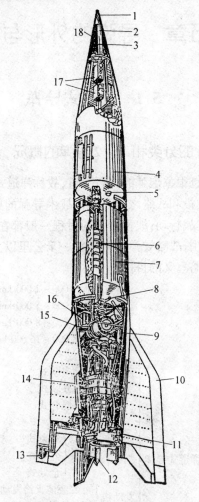

图 5.1　"V–2"导弹

1—引信;2—电缆导管;3—中央信管;4—燃烧剂贮箱;5—加注口;6—燃烧剂导管;7—氧化剂贮箱;8—加注口;9—发动机架;10—安定面;11—舵机;12—燃气舵;13—空气舵;14—液体火箭发动机;15—涡轮泵组;16—高压气瓶;17—仪器舱;18—战斗部

表 5.1　V－2 导弹的主要性能

项　目	数　据	项　目	数　据
射　程/km	296	战斗部质量/kg	1 000
最大速度/(m·s⁻¹)	1 600 ~ 1 700	炸药质量/kg	750
射　高/km	80 ~ 100	发动机推力/kN	245
弹　长/m	14	工作时间/s	64
弹径/m	1.65	地面比冲/(m·s⁻¹)	2 059
安定面翼展/m	3.57	酒精质量/kg	3 965
发射质量/kg	12 915	液氧质量/kg	4 970
结构质量/kg	约 4 000	制导方式	方案自动控制

弹道式导弹是竖立在发射台上进行垂直发射的。"V－2"导弹的飞行弹道如图 5.2 所示。

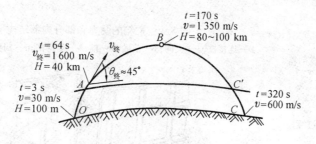

图 5.2　"V－2"导弹的飞行弹道

5.1.2　弹道式导弹的结构特点

5.1.2.1　使用液体火箭发动机的导弹

图 5.3 所示为典型的用液体火箭发动机的导弹的第一级弹体结构示意图,其他各级的结构与它类似。从图中可以看出两个贮箱占该级弹体的绝大部分,它们除了贮存推进剂以外,还是弹体的承力结构。主要承受轴向载荷、弯矩和内压。轴向载荷 N 使贮箱筒壁受压,而内压 p_0 所产生的轴向力 $T_e(T_e = p_0 \pi D^2/4)$ 使贮箱筒壁受拉(图5.4),两者相互有抵消作用。如果内压比较大(如为 0.3 ~ 0.4 MPa),则 $T_e > N_2$,箱壁受拉力,不会产生皱损破坏问题,这样可以将筒壁设计成硬壳式结构(由隔框和筒壁组成,没有纵向受力构件);如果内压不够大,使 $T_e < N_2$,则箱壁受压力,为了避免箱壁发生皱损破坏,可将其用化学铣切的方法加工成加劲网格结构,其放大图形如图 5.5 所示。贮箱夹间是一个短筒,由于其中无内压作用,因此轴向压力 N_1 全部作用在夹间上,为了避免夹间的皱损破坏,在其外表

面也化铣成加劲网格结构。推进剂箱一般采用铝镁合金、铝铜锌合金或不锈钢等板材,通过成形加工和焊接成密封的充压容器。为了提高承受内压的能力,一般将贮箱的前、后底都作成外凸形状,有椭球形底、环球形底(圆环与球形组合)或环锥形底等。

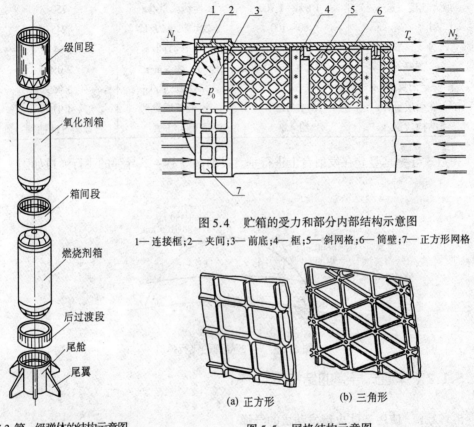

图 5.4　贮箱的受力和部分内部结构示意图

1—连接框;2—夹间;3—前底;4—框;5—斜网格;6—筒壁;7—正方形网格

(a) 正方形　　　　　(b) 三角形

图 5.5　网格结构示意图

图 5.3 第一级弹体的结构示意图

液体火箭结构的其他部分,如级间段、后过渡段、尾段和仪器舱等,由于没有像贮箱那样的内压作用,因此要承受比较大的轴压作用。一般它们将采用半硬壳式结构,即由隔框、筒壳和数目较多的桁条(纵向受力元件) 组成。往往将级间段的后部设计成杆系结构(图 5.6),以便在两级热分离时,上面级发动机的燃气流能顺畅地排出。对于远程洲际导弹来说,由于主动段的大部分在稠密大气层之外,因此对气动外形的要求不是那么严格。为了生产工艺上的方便,有时将上述各舱段上的桁条安排在外表面。

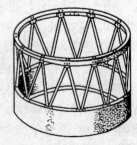

图 5.6　级间段杆系结构

5.1.2.2 使用固体火箭发动机的导弹

图 5.7 所示为美国 MX 固体洲际导弹的总体布置示意图。与用液体火箭发动机的导弹比较，主要在发动机方面有所不同。固体火箭发动机没有单独的推进剂贮箱，它本身兼有燃烧室和贮箱的作用。固体发动机燃烧室的工作条件比液体贮箱要恶劣得多。例如 MX 导弹第一级的燃烧室压力为 9.65 MPa，燃烧室的温度为 3 432 ℃，从强度和防热的需要来说，都会使固体火箭发动机的结构质量有较大的增加，因此采用高比强度(材料强度／材料密度) 材料成为减少导弹结构质量(从而降低导弹的质量比 μ_k 和改善导弹的性能) 的重要手段。

5.1.3 弹头及级间的分离

弹头与弹体之间，各级之间为了承受飞行中产生的切向力、弯矩和扭矩，都用一定方式连接，于是弹头及级间分离时，首先由制导系统给出分离信号，解除连接，从而解除弹头及级间的约束。

以爆炸螺栓连接为例，如图 5.8 所示，上、下面连接框经过紧固件用爆炸螺栓连接。a、b 是当接到分离信号之后，爆炸螺栓爆炸，螺栓切断，从而解除连接约束。

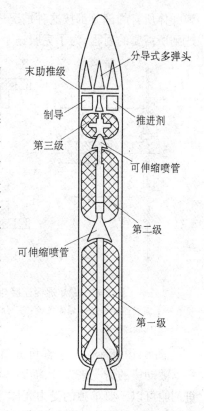

图 5.7 MX 导弹总体布置示意图

5.1.3.1 导弹头部的分离

弹道式导弹的射程是随着导弹主动段终点速度的增加而增加的。图 5.9 所示就是射程 L 与主动段终点速度 v_k 之间的关系曲线。从曲线上可以看出，主动段终点速度增加一倍，则射程增加好几倍。从理论分析可知，要提高主动段终点的速度 v_k，一方面通过提高火箭发动机的真空比冲，即采用高能推进剂；另一方面通过降低质量比 μ_k，(μ_k = 空质量／起飞质量)。因为 v_k 与 μ_k 是对数关系，μ_k 越小，速度 v_k 增加越快。为了减小 μ_k，可减小结构质量或增加推进剂质量。当然最有利的办法是降低结构质量，即采用合理的结构形式和比强度高的材料。"V－2"导弹的结构笨重，它的 $\mu_k \approx 0.3$。这种导弹的头部是不可分离的，弹身及其头部在返回大气层时都要承受相当大的载荷和气动力加热，其悬挂式推进剂贮箱是非受力式的，这样作用在导弹上的外载荷主要由推进剂舱壳体来承受。随着射程的不断提高，在返回大气层时，作用在导弹上的外载荷和气动力加热会越来越严重。如果导弹弹体所有的部分都按这种情况进行设计,那么远程导弹的结构就会重得不堪设想,无法达到所需要的射程。为了克服这个困难,便设计出了头部可分离的弹道式导弹来。

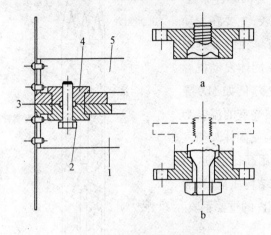

图 5.8　爆炸螺栓连接与切断
1—下面级连接框;2—爆炸螺栓;3—分离面;4—紧固件;
5—上面级连接框

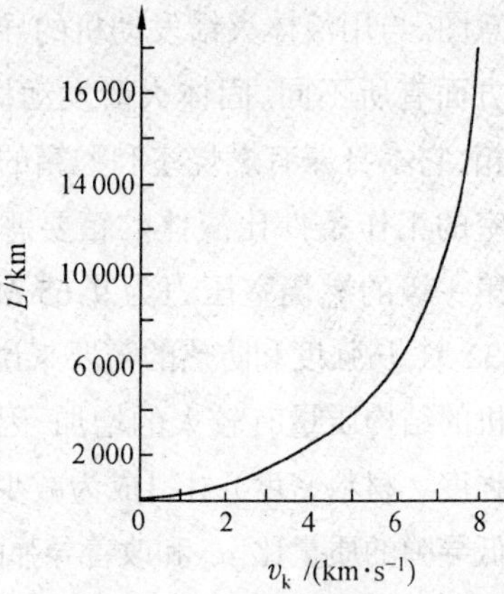

图 5.9　v_k 与 L 之间的关系曲线

图 5.10 所示为一头部可分离的弹道式导弹构造示意图。因为头部可分离,所以弹头根据被动段的情况来设计,而弹体根据主动段的情况来设计。这样,导弹就很轻。例如,推进剂舱可以不要单独的受力壳体,而把推进剂贮箱做成受力式的,箱体也可以用耐热较差而质量较轻的铝合金来做。所有这些结构上的改进,使得结构质量减小很多,μ_k 减小得也比较多,因而使导弹可达到更大的速度和更远的射程。

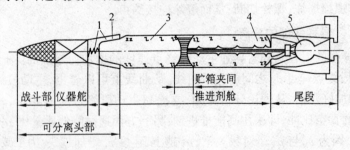

图 5.10　头部可分离的弹道式导弹的构造示意图
1—分离机构;2—安定裙;3—燃烧剂贮箱;4—氧化剂贮箱;5—发动机

头部可分离的弹道式导弹的飞行过程(见图 5.11)是:当导弹飞行到主动段终点发动机关车后,制导系统输出引爆信号,爆炸螺栓爆炸,使爆炸螺栓切断,靠弹簧力把弹头推出而实现分离,如图 5.12 所示。其连接方式与图 5.8 一样。当接到分离信号时,爆炸螺栓爆炸,切断螺栓,此时推杆靠弹簧力把弹头往外推出。这时弹体和头部都靠惯性自由飞行。由于此时一般对头部和弹体不再进行控制,所以它们便在空间自由翻转。当重新进入大气层时,弹头上有安定裙,可以保证头部有一定的静稳定性,使弹头顶端朝前飞向目标,而弹体在大气中翻转、烧毁。由于弹体的阻力比弹头的大,所以其残骸落于弹着点的后方。

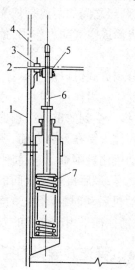

图 5.12　靠弹簧力分离

1— 弹体;2— 分离面;3— 爆炸螺栓;4— 弹头;
5— 推杆导向件;6— 推杆;7— 弹簧

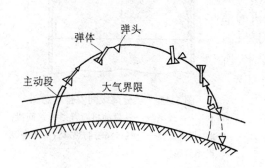

图 5.11　头部可分离弹道式导弹的飞行过程

5.1.3.2　多级导弹的级间分离

爆炸螺栓爆炸之后,多级导弹级间分离的方式主要有两种,即热分离和冷分离。

1.热分离

热分离就是上、下两级连接件未脱开之前,上一级的火箭发动机便开始启动点火,随后再解脱级间的连接件,关闭下一级火箭发动机。这时,由上一级火箭发动机喷出的燃气流,把下一级弹体"吹"开,从而实现了级间的分离。为了保证分离前能够将燃气流顺利地从级间段排出,在级间段上应设有排气口(图 5.13),在下一级贮箱箱底上应设有防热罩。

为了使上一级液体火箭发动机能够顺利点火,下一级发动机应当保持一定的推力,使弹体具有一定的轴向过载,以保证向发动机正常供应燃料。

这种分离方式的优点是:分离装置的结构和分离过程比较简单;分离速度快,几乎不产生由重力引起的速度损失;提高了第二级发动机起动的可靠性。但是,这种分离方式对上一级导弹的扰动较大;在下一级发动机关闭前就要启动上一级发动机,这样就增加了上一级推进剂的消耗量。

2. 冷分离

级间冷分离，是指在级间连接解脱和上、下两级之间离开一定距离之后，才点火启动上一级的火箭发动机。两级之间的距离是依靠下一级弹体上安装的制动火箭或空气动力作用，使下一级弹体减速而形成的。

这种分离方式可以使上一级飞行稳定，不会受到分离时的干扰力作用。但是分离的控制程序比较复杂，上一级所受到的重力影响也比较大。

多级固体火箭在分离之前，要可靠地关闭下面级火箭发动机比较困难，一般将下面级发动机的推进剂全部烧尽，最后再解脱级间的连接件。另外，固体火箭发动机启动时，没有正的轴向过载要求，所以，这种火箭往往采用冷分离的方式。

5.1.4　弹道式导弹的控制机构

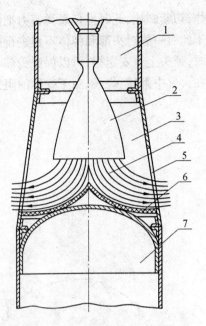

图 5.13　热分离级间安排示意图
1—上一级尾段；2—发动机喷管；3—级间段；4—燃气流；5—排气口；6—防热罩；7—下一级贮箱前底

为了对弹道式导弹的俯仰、偏航和滚转进行稳定或控制，在导弹上必须有相应的控制机构。由于导弹在起飞阶段速度很小，而后又很快飞出了稠密大气层，因此不能完全依靠空气动力对导弹进行控制，只能主要利用发动机或燃气发生器所产生的燃气动力对导弹进行控制。目前，常用的主要有燃气舵、摆动发动机、固定式姿态控制发动机、摆动喷管和二次喷射技术等。

1. 燃气舵

一般用石墨材料制成，可耐高温燃气的直接冲刷(图 5.1 的 12)。它的优点是结构简单，操纵方便；其缺点是燃气舵的阻力较大，可造成一定的推力损失("V – 2"是3% ~ 5%)。同时，燃气舵的烧蚀也比较严重。因此，燃气舵一般只在使用液体火箭发动机的近程导弹上使用。

2. 摆动发动机

它是以液体火箭发动机为动力的导弹上常采用的一种控制机构。导弹的主发动机装在万向轴承上，可以在俯仰和偏航方向摆动(图 5.14)。如果发动机摆动了一个 δ 角，那么推力分量 $P\sin\delta$ 相对于质心产生一个控制力矩，用以控制导弹的俯仰或偏航运动。显然单发动机无法控制导弹的滚转运动。为此，在主发动机的两边装有两个辅助发动机，每个辅助发动机分别绕一个转轴在切线方向摆动，如果两个发动机的摆动方向相反(差动)，就可以对导弹的滚转进行控制。辅助发动机的推力比主发动机要小得多，在末级上，当主发动机停车后,还可利用辅助发动机对末速进行修正,从而提高了对末速的控制精度。

对于由四个液体火箭发动机并联组成的主发动机,只要每个发动机分别绕一个轴摆动就可以控制导弹在三个方向上的运动(图5.15)。

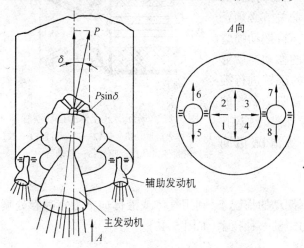

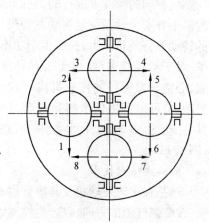

图 5.14　单个主发动机摆动

1(3)—控制俯仰;2(4)—控制偏航;5、7(6、8)—控制滚转

图 5.15　四个发动机切向摆动

1、6(2、5)—控制俯仰;3、8(4、7)—控制偏航;3、7(4、8)—控制滚转

3. 固定式姿态控制发动机

这是将推力室固定在弹体上(图5.16),其方向与弹轴垂直,但数目较多。图中所示为 8 个(也可以更多) 固定的推力室,每个推力室都可以根据需要断续工作,产生推力。当需要控制俯仰时 3 或 7 推力室工作 ……为了保证推力室能够不断地多次快速点火,要求氧化剂和燃烧剂相遇即可自燃,如 N_2O_4 和一甲基肼或偏二甲肼。

这种控制方式的结构简单,不需要转动机构和作动器,仅需要对推进剂的喷、停进行控制。但是,由于控制力比较小,适宜于大推力的主发动机停车后,对导弹的被动段进行控制,或者对分离后的弹头进行控制。

4. 摆动喷管

它一般用在固体燃料弹道式导弹上。将固体火

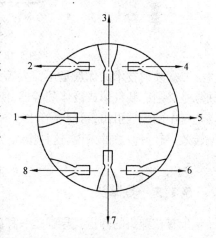

图 5.16　固定式姿态控制发动机

3(7)—控制俯仰;1(5)—控制偏航;2、6(4、8)—控制滚转

箭发动机的喷管装在球形关节上(如图 5.17),在作
动器的操纵下,可作俯仰或偏航方向的偏转,而产
生俯仰和偏航力矩。由于喷管的摆动是在高温、高
压燃气冲刷的条件下进行的,它的活动关节必须密
封得十分安全、可靠。与摆动发动机比较,摆动喷管
的转动部分质量不大,只需用小功率的作动器就够
了。对于单喷管来说,也无法对导弹的滚转进行控
制,必须设置另外的控制机构。对具有四个喷管的
发动机,可以利用四个喷管摆动对导弹进行控制,
其摆动方式与四个发动机的摆动情况相同
(图 5.13)。

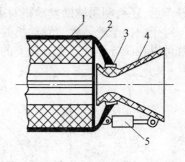

图 5.17　局部潜入壳体的摆动喷管
1— 固体火箭发动机壳体;2— 喷管装置;3— 铰
接处密封件;4— 摆动喷管;5— 作动器

5.二次喷射技术

　　这是在火箭发动机及其喷管均不摆动的情况下,利用气体或液体向推力室喷管处喷
射,改变燃气流的方向,以产生控制力矩的一种技术(如图 5.18)。

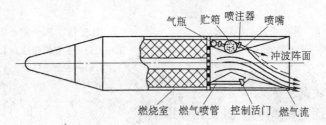

图 5.18　二次喷射技术的应用

　　二次喷射技术的优点是不需要特殊的活动关节及相应的密封件,也不需要作动器。
缺点是必须有装气体或液体的容器,使导弹的结构加重。为了避免以上缺点,可以考虑将
燃烧室中的燃气引出,再向喷管中喷射。目前用得较多的喷射液体为氟里昂,它所产生的
偏转效果较好。总的来说,这种操纵方式所产生的控制力矩比较小,故其应用范围受到了
限制。

5.1.5　多弹头

　　带有核弹头的弹道式导弹是一种威力巨大的现代化进攻性武器。为了对付它便出现
了反导弹武器系统,这又迫使弹道式导弹采用各种突防措施,如电子干扰、假弹头、轨道武
器、集束式多弹头、分导式多弹头和机动式多弹头等。下面就三种多弹头进行简要的介
绍。

5.1.5.1　集束式多弹头

集束式多弹头又称"霰弹式多弹头",它由母舱(又称"母弹头")和子弹头组成。通常,在一个母弹头内,集中"捆绑"了几个子弹头。在母弹头和子弹头上都没有制导系统和动力装置。当它们与弹体分离之后,便获得了预定的高度和速度,再通过分离机构的作用抛掉母弹头上的整流罩,将子弹头释放出去。

子弹头的飞行弹道相互靠得比较近,可攻击同一面目标。它的弹着点大体上是集中于目标中心周围,形成一个几到几十公里的散布面(图5.19)。每两个子弹头落点间的最小距离应有所限制,一方面不会被一枚反弹道导弹所拦截,另一方面又不会发生自相摧毁现象。

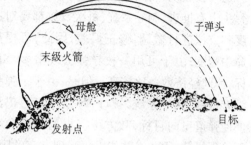

图5.19　集束式多弹头的飞行弹道

集束式多弹头的杀伤效果和突防能力都要比单弹头好些。但是由于命中精度差,弹着点散布大,只适宜于打击大城市那样的面目标。对于摧毁导弹发射井一类的硬点目标,却无能为力。

集束式多弹头是多弹头的早期形式,20世纪60年代在美国的"北极星 A_3"潜对地导弹上最先采用。它带有三个子弹头,每个子弹头的威力为 200 ktTNT 当量,质量为 160 kg。前苏联的"SS-9Ⅳ"型(3×5 000 ktTNT 当量)和 SS-11Ⅲ型(3×350 ktTNT 当量)导弹上也装备了这类多弹头。

5.1.5.2　分导式多弹头

分导式多弹头是集束式多弹头的发展,其母弹头装有推进系统和制导系统,可以作机动飞行,而子弹头上没有推进、制导系统。从结构上来看,分导式多弹头主要由末级推进舱、控制舱和子弹头释放舱三大部分组成。通常在推进舱内装有一台主发动机和数台姿态控制发动机;在控制舱内装有制导设备;在释放舱内装有若干枚子弹头(图5.20)。

当母弹头与弹体分离后,母弹头可以作机动飞行,在不同的高度、速度和方位上逐个地释

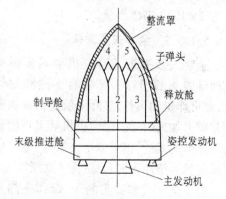

图5.20　分导式多弹头结构示意图

放子弹头。各子弹头可以分别攻击不同的目标,也可以沿不同方向去攻击同一目标(图5.21)。子弹头投放完毕后,母弹头又可以飞回原弹道,作为一个诱饵再入大气层,以

迷惑敌方的反导弹系统,掩护子弹头。

分导式多弹头的特点是:由于母弹头的
机动,所投放的子弹头分布空域较大,两子弹
头间的落点间距可达几百甚至上千公里,同
时还可投放诱饵,因此突防能力较强;由于母
弹头上有推进、制导系统,每次投放都要对速
度和方位进行微调,修正误差,因此,可提高
命中精度;由于可用一枚导弹去攻击多个目
标,因此经济效益比较高。但是,由于子弹头
没有推进、制导系统,被母弹头释放后,仍沿
惯性弹道飞向目标,敌方可以根据弹道参数
而给予拦截,因此突防能力仍受到一定的限制。此外,随着弹头数量的增多,对核弹头小
型化的要求更加严格,而核弹头越小,其核材料的利用越不充分,因而带来浪费。

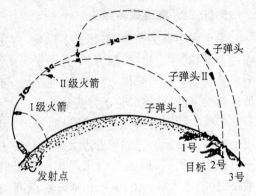

图 5.21　分导式多弹头的飞行弹道

目前,美国的"民兵Ⅲ"、"海神"、"三叉戟"、"MX"导弹,以及前苏联的"SS－17～SS－20"、
"SS－24"、"SS－N－18"和"SS－N－20"等战略导弹都装备了分导式多弹头。"民兵Ⅲ"导
弹的 MK－12A 弹头有三个子弹头,每个子弹头威力为 335 ktTNT 当量,质量为 159 kg,落
点间距离达 60～90 km。"MX"导弹的 MK－21 弹头有 10 个子弹头,每个子弹头的威力为
500 ktTNT 当量,质量为 194 kg,子弹头的纵向分导距离约为 1 660 km(射程 10 200 km 时)。
"海神"导弹子弹头的纵向分导距离为 480～640 km,横向距离约为纵向的一半。SS－18Ⅱ导
弹的弹头威力为 10×1 000 ktTNT 当量,SS－24 的弹头为 10×350 ktTNT 当量,SS－20 的弹
头为 3×150 ktTNT 当量。

5.1.5.3　全导式多弹头

全导式多弹头,又称"机动式多弹头"。
它的母弹头和子弹头都装有推进和制导系
统,都可作机动飞行,实际上就是在弹头分导
的基础上加末制导。子弹头机动飞行的轨迹
可以是弹道式的,也可以平飞滑翔,也可以突
然跃起然后俯冲飞向目标(图 5.22)。

由于全导式多弹头的子、母弹头都具有
机动变轨能力。因此,当机动多弹头在接近
目标时,可以先沿着一般弹道飞行,并造成对
目标将要实施攻击的假象。随后,突然改变

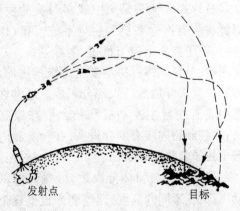

图 5.22　全导式多弹头的飞行弹道

飞行弹道,避开敌方的拦截,突破敌方的防区,沿着一条新的弹道,向目标发起攻击。而敌方的反导系统很难具有这样快速应变的拦截能力,这对子弹头的突防十分有利。此外,由于各子弹头加上了精确的末制导系统,能够自动寻找目标和瞄准目标,使命中精度大大提高。但是,要制成高精度的机动式多弹头,还必须解决一系列的技术难题。例如,要求核装药、助推发动机和末制导系统高度小型化,并且要使它们均能承受机动变轨和高加速引起的大过载,以及抗核辐射等恶劣的飞行环境的考验。

5.2 有翼导弹

从飞行原理和构造形式方面看,有翼导弹与飞机接近,有些导弹(如某些巡航导弹、反舰导弹)的外形和构造甚至与飞机相差无几。其基本相同点是机动飞行(包括平衡重力)所需的法向力依靠升力部件的空气动力提供;基本区别在于:导弹是一次使用无人驾驶的武器。有翼导弹的特点归纳如下:

(1)有复杂的制导系统,而气动外形和构造比较简单。导弹的发射、跟踪目标和攻击目标等都要由制导系统完成,因此必须有复杂的制导系统。另一方面,由于弹上没有人员,就不需要座舱、生命保障和生活服务等设施。又由于它是一次使用的武器,就不需要起落装置。因此,气动外形和构造比飞机要简单。

(2)武器系统概念较强。孤立的导弹本身是无法单独使用的,必须将有关的各个部分(如发射装置、制导站)组成完整的武器系统,才能发挥战斗威力。

(3)可以充分发挥高速度、大迎角和大机动的潜力。导弹可艺设计成大机动的高速导弹。有的格斗弹法向过载可达 30~50,甚至更大。实现大机动的途径之一是大迎角飞行,在这方面,导弹较易实现。

(4)作为武器,导弹的有效载荷是战斗部。它只能军用,不能民用。导弹是一次性使用武器,但要长期保存,因此,对保存环境和检测手段有特殊要求。

5.2.1 有翼导弹的基本组成部分及其功用

就导弹本身而言,通常有战斗部系统、推进系统(动力装置)、制导系统和弹体四部分。它们的功用简述如下。

5.2.1.1 战斗部系统

战斗部系统由战斗部、引信和保险装置组成。战斗部的功用是摧毁目标;引信的功用是保证战斗部在最恰当的时机爆炸;保险装置的功用是防止在保存、勤务处理过程中爆炸。在构造上,保险装置常与引信结合在一起。战斗部系统将在第六章中介绍。

5.2.1.2 推进系统

推进系统的主要组成部分是发动机,它为导弹的飞行提供动力。除活塞式发动机外,各类发动机在有翼导弹上都有使用,不过用得最多的是固体火箭发动机。空对空、反坦克等小型导弹上均用固体火箭发动机。地对空导弹曾使用液体火箭和冲压发动机,但因使用维护复杂,后来逐渐改用固体火箭,另外也开始使用固体火箭－冲压(简称固－冲)发动机。

5.2.1.3 制导系统

制导系统的任务是控制导弹以一定的准确度飞向目标。在第四章中已对导弹的各类制导系统作了详细介绍。这些制导系统,在导弹上都使用。巡航导弹多用惯性制导和地形跟随系统。射程较大的地对空导弹常用组合制导系统。如无线电指令加自寻的末制导。超低空地对空导弹和空对空导弹常用红外寻的制导。值得注意的是,在地对空和远距离空对空导弹上也用包括惯性制导的组合制导系统,尤其是捷联式惯导已引起了人们的特别兴趣。制导设备有的基本上装在弹上,有的则部分在弹上,部分在制导站(地面、舰艇或载机)上。

5.2.1.4 弹体

弹体可分为弹身、弹翼和操纵面三部分。

(1)弹身。主要功用是装载战斗部系统、推进系统和制导系统的弹上设备,同时将各部分连为一个整体。弹身提供的升力所占总升力的比例大,在大迎角下,其升力是相当可观的。

(2)弹翼。功用是提供升力,其实质与机翼相同。导弹在平飞时,升力的作用是平衡重力。在机动飞行时,升力是使导弹作曲线飞行的向心力,亦称为法向力。

(3)操纵面。与飞机外形相似的巡航导弹的操纵面也与飞机相似。其他导弹的操纵面多用全动式舵面,或副翼一舵,数量与控制系统的通道相适应,其功用是实现各通道的操纵。

5.2.2 有翼导弹的气动外形

大多数有翼导弹是带有小展弦比翼面的细长体,翼面有两组或一组(个别的有三组),每组有 2~4 片翼面。

5.2.2.1 气动外形特点

为讨论方便,我们根据机动性大小把有翼导弹分为巡航型和机动型两类。前者机动性小,如巡航导弹、某些反舰导弹,它们的气动外形与飞机较接近;后者机动性大,如地对空、空对空、反弹道导弹等。

弹身绝大多数为细长旋成体,横截面呈圆形。长细比约为 9～23,甚至更大。头部母线常用椭圆相切圆拱、抛物线、指数曲线或按最小波阻确定的曲线,也有用圆锥头部的。为了安装红外导引头或雷达天线,有些导弹的头部为半球形或钝度大的曲线旋成体。弹身中段大多为圆柱体。有的导弹尾部收缩,形成抛物线或直线"船尾"。

弹翼大多数为大后掠小展弦比三角翼或梯形翼,也用到双三角翼、边条翼、鳍形翼等。展弦比约为 1.0 左右,有的达到 2.0。其原因除从气动特性考虑外,主要是照顾使用要求(如弹舱、发射筒的限制)。翼型常用对称的菱形、六角形、双弧形等,前缘尖,相对厚度小。

5.2.2.2 气动布局

1.翼面沿弹身周向的配置

常见的有平面型、+型和×型(图 5.23)。巡航导弹常用平面型,因其机动主要在纵向平面内,转弯不大,靠副翼偏转使导弹倾斜而产生升力的水平分量即可实现。这种配置称为面对称外形(因它对称于纵向平面)。

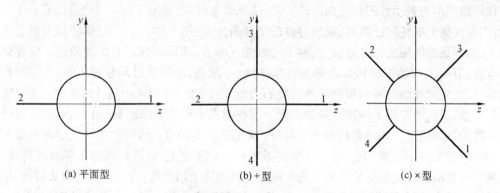

图 5.23 翼面沿弹身周向的配置

机动导弹绝大多数采用空间配置形式或称轴对称配置。根据导弹发射姿态或在飞行中保持的姿态,分为+型或×型。从气动力角度看,这两种形式的本质是相同的,其特点是:无论在哪个方向,只要自由来流相对于弹身轴线的夹角(称为包含角)相同,其升力的大小总是相同的,它等于两对翼面升力的矢量和。不管导弹向哪个方向机动,都不必倾斜,只要用两对相互垂直的舵面操纵导弹,相应地改变两对相互垂直的弹翼各自的迎角,即可提供所需方向的法向力,从而实现任意方向的机动。这是轴对称配置的基本优点,也是人们采用这种形式的根本原因。操纵面的配置通常也用+型或×型。由此可见,常有轴对称配置的小展弦比翼面的细长旋成体是机动导弹气动外形的基本特征之一。

2.翼面沿弹身轴向的布局

得到广泛应用的有四种布局,即:正常式、鸭式、旋转弹翼式和无尾式;另外还有一种无弹翼式,见图 5.24。需要指出,布局的实质是如何对导弹进行操纵,其滚转操纵(或稳定)又是一个关键问题。

正常式　弹翼在前,操纵面在后(图5.24)。对＋型配置,典型的控制通道有三,即俯仰、偏航和倾斜(滚转)。与俯仰和偏航通道相对应的操纵面为升降舵(图5.23b中的1－2舵)和方向舵(3－4舵);倾斜通道的操纵面为副翼,它有时与升降舵或方向舵(或者二者)结合起来,成为副翼－舵,可同方向偏转也可差动。对×型配置来说,前两个通道通常称为第一、第二通道,倾斜通道称为第三通道。升降舵偏转,使导弹俯仰,生成相对于1－2弹翼的迎角 α_1,产生升力 Y_1;方向舵偏转,使导弹偏航,生成相对于3－4弹翼的迎角 α_2,产生升力 Y_2;导弹向 Y_1、Y_2 矢量和的方向机动。如果需要使导弹倾斜或为了纠正不需要的倾斜,则第三通道给出信号,使副翼偏转或副翼－舵差动偏转,生成滚转力矩,实现倾斜控制。显然,它与正常式飞机类似,其主要区别在于:飞机在水平方向的机动主要靠倾斜,方向舵起辅助作用,而导弹则靠舵面的偏转实现任一方向的机动,不必倾斜。

鸭式　弹翼在后,操纵面在前(图5.24(b)、(c)、(d))。弹翼前面的操纵面称为鸭翼(或鸭舵或前舵)。通常不能靠鸭翼差动,进行滚转操纵,因为差动时会因其尾迹在弹翼上的作用而产生与差动意图相反的滚转力矩,降低差动效果,甚至反向。解决方法有以下几种:①在弹翼上安装陀螺副翼,限制导弹的滚转角速度(图5.24(b))。陀螺转轴支持在副翼上,而副翼的转轴支持在弹翼上,两个转轴相互垂直,从而构成三自由度陀螺。陀螺外周有齿,有气流吹动下旋转。若导弹以角速度 ω_x 滚转,由陀螺进动原理可知,会引起副翼偏转,产生的气动力矩与引起导弹滚转的力矩方向相反,从而减小滚转角速度。此方法简单有效,成功地应用于响尾蛇导弹系列。②在弹翼上安装后缘副翼(图5.24(c)),可进行滚转操纵与稳定。③弹翼相对于弹身可转动(图5.24(d))。这种形式首先出现在魔术R.550(空对空格斗导弹)上。将四片弹翼固定在一个圆筒上,该圆筒相对于弹身可转动。鸭翼是可差动的。差动时从鸭翼上拖出的尾迹在弹翼上引起的反向力矩,使弹翼旋转,从而消除对弹身的影响。在魔术R.550上,鸭舵前面还有一组翼。人们称它为双鸭式。实际上前面这一组翼是固定的,它与鸭舵近距耦合,产生有利干扰,以增大升力,提高机动性。

旋转弹翼式　如图5.24(e)所示,弹翼在前,它同时又是操纵面;固定尾翼在后,起稳定作用。首先在麻雀空对空导弹(美)上使用,后又应用于多种形号,如SA－6(地对空,前苏)、阿斯派德(空对空,意)等。

无尾式　操纵面位于弹翼的后缘(有的相隔很小距离)(图5.24(f)),如霍克(地对空,美)。另一种无尾式如图5.24(g)所示,气动升力面只有弹翼,由装在发动机喷口处的燃气扰流片、摆舵等实现操纵,依靠导弹绕其纵轴的旋转进行稳定。这种形式广泛应用于反坦克导弹,如霍特(德－法)、萨格尔及其改进型(前苏)、米兰/米兰－2(法、德)等。

无弹翼式　这种形式目前还较少采用,现有实例为爱国者(美),尾部有操纵面(图5.24(h)),升力依靠弹身产生。为获得足够的机动法向力,导弹必须以大迎角飞行。

以上五种布局各有特点。鸭式与正常式相比,前者易于部位安排,但解决滚转问题较

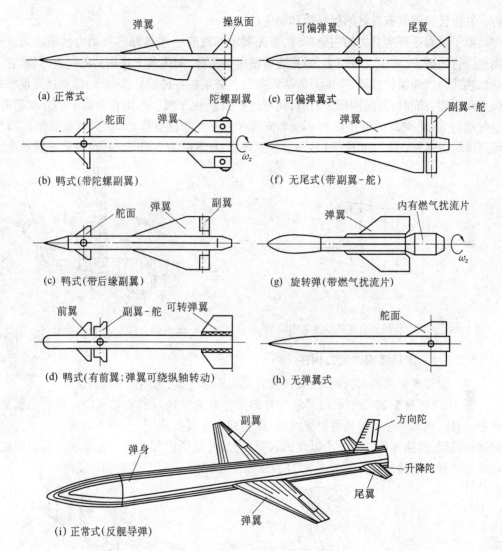

图 5.24　有翼导弹的气动布局

复杂。旋转弹翼式的主要优点是反应快,弹身迎角小,如用冲压式或固－冲发动机,则对进气有利。其缺点是铰链力矩较大。无尾式的极限迎角大,但解决稳定与操纵的矛盾较困难,有时需要在头部安装反安定面。

5.2.3　有翼导弹的弹翼结构

弹翼的主要功用是产生升力,除平衡导弹本身重力以外,主要用以实现导弹的机动飞行。并保证导弹具有良好的操纵性和稳定性。

　　由于弹翼是产生升力的主要部件,首先要求弹翼有一个良好的气动力性能。为适应高速飞行的要求,减少飞行阻力,弹翼通常都做得很薄,而弹翼上作用的载荷大,同时有气动加热,因此,弹翼的强度、刚度问题特别突出。必须在各种设计情况下,都要具有足够的强度和刚度。同时,其结构便于制造,使用维护及拆装方便。作用在弹翼上的外载荷有:空气动力 $q_{空气}$、弹翼的分布重力 $q_{弹翼}$ 和安装在弹翼上的设备重力 $p_{设}$,其分布如图 5.25 所示。弹翼在这些载荷的作用下在载面上产生剪力 Q、弯矩 M 和扭矩 m,如图 5.26 所示。

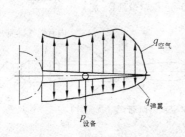

图 5.25　弹翼上作用的分布载荷及集中载荷

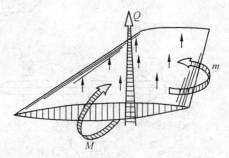

图 5.26　剪力、弯矩和扭矩

5.2.3.1　弹翼结构的受力构件

　　现以蒙皮骨架式弹翼为例,说明弹翼的受力构件组成、功用及其特点。

　　图 5.27 和图 5.28 分别示出了蒙皮骨架式弹翼的结构及翼梁结构图。弹翼由翼梁、翼肋、桁条、纵墙和蒙皮等构件铆接而成,翼肋铆在翼梁的腹板上,桁条铆在蒙皮上,蒙皮则铆在翼梁、翼肋等构件上。所以弹翼的受力构件,包括内部的受力骨架和外部的蒙皮,还有与弹身相连接的接头。如图 5.27 及图 5.28 图表示出了它们的构件安排。

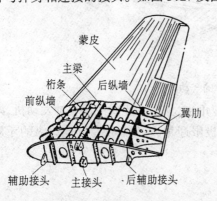

图 5.27　蒙皮骨架式弹簧

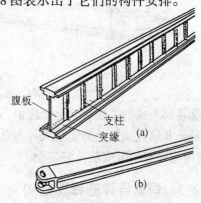

图 5.28　翼梁

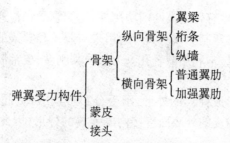

各种受力构件的功用有两种:其一是承受弹翼外载荷引起的剪力、弯矩和扭矩,其二是保持所要求的气动外形。

1.纵向骨架

纵向骨架有二种,一种是翼梁、纵墙;一种是桁条。翼梁和纵墙的主要功用是承受弹翼的弯矩和剪力。常见的翼梁有组合式和整体式两种,但它们都是由缘条和腹板组成。梁的上下缘条主要承受弹翼的弯矩形成的拉、压力。腹板则主要承受剪力。为了充分利用材料、减轻重量,突缘和腹板的剖面都是沿展向改变。根部剖面积大,尖部剖面积小。

纵墙一般是没有突缘的梁,它与蒙皮和翼梁的腹板连接形成闭式围框以承受扭矩。纵墙可以安排接头,用来连接副翼与弹身传递剪力。

桁条的主要功用是支持蒙皮以维持弹翼的外形,与蒙皮一起,把空气动力传给翼肋,同时也能与蒙皮一起承受弹翼弯矩形成的拉、压力。

2.横向骨架

横向骨架包括普通翼肋和加强翼肋(图 5.29)。

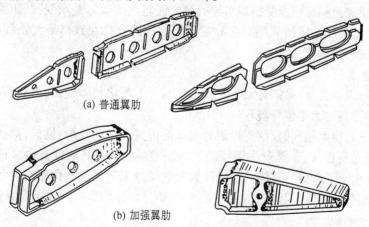

(a) 普通翼肋

(b) 加强翼肋

图 5.29　翼肋

普通翼肋的功用是形成并维持弹翼的剖面形状,将蒙皮、桁条传来的空气动力再传给翼梁的腹板。加强翼肋,除有普通翼肋的功用外,还能承受和传递集中载荷。

翼肋常用铝合金板材弯制而成。其弯边用来与蒙皮和翼梁的腹板连接。一般腹板强度都有富余。为减轻重量,常利用减轻孔。为加强其刚度,也常制有加强窝。

3.蒙皮

蒙皮的主要功用是形成弹翼的外形,承受分布气动载荷,同时也参加承受弹翼的剪力、扭矩、弯矩等载荷。蒙皮的外表面直接构成弹翼的外形,因此,要求表面光滑,以减小空气阻力影响飞行性能。

5.2.3.2　弹翼的构造形式

为了承受弹翼的各种载荷及维持弹翼的外形,弹翼上必须设置各种受力构件,并把这些受力构件按具体情况以不同的方式配置,构成了不同的构造形式。主要的构造形式有蒙皮骨架式、整体弹翼式及夹层弹翼等。

1.蒙皮骨架式

蒙皮骨架式弹翼又称为薄壁构造弹翼。它可按翼梁的数目及有无翼梁分为单梁式、双梁式、多梁式及单块式。其中以单梁式和单块式最为常见。

5.2.3.1中列举的是单梁式弹翼结构。这种结构的特点是蒙皮比较薄一般不承受正应力。当导弹速度增高时,翼表面气动力加大,整个载荷也变大。如果保持翼表面外形,蒙皮就加厚了,这时蒙皮除承受剪力外,也承受拉、压力,这便出现了单块式结构。单块式结构的特点是,前后墙及上、下蒙皮组成了封闭的盒式结构。

单块式弹翼,由于蒙皮较厚,在尾向方向安排了较多的纵墙、桁条与蒙皮铆在一起,它不仅能像单梁式弹翼那样承受扭矩引起的剪力而且还能较好地承受拉、压力。较厚的蒙皮,在飞行中能较好地维持翼型。它的主要结构构件安排在载荷最大处,以增大承受抗拉、压能力,减轻结构重量。

2.整体弹翼

由蒙皮与纵向骨架、横向骨架合并成一体的上下两块整体壁板,然后铆接(或螺钉连接)在一起的弹翼称为整体弹翼。

在导弹飞行速度很高时,蒙皮较薄时很难维持其弹翼的外形,同时,高速弹翼为减少阻力,一般要做得很薄,于是产生铆接工艺的困难。整体式弹翼就是由这种形势下出现的。图5.30示出了典型的整体式结构弹翼。它是由上下两块整体壁板弦相对合铆接而成。壁板上辐射式加强条代替了桁条、翼梁、翼肋等构件的作用。弹翼可由化学铣切或机械铣切等方法制成。

这种辐射梁式的弹翼,加强筋既起到梁的作用,又起到肋的作用,保证了蒙皮的承载能力,而且表面光滑,减小气动阻力。同时,这种形式的弹翼零件少,装配协调容易,改善了工艺性,提高了生产效率。由于结构简单、强度刚度大,在高速导弹上应用广泛。

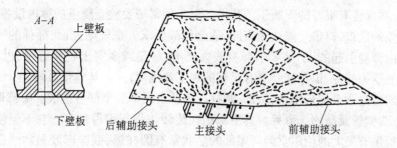

图 5.30　整体弹翼

3.夹层弹翼

这种弹翼的特点是采用了夹层壁板做蒙皮。图 5.31 示出了夹层蒙皮与纵梁的连接结构。图 5.32 示出了实心夹层弹翼。夹层壁板依靠内外层金属薄板承受载荷,夹心则对它们起支持作用。与单层蒙皮相比它可承受较大的局部空气动力,更好地承受弯矩引起的拉力与压力。它的重量轻、容易保持弹翼的外形。图 5.31 为金属薄板(箔片)作成的蜂窝结构。图 5.32 为泡沫填充的夹层。蜂窝结构的缺点是蜂窝箔片间的胶接,以及蜂窝结构与外层金属蒙皮间的胶接质量不易控制。夹层中的发泡质量不易控制。但是,由于重量轻、强度刚度大、构造简单,这是一种很有发展前途的结构形式。

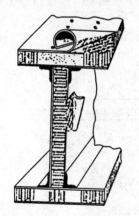

图 5.31　夹层蒙皮与纵墙的连接

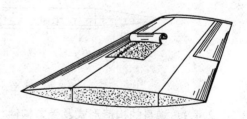

图 5.32　实心夹层弹翼

5.2.4　有翼导弹的弹身结构

弹身是导弹弹体构造的重要组成部分,它的功用主要是安装各部件,如制导设备、战斗部、动力装置,并用于连接弹翼、舵面,使之成为一体。

弹身在使用方面要求它具有较大的空间,尽可能高的空间利用率,以便更多地安装设备和装置,并保证有很好的安装工艺环境。对于经常需要检查测量的弹内设备,应在弹身上开设必要的舱口,口盖应能快速装卸,适合作战要求。在气动方面,导弹的气动阻力很大部分是由弹身引起的,于是要求弹身表面光滑,尽量减少突出物或缝隙,以减少阻力。布置适当的受力构件,以保证弹身有足够的强度和刚度,并使其重量最轻。

　　弹身通常是一个细长体,由头部、圆柱段中部及尾部三个部分组成。头部形状常见的有半球形、圆锥形及抛物线形等。其中抛物线旋转体头部用得最多。它不但使气动阻力小。而且提供有较大的使用空间。尾部的形状常有圆柱形、截锥形及抛物线形。其中以截锥形用得最多。

　　弹身的受力与弹翼相似,也作用着分布载荷和集中载荷。分布载荷包括沿弹身表面分布的气动载荷 $q_空$(图 5.33)和弹身结构的重力 $q_{弹身}$(图 5.34)。集中载荷有如发动机推力 p、弹翼和舵面传给弹身的作用力 $Y_翼$、$Y_舵$,以及弹内设备的重力 $R_{设备}$、设备的惯性力 $N_{设备}$等(图 5.34)。对于弹身来说,垂直面内的载荷和侧面的载荷都是同量级的大小。所以,弹身设计时,应在圆剖面上对称地安排同样强的受力构件。

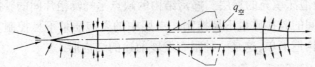

图 5.33　作用在弹身上的气动载荷

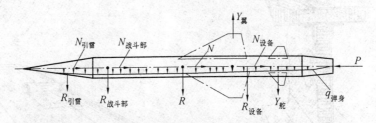

图 5.34　作用在弹身上的外载荷

5.2.4.1　弹身的构造形式及受力构件

目前常用的弹身结构有蒙皮骨架式和整体式弹身。

1. 蒙皮骨架式弹身

蒙皮骨架式弹身是由蒙皮和骨架组成,它和弹翼蒙皮骨架式相似。蒙皮和骨架组成的弹身如下表所示。

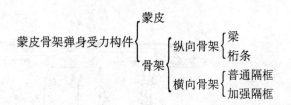

由蒙皮受力情况而论,蒙皮骨架式弹身又可分为桁条式(半硬式)和无桁条式(硬式)两种。

桁条式弹身由桁条(或梁)、隔框及蒙皮所组成(图5.35)。

蒙皮被较多的桁条和隔框所加强,可以承受较大的载荷。它与桁条一起承受全部轴向力和弯矩,还可以承受剪力和扭矩。由于桁条的剖面较小,弹身的有效容积就较大。但是,桁条式弹身不宜开设较大的舱口,不能传递较大的集中载荷。当须要开设大舱口时,结构上还要安排较强的桁梁。这时蒙皮可以薄些,主要受力构件就是桁梁。这种结构称为桁梁式弹身。

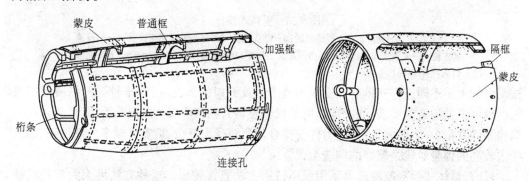

图5.35　桁条式弹身　　　　　　　图5.36　无桁条式弹身

无桁条式弹身没有纵向元件,仅由蒙皮和隔框所组成(图5.36)。弹身的全部载荷——剪力、弯矩、扭矩及轴向力都由蒙皮所承受。无桁条式弹身的特点是构造简单、表面质量好,具有良好的工艺性,比较容易保证舱段的密封性。由于不用桁条,在相同的外廓尺寸情况下,提供内部容积更大。它的缺点蒙皮厚,重量大,更不易开设舱口,不能承受集中载荷,所以它只适于小尺寸的弹身结构。

2.整体式弹身

整体式弹身通常由几块整体板件焊接而成(图5.37)。

整体板件的内表面用机械加工,化学铣或整体模锻的方法,按受力的要求制成不同规格的纵、横向加强筋。这些加强筋起着桁条、隔框的作用。整体板件作为弹身的主要受力件,要承受弹身上的全部外载荷,包括轴向力、弯矩、剪力和扭矩等。板上的纵横加强筋可

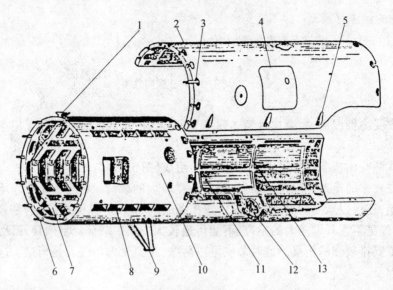

图 5.37　整体式弹身

1—吊挂接头;2—大口盖;3—折返螺栓;4—设备维护口盖;5—大口盖连接孔;6—舱段连
接螺栓;7—加强框;8—弹翼槽口;9—发射支撑架;10—舱体;11—纵向加强筋;12—加强
口框;13—横向加强框

按受力的大小不同进行安排。在受较大集中力及开口的部位,应安排较强的纵横向加强筋。也可根据构造的要求(如固定弹内的仪器设备),在相应部位制出凸舌、耳片等。这种结构零件数量少,表面质量好,受力件安排合理。对受力复杂、须安排较多内部设备、刚度要求较高的弹身舱段是较好的构造型式。

目前,整体式弹身舱段已可采用低压铸造方法直接铸成。这种方法可大大节约机械加工量、缩短生产周期、降低生产成本。

5.2.5　有翼导弹的发展概况

四十多年来,大体上经历了三个时期,发展了三代导弹。由于各类导弹的战术技术要求不尽相同,各代导弹的特征亦有所差异,现对三类导弹分别简要介绍如下。

5.2.5.1　战术地对空导弹

20 世纪 50 年代发展的第一代导弹(如奈基 – 2、SA – 2、警犬等共 12 种)是针对高空远程轰炸机的,一般较笨重,目前大都退役。20 世纪 60 年代至 20 世纪 70 年代初为大发展时期,研制出第二代导弹共 40 多种。随着空袭方式从高空向低空转变,中低空和超低空导弹得到发展,同时采用雷达、红外、激光等多种制导体制,提高抗干扰能力。推行三化,即:固体化(固体和固 – 冲火箭、固态电子元件),小型化(缩小导弹尺寸)和地面设备简化。

具有代表性的导弹有霍克、尾刺(美)、SA－6、SA－8(前苏)、长剑、海狼(英)、罗兰特(法－德)等。从 20 世纪 70 年代中期发展的第三代导弹的特点是:多用途(如爱国者、宇斯盾、SA－12 等);多层次防空;应用相控阵雷达,提高制导精度;导弹型号向标准化和系列化发展。

5.2.5.2　战术空对空导弹

第一代的特征是近距(3.5～8 km)中空(15 km)尾后攻击,如响尾蛇 AIM－9B、麻雀Ⅰ等。第二代则是中距(20～50 km)拦射和全天候,如麻雀ⅢB、R.530 等。第三代特征为远距(50 km 以上)拦射和近距(最小发射距离 300～500 m)格斗。前一类如不死鸟 AIM－54A、毒辣 AA－6 等;后者有响尾蛇 AIM－9L、魔术 R.550、SRRAM 等,机动过载可达 35～40。下一代除改进第三代导弹外,还发展装有包含捷联惯导的组合制导系统、全固态化、能上射下射的空对空导弹。

5.2.5.3　反舰导弹

反舰导弹是打击水面舰艇的主要武器,可从空中、岸上、舰上和水下发射,现已发展到第四代。1967 年第三次中东战争中,埃及用冥河导弹击沉了以色列的艾拉特号驱逐舰,促进了第二代导弹的发展。典型型号如飞鱼(法),采用自主式制导体制,装有半穿甲爆破战斗部,可掠海飞行。1982 年马岛战争中,飞鱼击沉了英舰谢菲尔德号。20 世纪 70 年代发展中、远程的第三代,采用了一弹多用和模块化设计方法,如捕鲸叉等。其缺点是速度低,易受反导弹的反击。于是从 20 世纪 80 年代开始发展第四代——以超音速掠海飞行为特点,如法国的"超音速反舰导弹"、以色列的"超音速迦伯列"、英国的"超音速海鹰"等。

值得注意的是,近年来各国研制的全新型号比较少,而是注重对现有型号的不断改进。响尾蛇系列的发展具有代表性。通过对第一代 AIM－9B 导引头的改进,研制出 AIM－9C、－9D、－9G、－9H、－9E、－9J、－9F;后又在导引头中采用氩致冷的锑化铟探测器、改进舵面形状和发动机等,发展出 AIM－9L 格斗弹(第三代),并继续改进,出现了 AIM－9M、－9N、－9P 等型号。另外,还在响尾蛇的基础上研制出地对空响尾蛇、海响尾蛇等。由此可见,应用先进技术对已有型号进行不断改进是发展新型号的一种有效途径。

5.3　导弹的结构设计程序

5.3.1　导弹总体设计程序

导弹的结构是导弹的重要组成部分,结构设计与导弹总体设计紧密地配合进行,所以这里先介绍导弹总体设计程序,其程序大致有如下几个阶段。

5.3.1.1　制定设计任务书

导弹设计的依据是设计任务书。设计任务书是军方制定或者军方和研制单位共同协商制定。

设计任务书里应该写明：(1)打击的目标是地面固定目标、地面运动目标、空中目标(飞机或导弹)、水上运动目标、水下运动目标，若是运动目标，则指明其最大速度和机动性，目标的大小及其防护措施。(2)导弹发射点到目标的最大最小距离。(3)研制经费。(4)研制时间。

5.3.1.2　方案论证

研制单位拿到设计任务书之后，首先进行方案论证。搜集国内外相关导弹的资料，进行理论分析，确定导弹设计方案：(1)确定用什么类型导弹。(2)确定导弹的各分系统：选发动机、制导系统、战斗部。(3)确定导弹的级数、导弹外形及部位安排。(4)确定导弹各部位的结构。(5)确定导弹的发射装置。

5.3.1.3　初步设计

根据方案论证确定的方案，进行初步设计。各分系统进行详细的理论分析，提出各分系统的参数，如发动机的推力、总冲、发动机系统的质量随时间的变化曲线；制导系统精度、其总质量；战斗部 TNT 当量、总质量；引信和保险装置对其他分系统的要求；结构系统先选择材料，进行载荷计算，根据各部位最大载荷(轴向力、弯矩、扭矩)进行静强度计算，确定各零部件的尺寸并计算质量，根据以上给出的导弹完整的参数再进行振动计算，据此分析结果对有问题的结构部分修改设计，以最后确定部位安排及结构零部件的尺寸；初步设计发射装置。

5.3.1.4　飞行数字仿真

根据初步设计确定的完整的导弹参数，对导弹发射到打击目标的飞行全过程进行数字仿真，检验能否有效地完成作战任务。若有问题，则修改初步设计中的对应部分，再进行飞行仿真，直到满足作战要求为止。

5.3.1.5　初样生产

根据数字仿真结果画出初样图，并按此图生产导弹初样和发射装置。

5.3.1.6　初样地面试验

发动机进行地面试验，检验是否满足要求。制导系统在地面测试设备上进行试验、检验其精度是否满足要求。战斗部在模拟作战情况下，进行爆炸试验，检验是否有效地破坏目标，引信和保险装置是否工作准确、可靠。对结构进行静强度、振动试验、检验结构的强度、刚度是否满足要求。

如果地面试验中发现问题,则对此修改设计,按着修改的图纸,再生产初样,再做地面试验,直到满足要求为止。

5.3.1.7　正样生产

根据地面试验的结果,画出导弹和发射装置的正样图,并按此图生产导弹和发射装置,这时生产的导弹和发射装置叫导弹和发射装置的正样。

5.3.1.8　打靶试验与鉴定

用导弹的正样,对模拟目标进行打靶试验。为了鉴定打靶试验,由军方、国家有关领导和研制单位组成鉴定委员会。如果打靶试验成功,则鉴定委员会成员签字鉴定通过,则导弹定型,以后生产就按定型的图纸生产,不能随意更改,打靶试验不成功,则鉴定委员会提出修改意见,研制单位按修改意见修改设计,重新生产,再进行打靶试验,直到鉴定通过为止。

5.3.2　导弹结构设计程序

结构设计也按如下几个阶段进行。

5.3.2.1　方案论证

根据导弹总体设计中确定的导弹类型,搜集国内外同类型导弹的资料,进行分析比较,取优点舍缺点。按现在的技术,远程、洲际弹道式导弹和高空地空导弹采用二级,其他类型导弹都采用一级。反舰导弹为了快速上升,采用固体火箭发动机作为助推器。根据5.1、5.2节里介绍的同类导弹,确定导弹外形、部位安排和各部位的结构。在方案论证中,可能有 2~3 个方案。

5.3.2.2　初步设计

根据方案论证中确定的导弹外形,计算空气动力,并对缩比模型作风洞试验,以确定空气动力载荷。根据发动机系统、制导系统、战斗部系统的尺寸、质量等参数和这些分系统提出的密封性要求和可能达到的温度,又考虑信号传递的关系,确定各部位的结构形式和尺寸。

1.材料的选择

从导弹飞行力学中已经知道,减轻导弹的质量,则能提高导弹的飞行性能,因此导弹结构设计时,在满足导弹性能和成本的前提下,尽量选择比强度大的材料。远程、洲际弹道式导弹的战斗部的壳体,由于返回地面时温度升至几千度,气动载荷和加速度产生的质量惯性力大,因此,一般选用玻璃纤维、碳纤维等复合材料,其他部位一般选用铝合金材料,远程固体导弹全部用复合材料,其他类型导弹的绝大多数部分选用铝合金,而个别部位如助推器连接部位等受到大的集中力,于是选用钢。

2. 载荷计算

导弹一般在库里存放,根据作战指挥命令运输到发射点,在发射点发射飞行。存放时一般在前后两个底部曲线支承,外载荷是分布重力和制导设备、战斗部和发动机的集中重力作用。运输过程中导弹的支承是与库里存放的支承一样,不过运输过程中,由于路面不平,会产生横向颠簸而产生横向过载,运输车由于起动、停车而产生纵向过载,因此,运输过程的载荷需要考虑横向、纵向最大过载产生的质量惯性力。如果是飞机上发射的导弹,需要考虑飞机机动时的最大过载产生的质量惯性力。

发射飞行时,则考虑气动力、重力、发动机推力和过载产生的质量惯性力。

3. 强度计算

强度计算分为静强度计算和振动计算。

静强度计算是在(2)中的三种情况下最大的载荷作为计算载荷,计算每个零部件载面上的应力分布,其中最大应力乘上安全系数的值,不超过材料的强度极限,则零部件的设计合乎要求,若小于材料的强度极限,则调整零部件的尺寸。

振动计算是先计算质量分布和零部件的刚度分布,然后计算振动频率和振幅。小型导弹只进行横向振动计算,而长细比大的导弹如弹道式导弹,除了横向振动计算之外还要进行纵向振动计算,计算的频率应避开发动机推力的波动频率,如果这两个频率一样,则产生共振,很可能结构被破坏。

4. 结构强度试验

结构强度试验也分为静强度试验和振动试验。

静强度试验先对各部件加上轴向力、弯矩、扭矩的情况下可能出现最大应力的部位贴上应变片测量应力,同时对可能出现最大位移处测量位移。试验所加的轴向力、弯矩、扭矩是从小到大阶梯型的加载,每次加大载荷,测量对应的应力和位移。载荷达到最大载荷时测量的应力乘上安全系数不大于材料的应力极限,则结构合乎要求。否则修改设计,重新生产后再作试验。

振动试验有横向振动试验和纵向振动试验。横向振动试验时,理论振动计算的一阶振型的前后节点处用橡皮把导弹挂起来,导弹上装激振器和多个加速度计。激振器从低频开始激振,阶梯形地提高激振频率,对应于每个激振频率,对用加速度计测出的加速度信号在线路中连续两次积分得到各加速度安装点的位移,计算机上处理各点的位移,得到弹体的振动频率和振幅。

纵向振动试验时,导弹立着装在台面上,台面底下装激振器,同时导弹的许多点上装加速度计,激振频率的改变和测试过程与横向振动试验一样。

第六章　战斗部系统

6.1　概　述

战斗部是武器系统打击目标的专用装置,俗称弹头。导弹的战斗部是导弹的有效载荷,是导弹的一个重要组成部分。主要由壳体、战斗装药、引爆装置和保险装置组成。

壳体是放置战斗装药的构件。由于战斗部的使命不同,壳体的结构也各有不同。壳体一般用常规材料制成,且与导弹弹体形成一体。现代的弹道导弹弹头与弹体可以分离,在再入大气层时,会受到高温、高压气流烧蚀,粒子云(如雨、雪、冰晶等)的侵蚀。为了保证它仍能正常工作,必须解决弹头防热问题,除选择合理的外形外,弹道导弹弹头的壳体往往采用了碳纤维复合材料等特殊材料。战斗装药是导弹毁伤目标的能源,根据作战需要的不同,有常规装药、化学战剂、生物战剂、核装药和特种装药之分。引爆装置负责让战斗部适时爆炸,通常分触发引信和非触发引信两大类。触发引信有瞬时引爆和延时引爆两种。非触发引信的种类则比较多,按作用原理分有时间引信、过载引信、无线电引信、激光引信、磁引信、声引信、电感引信等;也可以分为主动式、半主动式和被动式引信。现代导弹弹头为了可靠引爆,一般采用复合引信。保险装置用于保证弹头在运输、贮存、发射和飞行时的安全,通常采用多级保险装置。战略弹道导弹的弹头根据需要,可能还装有弹头制导系统(末制导系统)、弹头姿态控制系统和突防装置。

与导弹的分类一样,导弹战斗部的分类也有很多标准。

首先,根据作战用途可以分为战略导弹战斗部和战术导弹战斗部;根据每枚导弹所携带的战斗部数量,可分为单弹头和多弹头。多弹头又分为集束式、分导式、机动式三种类型;根据战斗部与导弹其他部分的连接形式,可分为不分离战斗部和分离战斗部。导弹一般都采用不分离战斗部,只有现代弹道导弹都采用分离战斗部,以提高突防能力;根据战斗装药,战斗部可以分为常规战斗部、化学战剂战斗部、生物战剂战斗部、核战斗部和特种战斗部。导弹使用最多的还是常规战斗部,而且其类型最多。我们平常所说的爆破战斗部、杀伤战斗部、穿甲战斗部等,都是常规战斗部。

6.2　战斗部的工作原理

6.2.1　爆破战斗部

爆破战斗部主要用来摧毁地面或水面,地下或水下目标,如军事设施、人员、船只和舰艇等,因此它一般装有比较多的炸药(装填系数高)。如果它在目标外部爆炸(外炸型),那么对壳体的要求只是能保证强度,以免发射时损坏,引信多采用近炸引信,或瞬时触发引信。如果需要它在目标内部爆炸(内炸型),就要求壳体具有一定的硬度与合适的外形,这样在穿透目标时,弹头不会因为过分变形而影响穿透效率。

爆破战斗部对目标的破坏作用是依靠炸药爆炸以后所产生的大量高温高压的气体产物和由此产生的冲击波。当烈性炸药起爆时,它在几毫秒内转化成大量的高压气体。这个气体膨胀,打碎战斗部的外壳,在战斗部周围就形成冲击波。典型的冲击波有 20 GPa 的压力和约 5 000 ℃的高温,其速度为 7 000 m/s。冲击波在不到 1 μs 内达到其峰值压力,然后在几百分之一秒内降回大气压力。这样强有力的冲击波,可使地面建筑物倒塌,有生力量死亡。冲击波对目标的破坏有二个因素。一个是超压,即超出大气压的部分,二是比冲量,比冲量是指单位面积上作用力与时间的乘积。在地面上由于空气密度大,超压也较大。随着高度的增加,大气密度下降,所以超压就减小了。因此,这种战斗部不适于在空中爆炸的战斗部。炸药在水中爆炸,由于水的密度大,而且水的压缩性很小,所以威力明显,冲击作用传播得远。炸药在地下爆炸时,地震效应十分明显,对地下防御工事和地下建筑的破坏最为有效。图 6.1 为这种战斗部的结构示意图。内部留有较大的空间,以最大容

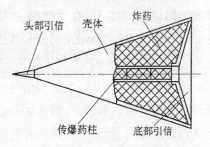

图 6.1　爆破战斗部结构简图

量装填炸药,外壳较薄,中间装有传爆药,以保证炸药能同时爆炸增大炸药爆炸的威力。

6.2.2　反装甲战斗部

反装甲战斗部所破坏的主要是坦克、装甲车、水面上的舰艇以及防御工事等坚固的目标。通常分为穿甲战斗部和碎甲战斗部。

6.2.2.1　聚能穿甲战斗部

聚能穿甲战斗部主要是利用炸药爆炸时所产生的聚能流,去穿透较厚的钢铁装甲或混凝土。将圆柱形炸药的一端做成圆锥形(也有半球形或其他形状的)的凹槽——聚能

槽。当炸药爆炸时,紧贴聚能槽部分的爆炸生成物,先沿着其法线方向飞出,然后在聚能槽的中心线上撞击汇流,形成一股速度极高的聚能流。它的速度可达 10 000 m/s 左右,动压非常大,温度又特别高,很容易把钢甲穿透,聚能流的形成可见图 6.2。聚能流的最小截面称为焦点,焦点至装药孔端面的距离称为焦距。焦点处爆炸产物的密度和速度最大,而截面积最小,所以焦点处的能量最为集中。要获得最好的穿甲效果,就应使焦点正好作用在目标的装甲上。实验证明,如果在装药聚能槽表面加一层金属药形罩,其穿甲效能可以大大增加,一般能比不用金属罩者大四倍左右。这是由于它的存在,将形成金属聚能流,它的密度大,具有更大的能量集中,对装甲目标的穿透作用更大,药形罩是由紫铜、低碳钢等金属制成。

图 6.3 示出了一个反坦克导弹聚能穿甲战斗部的结构。它由防滑帽、风帽、药形罩、炸药、壳体和压电引信等组成。战斗部位于弹体的头部,当导弹的战斗部碰到坦克时,压电引信立即工作,从而引信上的电雷管就引爆了传爆药管,进而引爆炸药。爆炸产物急剧地挤压金属的药形罩,这时形成的聚能金属流就可穿透装甲。

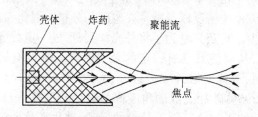

图 6.2　聚能流的形成

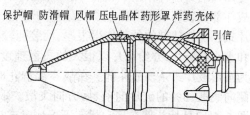

图 6.3　反坦克导弹聚能穿甲战斗部结构图

6.2.2.2　动能穿甲战斗部

动能穿甲战斗部是依靠动能侵彻装甲的方法来完成反装甲任务的。这种战斗部一般没有炸药,但是弹体核心部分形状细长,采用高硬度、高强度、高密度的材料如钨合金或贫铀合金制成。穿甲弹头依靠高速飞行所具有的较大的动能,产生很强的穿透能力和后效作用,能在穿透装甲后产生很大压力和燃烧作用,使目标遭到彻底破坏。为了保证它有足够的动能,这种战斗部适用于末速度较高的导弹和子母弹中的子弹头。

6.2.2.3　碎甲战斗部

这种战斗部出现以前,人们一直以为要对装甲后面的东西进行破坏就必须先将装甲打穿,其实不然。碎甲战斗部的壳体一般为易变形的低碳钢,炸药一般是塑性炸药。它击中目标后,壳体快速破碎,炸药变形并粘贴到装甲上。当炸药堆积出一定面积和厚度时,弹底延时引信适时起爆,炸药爆炸产生高速压缩冲击波穿过装甲,当这个冲击波到达装甲板背面时,由于板与空气的介质变化,它以拉伸波的形式返回,拉伸波与下一个压缩冲击波相遇后,叠加产生加强波,当加强波超出装甲板的材料强度时,便使装甲板的背面产生大块的崩落片,这些崩落片以 30 ~ 130 m/s 的速度飞离装甲板,对装甲后面的东西产生破坏作用。

6.2.3 杀伤战斗部

杀伤战斗部用于攻击地面或水面一切有生力量(如作战人员、牲畜等)和作战装备(如各类飞机、汽车、雷达站设备、各种轻重型武器等),亦可攻击空中目标(如各种飞机、气球、飞航式导弹等),目前所常见的杀伤战斗部,主要有三种作用方式的结构形式,即破片式结构、条(杆)式结构、聚能效应结构,现分述如下。

6.2.3.1 破片式杀伤战斗部

破片式杀伤战斗部是靠在空中爆炸后产生大量高速飞散的破片,直接打击目标,而使目标引起损伤或破坏。它适于对付软目标、空中目标。破片的形状可以是立方体、球形、锥形、棒形等各种形状,重量从几克到几百克,这主要取决于目标性质。破片的破坏作用可以归纳为击穿作用、引燃作用、引爆作用,其中击穿和引燃作用是主要的。破片式杀伤战斗部的破坏效果取决于杀伤破片的动能、破片的密度以及破片在空间的分布。因此,破片式杀伤战斗部的外壳作得很厚,而装药较少。装药只是为了将外壳炸裂,形成一定数量和大小的破片,并给破片以很大的飞散速度,从而使其具有一定的杀伤能量。图 6.4(a)为圆形破片式杀伤战斗部。在战斗部静止时,爆炸的破片飞散区域,大约 95% 的破片沿侧向飞散,5% 的破片向前、后方向飞散。取 95% 破片飞散的角度称为破片的飞散角 Ω。图 6.4(b)是战斗部在运动状态下爆炸时破片的飞散区。由于导弹的运动,破片飞散角向前倾斜。如果目标正位于破片的飞散区就会被击中。要使这种战斗部充分发挥作用,首先制导系统要将导弹导引到目标附近,其次是靠引信和传爆装置按杀伤概率要求及时引引爆战斗部,最后则是要求战斗部有足够的威力的破片密集区。

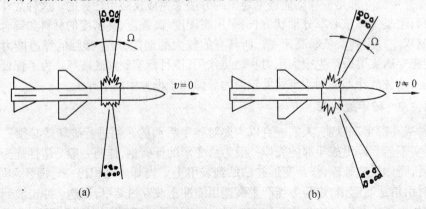

(a)   (b)

图 6.4 杀伤战斗部爆炸时破片的飞散区域
(a)静止时爆炸 (b)运动时爆炸

　　破片产生的方法则有很多种,最简单的就是靠炸药炸裂金属壳体而随机形成自然破片。这种自然破片型杀伤战斗部的有效性最差,因为一部分爆炸能量将用于炸裂壳体,破片大小、能量也不均匀。为了使壳体更容易被炸裂,同时也为了使破片具有所需的形状和大小,可以在壳体内部预先刻制具有一定深度和图案的槽,或者在药柱上刻槽,利用槽处的聚能作用,使壳体迅速熔散成所需破片。这样就形成了半预制破片型杀伤战斗部,图6.5为壳体内表面刻槽的半预制破片型杀伤战斗部结构示意图。由于导弹发射时的加速度不高,对壳体的结构强度要求不高,所以能把预先制造好的破片用树脂黏结在一起作为弹头的壳体,或者把这些预制破片和炸药一起装在薄金属壳体内。这种预制破片型杀伤战斗部形成破片的效果最好。它的特点是结构简单、容易制造,但爆炸时气体会从破片缝隙中逸出,使能量损失,影响爆炸的威力。

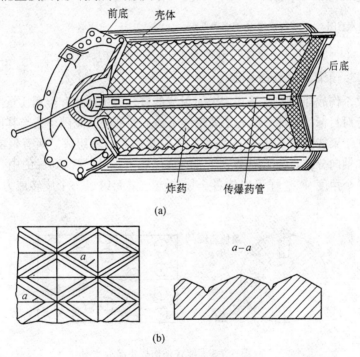

图 6.5　壳体内表面刻槽杀伤战斗部

6.2.3.2　连续条(杆)式杀伤战斗部

　　连续条式杀伤战斗部的结构示意图如图6.6(a)。在炸药周围包有一圈钢条,钢条分内外二层,它们在端部相继焊在一起。如将钢条拉开,就会按图6.6(b)的形式展开。当导弹接近目标时,战斗部由引信从中心引爆炸药。爆炸波使原来折叠的钢条迅速向外扩张形成一个连续放射状的环带。环带由小变大,一直把杆条完全张成大圆环,见图6.6

(c),圆环张开速度约为1 500 m/s左右,再加上导弹与目标的相对速度,就会象一把锋利的刀,遇到目标的任何部分,把它们割坏而击毁目标,当杆条张到最大圆之后,就会被拉断,形成破片式杀伤战斗部的效果。但由于此时破片数量少,飞散角也小,所以破片杀伤效应就显得很低。连续条式战斗部适于攻击飞机等大型非装甲目标。

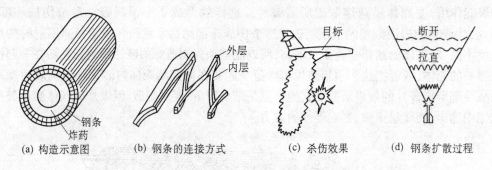

图 6.6　连续条(杆)式战斗的结构示意图

6.2.3.3　聚能式杀伤战斗部

聚能式杀伤战斗部主要是利用金属射流的有效破甲作用和金属质量能点燃目标内的易燃物进行对目标的破坏。图6.7即聚能杀伤战斗部的示意图。它与其他聚能战斗部的显著区别在于聚能装药不是一个,而是由多个聚能装药垛组成。所有聚能药垛均匀地沿圆周方向和轴向分布。为了提高战斗部的杀伤效率,各排聚能药垛的中心线与壳体的母线之间成一个角度 Ψ,这样可以使各金属射流在空间组成一个旋转威力网,均匀地布满整个空间。

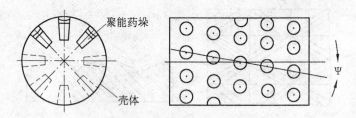

图 6.7　聚能式杀伤战斗部示意图

6.2.4　其他的常规战斗部

爆破、反装甲和杀伤战斗部只是比较简单、专一的战斗部。实际上很多战斗部同时采用了多种毁伤机理,综合利用它们的优点,达到最佳的作战效果。常见的有以下几种。

6.2.4.1　燃料空气战斗部

燃料空气战斗部是近年来出现的一种新型装药形式，它只有一个很轻的外壳，因此它最接近一种"纯"爆炸武器。它能用来爆破建筑物、车辆、人员及其他地面上的大面积软目标，其强大的冲击波也可以非常有效地用于诸如清扫雷场或开辟直升机降落场地一类的工兵项目中。这种战斗部内不装高能炸药，而是挥发性的液态燃料和浆状炸药。它引爆后，首先炸裂壳体(容器)，释放装药，装药与空气混合，形成一定浓度的气溶胶云雾落向目标，称为燃料空气炸药。然后进行第二次引爆，燃料空气炸药爆炸，产生高温火球和高压冲击波。这种战斗部爆炸能量高，可形成分布爆炸，冲击波持续时间长、威力高、作用面积大，而且它大量消耗空气中的氧气。根据其爆炸特点，也被称为窒息弹、气浪弹、云爆弹。

由于装药与空气的混合结果对燃料空气战斗部的效果影响较大，因此它在使用上受环境限制较大。

6.2.4.2　杀伤爆破战斗部

杀伤爆破战斗部是爆破战斗部的壳体在炸裂也形成破片，而杀伤战斗部也具有一定的冲击波。把两种作用结合起来，就可能使毁伤效果更好。当然，这两种效应也会互相制约。

6.2.4.3　穿甲爆破战斗部

穿甲爆破战斗部是它类似于内爆型战斗部，利用硬壳体侵彻装甲。但为了有效毁伤目标内部，它在侧面可能有破片，或者是空心装药。这种战斗部适于攻击有一定防护的大型目标，比如舰艇、跑道、建筑物。

6.2.4.4　子母战斗部

子母战斗部是近年来迅速崛起的战斗部，特别是在空地导弹中得到了广泛应用。它在壳体(容器)内不是直接安装炸药，而是装了很多小战斗部。这些小战斗部一般称为子弹或子弹药，可以是杀伤型战斗部、空心装药战斗部、自锻破片战斗部等各种类型。子弹药除了有自己的壳体、引爆系统外，有的还有制导系统，被称为末敏子弹药或末制导子弹药。子母战斗部适于对付大批软目标、装甲目标、布雷。

6.2.5　核战斗部

核装药战斗部的功能是利用原子核裂/聚变反应瞬间产生的巨大能量，以极强的冲击波、光(热)辐射、早期核辐射、放射性污染、核电磁脉冲等方式造成大范围的杀伤破坏，并形成长时间的危害。核战斗部主要是装在战略地对地和空对地导弹上，用以摧毁战略目标。此外，有的近程野战、空战和防空导弹中也装有核战斗部，用以摧毁地面大面积战术目标，对付飞机群及拦截空中核轰炸机。按作战使用方式的不同，又可以分为战略核导弹和战术核导弹,前者用于对敌方战略目标进行打击,爆炸当量比较大;后者可以在战役中使用,对战术目标进行有限打击,爆炸当量比较小。

核战斗部从原理上讲可分为两类:一类是主要利用铀 – 235 或钚 – 239 等重原子核的链式裂变反应原理制成的核武器,叫做裂变武器,俗称原子弹;另一类是主要利用氘、氚等轻原子核的热核聚变反应原理制成的核武器,叫做聚变武器或热核武器,俗称氢弹(因为氘、氚都是氢的同位素)。

6.2.5.1　原子弹

原子弹是利用铀 – 235 或钚 – 239 的重原子核材料为装料的,可分为铀弹和钚弹。1 kg的铀 – 235 或钚 – 239 如果完全裂变,裂变和衰变过程中总共可释放约 10^4t TNT 当量的能量。

原子弹的设计原理是使处在次临界状态的裂变装料瞬时间达到超临界状态,并适时提供若干中子触发裂变反应。主要有两种方法来实现,一种是"枪法",另一种是"内爆法"。"枪法"原子弹是把几块处于次临界状态的裂变材料,在化学炸药的作用下,迅速合拢而呈超临界状态产生核爆炸的,如图 6.8 所示。"内爆法"原理是利用高能化学炸药产生的冲击波和高压,将处于次临界状态的裂变材料的密度急剧提高到超临界状态产生核爆炸的,如图 6.9 所示。两者方法相比较,"内爆法"裂变材料利用率高,被广泛采用。

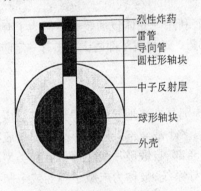

图 6.8　"枪法"原子弹原理

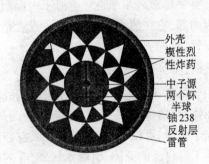

图 6.9　"内爆法"原子弹原理

6.2.5.2　氢弹

氢弹是利用含有氢的同位素氘、氚等轻原子核材料为装料的。氢弹的杀伤破坏因素与原子弹相同,但威力比原子弹大得多。原子弹的威力通常为几百至几万吨 TNT 当量,氢弹的威力则可大至几千万吨。还可通过设计增强或减弱其某些破坏因素,使其战术技术性能比原子弹更好。1 kg 氘化锂 – 6(在中子轰击下可产生氚)完全聚变,释放的能量可达$(4 \sim 5) \times 10^4$t TNT 当量。

热核反应的先决条件是足够长时间的高温、高压，为此就需创造一种自持燃烧的条件，使燃烧区中能量释放的速率大于能量损失的速率。氢弹中热核反应所必需的高温、高压等条件，是用原子弹爆炸来提供的，因此氢弹里装有一个专门设计用于引爆的原子弹，通常称之为"扳机"，如图6.10所示。

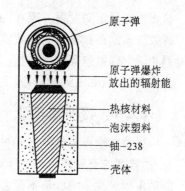

图6.10　氢弹原理

6.2.5.3　核战斗部的杀伤效应

1.光辐射

核爆炸是形成的巨大火球，表面温度高达6 000 ℃以上，向四周发出强烈的光和热，这就是光辐射。当光辐射照到物体上时，有一部分被物体吸收，使得它们的温度迅速升高，当物体的温度达到或超过自身的熔点或燃点时，物体就会被熔化或燃烧甚至气化。

2.冲击波

核爆炸的中心形成的高温火球猛烈的向外膨胀，挤压周围的空气而形成冲击波。高速高压的气浪从爆心向四周传播，对所经过的物体造成严重的破坏。冲击波的破坏作用大小，与核爆炸的当量和方式(空爆/地爆)有关。

3.早期核辐射

早期核辐射是核爆炸时最初的几秒内放射出来的一些不可见光线，主要是γ射线和中子流。这些射线有很强的穿透能力，对人体和其他生物有较大的杀伤作用，这也是核战斗部区别于其他战斗部的主要特征。

4.放射性沾染

核爆炸时会产生大量的放射性物质，这些放射性物质会随烟尘一起飘散，最后降到地面，造成污染。它们主要包括核裂变产物，感生放射性物质和未裂变的核材料。放射性沾染对人体和其他生物会造成体外照射，β射线照射和体内照射等伤害。

5.电磁脉冲

核爆炸产生的强脉冲辐射与周围物质相互作用产生向外的瞬时电磁场。当遇到接收体时，可产生瞬间的高压和很大的电流，可以毁坏电子和电器设备，使武器系统以及通信指挥系统失灵。高空的核爆炸产生的电磁脉冲最强，作用范围最广，可达爆心之外数千千米，对在太空中飞行的卫星和导弹也有很大的影响。

核弹头至今已发展到第三代。第一代是指20世纪40年代至50年代研制的原子弹和氢弹，由于其笨重，只能由重型轰炸机携带；第二代研制于20世纪60年代至70年代，与第一代相比，具有威力更大、使用灵活、安全可靠、突防能力强等特点，目前装备的核武器大都是第二代；第三代核弹又称为剪裁效应弹，它是根据需要增强某种核爆炸效应或使核爆炸能量定向发射。现在,处于概念研究或已在研制之中的第三代核武器有两类,即特殊效应核武器和核定向能武器。特殊效应核武器,如今已有中子弹、冲击波弹、电磁脉冲弹和感生辐射弹等;核定向能武器,目前正在研制或提出设想的有核爆炸激励 X 射线激光器、定向核电磁脉冲武器、定向等离子武器和钻地核弹等。

6.2.6　特种战斗部

随着科学技术的发展和世界政治军事格局的变化,世界大战的可能性越来越低,生化、核武器等大规模的杀伤性武器只能作为战略威慑。而高技术、高强度的局部战争却不断的发生。战争的胜负不再表现为消灭多少敌人,占领多少土地,而是按照一方的意志实现某种政治军事目的。这就要求武器系统能够在破坏敌方的作战能力,削弱敌方的战斗意志的同时,尽量减少人员伤亡。因而就产生了许多新型的、特殊的战斗部。

特种战斗部有的能够使对方武器系统失效(反器材)的,也有能使对方作战人员失去战斗力(反人员)的。现将比较典型的几种加以介绍。

6.2.6.1　微波战斗部

高功率的微波束对各种电子设备和人员都有伤害作用。能量密度为 $0.01 - 1\ \mu w/cm^2$ 的微波束可以使各种通信器材、雷达设备和电子器件受到干扰。密度增至 $10 \sim 100\ w/cm^2$ 时可烧毁任何波段的仪器设备。人员受到 $3 \sim 13\ mw/cm^2$ 能量密度的幅射时,神经系统和心脏的正常功能受到影响,双目的视力受到损伤。装有电磁脉冲发生器的导弹以超低空飞到目标区后启动脉冲发生器,其电磁脉冲相当于核爆炸时产生的脉冲,使防空雷达网、武器装备中的电子器件乃至自动化作战(C^3I – Command, Control, Communication & Information)系统遭到破坏,失去应有的作战能力,成为现代战争中首当其冲的武器之一。

6.2.6.2　石墨纤维战斗部

石墨纤维战斗部其内部的不是烈性炸药或化学战剂,而是大量的经过处理的石墨丝。石墨丝比人的头发还细,具有极强的导电能力。这些纤维丝成卷状或团状,当战斗部在发电厂上空爆炸后,大量石墨丝团在空气中飘散,慢慢地落到发电厂的输电线路和设备上,瞬间即可造成电网短路,线路着火,烧毁电力设备,导致大面积停电,军事系统因电源中断而被迫停止工作。大量纤维缠绕在高压线上,常常需要很长时间才能寻找到并清理掉这些线卷,使发电厂的供电不能很快的恢复,即使是厂房设施未遭到破坏。

因为石墨纤维战斗部对电力系统产生作用而对人没有直接的伤害,所以也被称为"电力开关弹"、"软炸弹"。

6.2.6.3　次声波战斗部

次声波是频率低于 20 Hz 的声波,人耳不能听到,但有很强的渗透作用。次声波的重要特点是各种物质对它的吸收作用很小,且能传播的很远而没有明显的衰减,一枚火箭发射时产生的次声波可以传到几千千米以外。人体一些器官的频率为4～13 Hz。当武器发出的次声波的频率与人体各种器官的频率趋于一致时,就会发生共振,这时就会感到恶心、头昏、呕吐,重者使人发生痉挛,失去知觉,甚至器官发生破裂而死亡。早在20世纪70年代就对次声武器进行了研究,但因次声波发生装置体积十分庞大,无法制成实用型武器。近年来采用先进技术制成小型次声波发生器,可能装在导弹甚至炮弹内发射出去。

6.2.6.4　高频声学战斗部

高频声学战斗部有一个很宽的天线抛物面,可辐射出高度密度的高频声波束,强度可以精确调制,受到这种高频声波辐射的人员会感到不适直至完全丧失战斗力。

6.2.6.5　激光致盲战斗部

激光致盲战斗部内装有脉冲式化学激光器可以发生很强的激光,并在目标前方形成冲击波和高温高压等离子体,它对各种敏感器件或武器装备产生破坏作用,对人员也造成一定伤害或致盲。此外,还可在弹头内装上激光染料棒和闪光装置,命中目标后染料棒被激发并产生极强的闪光,可使目标区内的各种电子光学敏感元件或人眼致盲而失去战斗力。

6.2.6.6　计算机病毒战斗部

世界各国发现的计算机病毒已有上千种,各种计算机病毒通过不同方式进入武器装备和指挥控制系统的计算机中,将使这些装备发生不同程度的故障,有的甚至可造成整个指挥系统的瘫痪。随着不少先进武器在世界各地不断扩散,使得少数的武器生产国能够事先在系统中注入计算机病毒,在将来的战场上通过对目标区使用载有计算机病毒战斗部导弹进行攻击,使病毒激活,导致相应的武器系统失效。随着武器系统的数字化进程的加快,各种武器系统对计算机系统高度的依赖,使得更多形式的计算机病毒战斗部也在积极研究开发中,以提供未来战争中使用。

6.2.6.7　新式化学战斗部

新式化学战斗部的弹内装的不是对人员起作用的普通化学战剂,而是专用于破坏军事装备的新型特种化学战剂。用导弹将这种战斗部发射到军用机场、车场或公路上,化学战剂撒落在地面,侵蚀飞机、车辆或其他机动工具的轮胎,当轮胎受到侵蚀后表面受到破坏,结果使飞机无法起飞,车辆不能行驶,整个军事行动受到阻挠。

6.2.6.8　超级润滑战斗部

超级润滑战斗部内部装有摩擦系数极小的高性能润滑剂,撒落到铁路枢纽、公路狭窄路口或危险路段、机场跑道等处,使高速行驶的军用列车出轨、车辆翻车或无法运动、飞机无法起飞,造成严重事故和交通阻塞,破坏后勤运输系统和武器系统的正常工作。

6.2.6.9　新式细菌战斗部

新式细菌战斗部内装有专门研究的细菌战剂,它对人员没有伤害作用,但是可以侵入飞机、坦克、车辆的燃料箱内,使燃料变质而使发动机遭到破坏。

6.2.6.10　特种反坦克战斗部

特种反坦克战斗部内装有某种特殊的化学物质,命中坦克引爆战斗部后,可在周围空气中形成大量泡沫。坦克发动机吸入这种泡沫后正常工作状况遭到破坏。

还有一些针对特殊目标的极特殊的战斗部,如可以引发自然灾害的地震弹、海啸弹等特殊战斗部在这里就不一一叙述了。

6.3　引信和保险装置

战斗部是用来摧毁敌人目标的,而对自己在使用、维护等过程必须十分安全可靠,对引爆战斗部的时间、地点及条件都有严格的要求。引信的作用就是要保证战斗部在最恰当的时间和地点爆炸,以便使目标遭到最大程度的破坏。因此要求引信有高度的准确度和工作的可靠性。保险装置的作用是保证战斗部在勤务处理时不会发生爆炸,非常安全。当导弹飞近目标时,又能可靠地解除保险。引信和保险机构虽然作用不同,但大多数情况下,在结构上将保险装置装在引信上。因此,通常把保险装置看成是引信的一部分。

核战斗部由于威力巨大,其武器系统的保险装置是非同一般的,既要保证让有关人员在使用时能够及时准确地解除保险,对敌人实施打击,也要避免某些误操作或无关人员使其启动造成对己方的伤害。核战斗部的保险机构是一个由多个环节构成的系统,通常所说的"核按钮"是指系统发出使用指令的最初环节,而最终环节是核武器系统上的控制计算机,"核按钮"始终和最高决策者相伴。最高决策者通过"核按钮"把使用核武器的许可指令传送给战略武器指挥中心,昼夜值班的作战部军官接到编码信号后,立即使用相应密码确认信号和信号发出者是否属实。确认无疑之后,值班军官打开带有他们自己的密码的保险箱,把密码信号传输到核武器的发射平台,如发射车/井、轰炸机或核潜艇。发射平台上的计算机经再次自动检测密码和核实有关命令后,自动打开的武器系统的发射键和核战斗部上的物理保险装置。

为了适应不同的作战需要,引信有很多种。根据对目标的作用方式,引信可分为两大类,触发引信是指导弹直接与目标撞击而起爆战斗部的引信。根据导弹撞击目标到战斗部起爆的时间长短不同,触发引信又可分为瞬发引信(时间间隔小于 0.05 秒)和延时引信

(时间间隔大于 0.05 秒)两种。这两种时间间隔都极短暂,但对爆炸过程来说,它们却有很大差别。例如攻击坦克和军舰的聚能穿甲战斗部和攻击地面或水面目标的爆破战斗部要求瞬发引信,而对于攻击地下、水下等目标的战斗部,则要求安装延时引信。触发引信按引爆炸药的机制不同,还可以分为机械触发引信、电触发引信或压电触发引信等。总之它是由导弹弹体触及到目标后再引爆战斗部。非触发引信是指导弹并不要触及目标,而是距目标有一定的距离就可以引爆战斗部的引信。非触发引信主要用于攻击空中目标的战斗部上,同时也用于破坏地面目标的爆破战斗部(特别是核战斗部)上,在杀伤地面有生力量的杀伤战斗部上也很适用。非触发引信可分为近炸引信和时间引信。近炸引信是利用一种专门感受目标特性(声、光、热、电)或外界条件(气压)的敏感元件来控制起爆。根据激励的特征不同,近炸引信又可分为无线电引信,光学引信,气压引信等。时间引信也称为钟表引信,它可按预先定好的时间起爆,如导弹战斗部的自毁装置上。它还可用于多级火箭的点火、分离或探空火箭降落伞的定时开启等方面。下面以光学非触发引信为例,说明引信的工作原理。

非触发光学引信是利用目标辐射的红外线能量自动进行工作的。当导弹飞行接近目标一定距离且达到一定速度范围时,由于光学引信的作用,适时引爆杀伤战斗部。如果导弹未击中目标,光学引信没有工作,自毁机构便自动在一定时间后引爆战斗部,使导弹在空中爆炸,以免导弹落地爆炸,对我方阵地造成威胁。图 6.11 为非触发光学引信组成方块图。光学引信由光学系统、电子线路、化

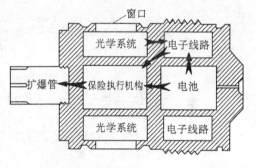

图 6.11　非触发光学引信组成方块图

学电池和保险机构四部分组成。光学系统是光学引信的主要部分,它是用来接收目标辐射的,与导弹轴线成 β_1 和 β_2 角方向上的红外线能量的。将接收的能量转变为电信号,送至电子线路中。光学系统共有八个接收器,第一路的四个光学接收器能接收 β_1 角方向的红外线能量,第二路四个光学接收器能接收 β_2 角方向的红外线能量。它们交错地排列着,这样可以保证导弹在接近目标时,无论导弹在目标的哪一个方向。都可以先后接收到 β_1 和 β_2 角二个方向上的红外线。由目标辐射来的红外线,首先经过防护罩,然后经过滤光片(允许一定波长的红外线通过,以防干扰)射到反光镜上,最后聚焦送到光敏电阻上。光敏电阻将此电信号(一个电脉冲)送往电子线路。这部分的结构示于图6.12上。

当导弹以一定相对速度接近目标时,第一光路和第二光路先后输出二个电脉冲。当二个脉冲时间间隔在一定范围内时(距离和相对速度在适合的范围内),便发出一个延时信号给输出级,保证在一定延时后引爆战斗部。光学引信的工作过程见图 6.13 所示的起爆示意图。

保险机构的功用是在导弹发射后,离开载体有一定的安全距离后,引信解除保险,这才能在接收的目标信号后,适时引爆战斗部。图 6.14 为一种保险机构的示意图。它由惯性滑块、回转体、远距离解除钟表机构(未示出)和引爆装置(电雷管、传爆雷管和扩爆管)

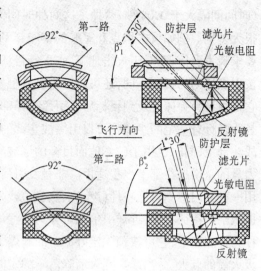

图 6.12　光学接收器光路图

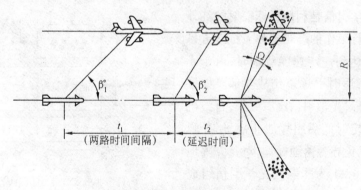

图 6.13　光学引信工作起爆示意图

等组成。平时,导弹在维护、贮存、运输或在飞机上悬挂过程中,保险机构都处在不工作状态,使引信与战斗部分开。这是由于回转体被惯性滑块卡住,这时左右管路不通,既使电雷管起爆,也不会引爆战斗部,从而起到了保险作用。当导弹发射时,发动机点火产生一个很大的推力,在惯性力的作用下,滑块压缩弹簧向后移动,释放卡销,同时,质量分布偏下的回转体,沿箭头方向转动。在图 6.14(b)所示位置时,回转体被卡销卡住,此时便解除了保险状态。电雷管、传爆雷管的扩爆管在一个通道上。这时,如电雷管起爆,可以使扩爆药柱爆炸,从而引爆战斗部。

引信和战斗部相互配合是十分重要的,所谓"引战配合"的研究就是为了使战斗部更好地发挥其威力,让引信在最佳的时机引爆战斗部。

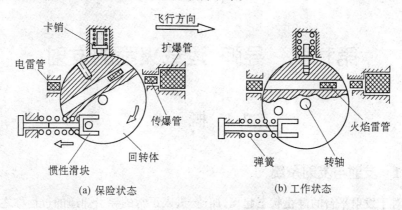

(a) 保险状态　　　　　　　(b) 工作状态

图 6.14　保险机构示意图

第七章 导弹、运载火箭的发射

7.1 概 述

7.1.1 发射与发射系统

由相对于发射平台的静止状态起飞,加速,进入正常的导引弹道的过程称之为发射过程,简称发射。以地地导弹或运载火箭为例,广义的发射过程应包括以下几个步骤:

(1)为使导弹(或运载火箭)达到可发射状态,必须在测试区(技术阵地)进行对接、装配、检测及试验。

(2)将导弹吊装到发射装置(台、架)上,完成垂直与方位瞄准,装订发射诸元并借助于各种地面设备与地面电缆、气、液管路等相连接;各分系统的检测与综合测试;加注推进剂和充气等技术准备工作。

(3)测控系统准备,对测控站各系统进行检测和试验以及各站设备之间的联试,以保证发射指挥、控制正常、可靠地工作。

(4)按一定的程序进行发射,在导弹自身动力或外部动力的作用下,导弹脱离发射装置起飞,加速,启控并进入导引弹道飞行。若发生故障或其他紧急情况而须取消这次发射时,应泄出推进剂(对液体火箭),对贮箱进行清洗中和处理,并将导弹撤离发射装置,运往技术阵地,重新进行检查测试并排除故障。

由此可见,为了完成发射任务,必须具有大量的设备及工程设施,如发射设备,运输设备,起重装卸设备,装配对接设备,地面检测设备,发射控制设备,测控设备,地面供电设备,推进剂的贮存与加注设备,废气与废液的处理设备,发射场地及工程设施等,这些设备总称发射系统。

7.1.2 发射方式及发射系统的分类

按发射时导弹的姿态(决定了初始弹道特点),可分为垂直发射与倾斜(含水平)发射两大类。一般中、远程地地弹道式导弹采用垂直发射;空空及小型空地、反舰导弹采用倾斜发射;地(舰)空导弹则两种发射方式均可采用。

垂直发射的优点是:发射装置不必与雷达同步跟踪目标(指机动目标),发现目标后可先发射,迅速升空,然后转向目标。这样,不仅争取了时间,而且简化了发射装置的结构。在初始发射段,因攻角(即升力)为零,所以平衡问题可大大简化。当导弹由亚音速进入超音速飞行,其焦点和质心位置变化较大时,这一优点更为重要。推重比可以小一些,只要推力大于重力便可起飞,不存在初始弹道下沉问题。发动机燃气流的影响区(可达150~200 m)较小。由于结构简单而且紧凑,因而可以增大发射率。其主要缺点是攻击低空机动目标时过载太大。

倾斜发射的主要优点是:由于发射装置与雷达同步跟踪目标,因而导弹可以有利的飞行方向较准确地进入制导波束而受控,相应的过载亦较小,有利于攻击低空机动目标。垂直发射的优点正是倾斜发射的缺点所在。

按发射基点可分为陆基、空基及海基三大类。发射基点取决于导弹的类别,地地、地空导弹为陆基发射;机载导弹(空空、空地导弹)为空基发射;舰载导弹为海基发射。

按发射动力的类别,可分为自力、投放、弹射及复合四大类。自力发射是指依靠导弹自身的动力进行发射;投放是依靠导弹自身的重力进行;弹射是依靠发射装置所提供的弹射力进行;复合发射则是前三类的组合,如自力加弹射或投放加弹射等。

按有无导向(导轨)装置,又可分为有导向装置(定向)及无导向装置(零长)两大类。图 7.1 表示发射系统的组成及发射装置的分类。

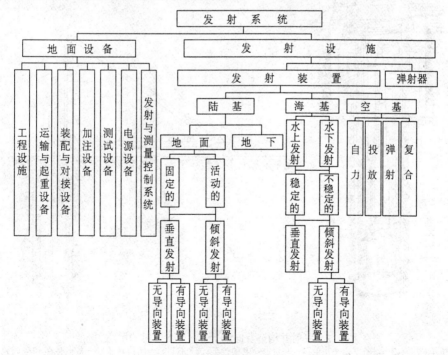

图 7.1 发射系统的组成及分类

7.2　陆基发射及其发射装置

在陆基发射中,以远程战略导弹的发射最为复杂,尤其是采用液体推进剂时。这类导弹(或运载火箭)的体积和质量都很大,需要专门的工程浩大的发射装置(台)。综前所述,对陆基发射的主要发展方向可归纳如下:(1) 尽可能提高导弹系统的战备水平;(2) 最大限度的实现操作的机械化、自动化,缩短技术准备时间,减少操作人员;(3) 确保导弹系统高度的工作可靠性;(4) 提高机动性和固定设施在遭受攻击时的生存能力;(5) 确保导弹系统工作时的安全性,特别是要确保大量液体推进剂在贮存、转运、加注、泄出时的安全;(6) 减少研究、制造、维护、使用费用。

陆基发射装置可以是固定的,也可以是机动的。为了提高导弹及其发射系统在核袭击下的生存能力,现代固定发射设施由地面转到地下(井)。图 7.2(a)为地下发射井构造示意图,图 7.2(b)为向地下井起竖导弹时的示意图。现在还为了提高作战的灵活性,已由地下逐步转向机动发射。

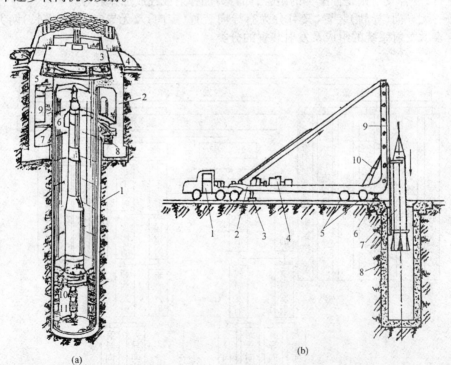

(a)　　　　　　　　　　　　　　　　　　(b)

图 7.2　发射井构造及向地下井起竖导弹时的示意图
(a)1—井筒;2—设备室;3—井盖;4—井台;5—电动铰车;;6—舱口;7—防震地板;8—蓄电池组和空调设备;9—电源和控制设备;10—导弹支撑环;11—减震系统
(b)1—牵引车;2—车架;3—前支柱;4—升降导弹的机构;5—行车机构;6—后支柱;7—导弹;8—地下发射井;9—起竖导向臂;10—导向臂起竖机构

机动发射是利用运输工具和发射装置适时改变地点发射导弹的一种方式。为实现机动发射,导弹必须小型化并能快速转移,迅速准确的定位和定向,发射的准备时间短和便于隐蔽等等。机动发射可在陆地(铁路、公路),水面(利用潜艇)以及空中(利用飞机)进行。陆基机动发射适用于采用固体和可贮液体火箭发动机的导弹的发射。机动发射的关键技术是快速、准确的测定发射初始条件。

发射装置是导弹发射系统的主要组成部分,其功能是支承导弹,进行射前瞄准并发射导弹。因此,对它的构造要求是:(1)发射前能够将导弹可靠地固定在发射装置上;发射时,导弹适时的脱离固定装置;(2)能进行导弹的俯仰及方位瞄准;(3)可将地面加注管路和电缆与导弹的相应接口连接;(4)应设置燃气导流器,防止燃气损坏导弹、发射装置和侵蚀发射场地。

图7.3为弹道式导弹发射台的结构示意图。通过调整机构(千斤顶)可升降导弹并调整其垂直度,通过活动底座可进行方向瞄准。

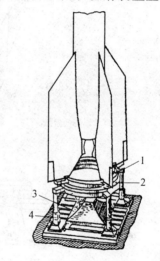

图7.3 弹道式导弹发射台示意图
1—可转动部分(活动底座);2—固定底座;3—燃气导流器;4—调整机构(千斤顶)

图7.4为地对空导弹机动式发射装置的结构示意图。其中(a)为战斗状态;(b)为行军状态。它由支承并锁紧导弹、带有导轨、能作俯仰运动的发射臂(起落部分)、瞄准机构、回转(可回转360°)和行驶部分等组成。瞄准机构由安装在托架上的高低及方向机构等组成,由随动系统带动托架(属回转部分)转动而实现俯仰与方位的自动跟踪与瞄准。

图7.5为地空导弹车载机动式发射装置示意图。全导弹系统装置在一辆履带车上。导弹系统有两个可转动的圆柱形弹舱,分别安装在车身的左右两侧。每个弹舱装四发导弹。装填导弹由车长控制,其过程是:先使转塔转向正前方,然后发射架成水平状态后下降,伸进弹舱拾取一发导弹,随后发射架复升。与此同时,弹舱回转,使另一发导弹处于待装状态。整个装弹过程自动进行。仅需10秒左右。向弹舱装弹是人工进行。一人操作,用10多分钟即可装满弹舱。

图7.6(a)为飞航式地地导弹支撑式(零长)发射装置示意图;图7.6(b)为发射时的受力情况示意图。这种发射装置结构简单,机动性好,发射方便,但助推器、主发动机的推力线相对于导弹的质心位置需要严格的对准。

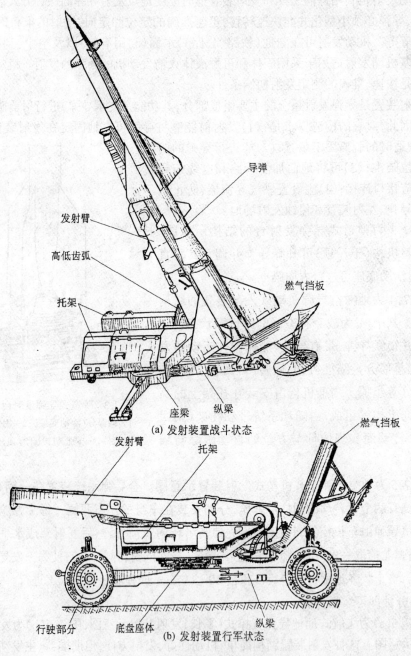

(a) 发射装置战斗状态

(b) 发射装置行军状态

图 7.4　地空导弹机动式发射装置示意图

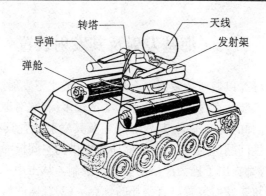

图 7.5　地空导弹车载机动式发射装置示意图

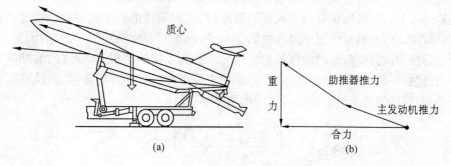

图 7.6　地地导弹支撑式发射装置示意图

　　图 7.7 为小型单兵肩扛地空导弹发射装置的示意图。这由发射筒、发射机构和电源等组成。发射筒平时是包装箱,发射时则是导向装置并可保护射手不受发动机燃气的伤害。为此,它依靠导弹的起飞发动机进行发射,并在发射筒内起飞发动机工作结束,使它具有 30 m/s 的离筒速度的 20 r/s 的旋转速度,当导弹飞离发射筒 10 m 时主发动机工作,发射筒可多次使用。

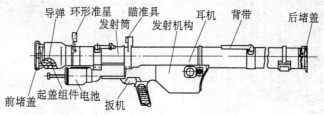

图 7.7　小型地空导弹发射装置示意图

7.3　海基发射及其发射装置

海基发射即舰载导弹以舰艇为发射平台进行水上或水下发射。图7.8为舰对舰导弹发射器在护卫舰上的安装示意图。舰载导弹的类型较多,有舰对地(含飞航式及弹道式)、舰对空、舰对舰等。导弹的类型不同,其发射问题及其发射装置具有很大的差异,但从中仍然可以找出许多共性问题,主要有:(1)舰体所能提供的空间极为有限,因而对导弹的贮存、转运、装填、发射等都提出了极为严格的要求及限制。从占用甲板空间的角度来说,采用支撑式(零长)或短轨式发射装置具有明显的优点。(2)舰体的巅簸、摇摆对舰载导弹发射时的初始瞄准将产生影响。当舰体的摇摆超过了允许的限度,发射后不能消除由此而产生的过大的初始瞄准误差而引入导引弹道时,发射装置的底座就必须有稳定装置。为了在发射前剧烈的巅簸情况下可靠的固定导弹,就更需要闭锁器(一种发射前扣住导弹,发射后当推力达到预定值时的释放的装置)。(3)为了保护甲板,免除发射时弹发动机燃气的侵蚀,一般就更需要导流器。(4)必须充分考虑海上的环境条件,在选择结构形式及材料时,要仔细考虑海水盐雾的侵蚀作用等等。

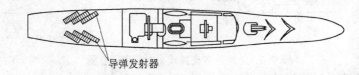

导弹发射器

图7.8　舰舰导弹发射器的安装示意图

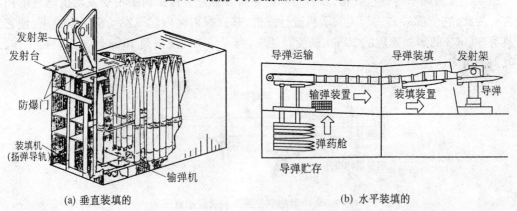

(a) 垂直装填的　　　　　　　　　　　　　　(b) 水平装填的

图7.9　舰空导弹发射装置示意图

为了增强隐蔽性及生存能力,现在世界各军事强国都十分重视利用潜艇在水下发射导弹,其示意图如图7.10所示。水下发射需要确定目标与潜艇的相对位置。为此,导弹的发射必须对艇位、姿态、航向、速度、水流、海浪等各种因素加以考虑及修正。

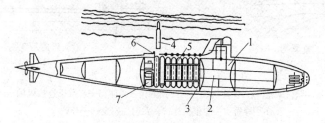

图7.10 用潜艇发射地地导弹示意图

1—导航中心控制室;2—导弹控制中心;3—导弹舱;4—导弹;5—导弹容器;6—容器盖;7—发射用的压缩空气

7.4 空基发射及其发射装置

空基发射即机载导弹(如空空、空地、空舰导弹等)以飞机为发射平台进行发射。因而在发射时,机载导弹已具有较大的初速。空基发射问题,有些是独有的,有些则是共有的,但其严重程度不同,主要有:(1)载机与导弹的相互干扰影响:飞机外挂导弹后,其飞行性能(如最大速度、升限、航程、飞行品质等)将有所下降;而飞机对导弹的影响更为严重,特别是在发射瞬间,迎角和侧滑角不为零时,当导弹一旦脱离载机的约束,因处在极其复杂的飞机流场内,由于不对称气流的影响,将引起导弹的滚转、偏航及俯仰运动,不仅可能造成失控,而且将危及载机的安全。这种情况对通常采用小展弦比后掠翼、翼下外挂导弹的现代飞机来说更加严重。因此,机、弹之间的干扰问题必须仔细地加以研究。(2)如采用自力发射,导弹发动机的燃气流及冲击波对载机的安全以及载机发动机的正常工作都将造成恶劣影响。因此,问题严重时就需要考虑弹射发射。当导弹弹离载机一定的距离以后,弹上发动机再点火。(3)载机机动的影响:现代歼击机的盘旋过载可达7~8,载机飞行情况的变化将引起不均匀流场以及初始段弹道散布的增大;其次,将引起作用于发射装置的外载荷及其相应的弹性变形的增大。因此,在发射时,对载机的机动要加以限制。(4)为了载机的安全,应设置应急装置。如载机或导弹发生故障(发射不出去),需要强迫在着陆等紧急情况下,它可将导弹和发射装置一起抛掉。

空空导弹及小型空地导弹一般采用自力定向发射。由于发射时已有较大的初速,所以可以采用短轨;因射前瞄准由载机完成,所以发射装置可以不设瞄准机构;因载机的机动性很大,因此必须配置闭锁器。图7.11为典型的空空导弹发射装置的示意图。

大型空地导弹一般采用投放发射,所以可以采用炸弹钩或与它相似的装置。

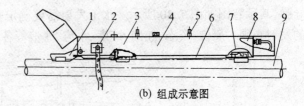

(a) 载机上的配置图　　　　　　　　　(b) 组成示意图

图 7.11　空空导弹发射装置示意图

1—电分离器;2—保险机构;3—闭锁器;4—壳体;5—与载机连接机构;

6—导轨;7—防震机构;8—发射控制盒;9—导弹

综上所述,发射所涉及的技术问题是非常复杂的,其中包括导弹的初始制导、动力配置、低速情况下的稳定与操纵、发射所产生的环境效应、助推器的分离、安全性、可靠性、经济性等等多方面的问题,这些问题都是必须加以仔细研究并妥善加以解决的。

第二篇　航天技术

第八章　绪　论

随着科学技术的发展,人类的活动范围不断地扩大,宏观方面主要的往地壳深处、海洋、空间三个方面纵深扩展。

航天技术是为人类向外层空间扩大活动范围服务的技术。具体地说,它是人类如何进入外层空间(150 km 以上)、利用和开发外层空间资源的技术。

人类在社会生产活动和生活的实践中逐渐认识到,空间对人类生存的地球产生着极大的影响,与我们人类的关系极其密切。那里有取之不尽、用之不竭的宝藏,蕴含着高远位置、微重力、高真空、强辐射、太阳能以及小行星、月球和火星的矿藏等许多对人类非常有用的资源。开发这些资源不仅可以解决地球上的能源危机、资源危机等一系列问题,可以使国家在军事上占优势,还能使人类社会产生质的飞跃,改变人类的工作方式、生活方式和思维方式。

8.1　航天技术发展史

8.1.1　火箭技术的发展

火箭技术是航天技术的基础。火箭是中国在公元 969 年发明的。当时的火箭是用火药为推进剂的火药火箭,到了 13 ~ 14 世纪火箭开始用于战争。

到了 19 世纪,大炮的命中精度超过火箭而替代火箭成为主要武器。

1898 年俄国的科学家齐奥尔科夫斯基发表了"用火箭开发宇宙"的著名论文,为现代火箭的出现提供了科学的理论。他在论文中研究了火箭飞行原理、卫星轨道及空间开发的设想等。

到 20 世纪,美国和德国着手研制了现代火箭。美国的罗伯特·戈达德于 1926 年在世界上首次成功地进行了液体火箭飞行试验。同一时期与齐奥尔科夫斯基和戈达德齐名的宇航事业先驱者德国的赫尔曼·奥伯特把欧洲大部分火箭研究者团结在自已周围,并与他们一齐从事火箭研制和发射的实践,取得了许多重要成果。他的《飞行星际空间的火箭》和《实现太空飞行的道路》等著作,至今仍然被认为是宇宙航行的经典理论。在他的主持下在德国成立了宇航学会,当时冯·布劳恩是这个协会的年青科学家,二次大战前他主持研制了 V—2 导弹;并在战争中用来攻击了英国伦敦,他还研制了 V—1 飞航式导弹、空空导弹和空地导弹。

二次大战后,前苏联和美国,在德国的 V—2 导弹基础上,相继研制了大型火箭。一方面用于洲际导弹、另一方面当作运载工具。接着中国、日本、西欧、以色列、印度也相继研制了自已的运载火箭,运载火箭的研制成功,为发射人造卫星等航天器提供了手段。

8.1.2　航天活动

1957 年前苏联发射了人类第一颗人造卫星,这标志人类航天活动的开始。

人造卫星发射初期是属于航天器的试验阶段。在这个阶段,主要试验航天器的轨道、姿态、结构、各种仪器以及动物和人在空间的适应性。各国发射的头一颗卫星和科学试验卫星、试验飞船属于这类试验航天器。

世界各国发射的第一颗卫星年表:

前苏联	卫星一号	1957 年 10 月 4 日	83.6 kg
美国	探险者一号	1958 年 1 月 31 日	8.2 kg
法国	AI	1966 年 11 月 26 日	42 kg
日本	大隅	1970 年 2 月 14 日	23.8 kg
中国	东方红一号	1970 年 4 月 24 日	173 kg

虽然中国是世界上第五个发射卫星的国家,但是东方红一号的质量比前四个国家第一颗卫星质量之和还多 15.4 kg。

继中国之后,英国、以色列等国也独立发射了卫星。

紧接着航天器试验阶段之后进入了空间应用和开发阶段。

在这个阶段,发射了气象卫星、侦察卫星、通信卫星、导航卫星、地球资源卫星、天文卫星等等。这样,航天技术与军事、人民的生活、国家的经济建设密切联系,而且发挥了很大的作用,带来了很大的经济效益,于是世界上越来越多的国家发展航天技术。

世界各国发射的第一艘载人飞船:

前苏联	东方 1 号	1961 年 4 月 12 日	尤里·加加林
美国	水星号	1962 年 2 月 20 日	约翰·格伦

进入 20 世纪 80 年代,航天活动跨入了航天飞机和空间站阶段。

随着航天活动的开展,人们发现发射航天器成本很高,于是着手研制可多次重复使用的运载工具,这样美国先研制成了航天飞机,其他国家也相继着手研究或者研制航天飞机。至今所发射的卫星,用途较窄,而且在空间一旦出现故障就报废。于是着手研制了载人空间站,它可以承担多种任务,而且由于载人,一旦有故障,可以既时修理,从而提高了使用效益。

展望未来,航天活动将进入大规模地开发应用空间阶段。现在的设想主要有:以空间站上取得的经验为基础建立空间工厂、空间发电站、空间城市、建立月球基地并开发月球等等。

8.2 航天技术内容

8.2.1 航天器技术

航天器技术是研究、制造和发展能在空间完成各种利用和开发空间任务的飞行器技术。

航天器包括人造地球卫星、载人飞船、不载人飞船、航天飞机、空间站、星际探测器、空间工厂、空间发电站、空间城市等等。

航天器是由各分系统组成,如图 8.1 所示。

8.2.2 运载器技术

把航天器运送到一定轨道上去的运输工具叫做运载器。它的研究制造,并把航天器运送到轨道上去的技术叫做运载器技术。

运载器基本上是大型多级火箭,一般由二级或三级火箭组成(参阅附录一),它有垂直起飞一次使用的纯火箭型和垂直或水平起飞水平降落多次重复用的航天飞机或空天飞机。

每级都由结构、发动机和制导系统组成。

8.2.3 地面测控技术

地面测控技术是指研究和实现对运行中的航天器进行监视、测量、控制和管理的技术。

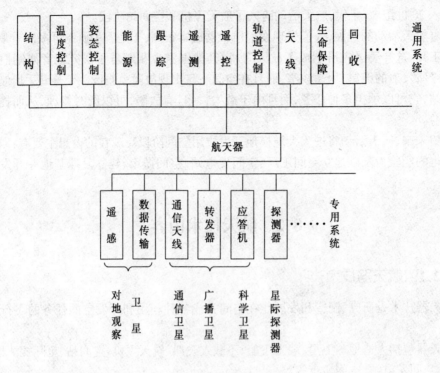

图 8.1　航天器系统

8.2.4　发射场

发射场由运输系统、技术阵地、发射台、燃料贮存和输送系统组成。运输系统由铁路和专用列车、公路和专用汽车组成。技术阵地是安装、测试运载器和航天器的场所。

8.2.5　空间运用技术

空间运用技术,包括通信、广播、气象、资源探查、侦察、导航、新材料和药品的制造、探测行星和其他天体等。

8.2.6　航天大系统

航天器的发射到执行任务,需要许多部分相互配合才能实现。这里需要的部分组成大系统,其中主要有:发射场、运载器、航天器和地面站。大系统组成及相互关系如图 8.2 所示。

综上所述,航天技术是一门高度复杂、高度综合的工程技术。

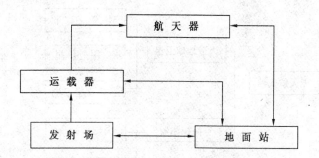

图 8.2 航天技术大系统

航天技术同近代力学、数学、物理、天文学和大地测量等学科有关,利用无线电、喷气、自动化、精密光学、电子计算机、半导体、真空和低温等技术,同机械、电子、冶金、化工和材料工业有着密切联系。空间技术建立在上述学科、技术和工业的基础上,同时又推动和促进着这些学科、技术和工业的发展,进而开拓着新的学科和技术领域。

发展航天技术的指导思想是以运载技术为基础,以航天器技术为主导,相应地发展地面测控技术和空间应用技术。

8.3 航天器的分类

航天器可分为无人航天器与载人航天器两类。无人航天器按是否绕地球运行又可分为人造地球卫星和空间探测器两类,它们又按各自用途分类如图 8.3 所示。

1. 人造地球卫星:简称人造卫星,是数量最多的航天器(占 90% 以上)。按用途它又可分为:

(1)科学卫星:用于科学探测和研究,它包括空间探测卫星和天文卫星。

(2)应用卫星:直接为国民经济和军事服务的人造卫星。按工作特点可分为三种类型:①无线电中继型,包括各种通信卫星,它们大多采用地球静止轨道,也有采用椭圆轨道、低轨道或中高轨道的。②对地观测型,包括气象卫星、资源卫星和侦察卫星等。其轨道大多采用太阳同步轨迹。也有使用地球静止轨道和低轨道的。③空间基准型,包括导航卫星和测地卫星。导航卫星一般采用分布在不同轨道面的相同倾角轨道的多颗卫星组成星座,测地卫星则大多采用圆形极轨道。

应用卫星又可分为军用卫星和民用卫星以及军民两用卫星。

军用卫星种类很多,其中最主要的是侦察卫星(它可分为照相侦察卫星、电子侦察卫星、海洋监测卫星、导弹预警卫星)、军事通信卫星、军用气象卫星和军用导航卫星等。

(3)技术试验卫星:用于卫星工程技术和空间应用技术的原理性或工程性试验。许多

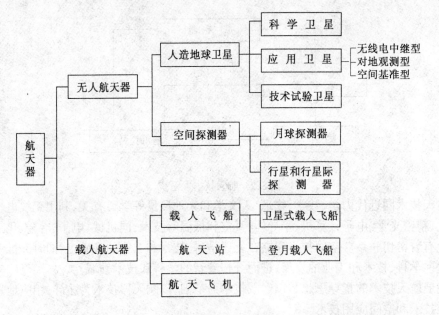

图 8.3　航天器的分类

航天新技术、新原理、新方案、新设备和新材料,通常需要在太空上进行试验,成功后才能投入使用。

2. 空间探测器:空间探测器按探测目标可分为月球、行星(金星、火星、水星、木星、土星等)和行星际探测器。

3. 载人航天器:按飞行和工作方式可分为:

(1)载人飞船:能保障宇航员在外层空间生活和工作以执行航天任务并能返回地面的航天器;

(2)空间站:可供多名宇航员巡访、长期工作和居住的载人航天器;

(3)航天飞机:可以重复使用的、往返于地面和高度在 1 000 km 以下的近地轨道之间运送有效载荷的飞行器。

8.4　航天技术系统的特殊性

由发射场、运载工具、航天器,地面站和完成任务所需要的设施组成紧密相关的航天大系统。该系统有如下特殊性:

1. 系统性强

航天器的设计,必须具有系统工程的观点。在全面综合的考虑系统各环节之间的相互关系的基础上,要求技术上能实现、性能指标高、整个系统成本低作为前提进行设计。为此要求参与设计的人员,具有高度的责任感,而且善于与别人协作,同时要求以严密、严格的管理制度,实现以上的要求。

2.可靠性要求高

对可靠性的要求是在整个寿命期间,无故障地安全、正常地工作。如阿波罗飞船的可靠度 $R = 0.999\,999\,999$。

大系统每一个部分不一定都要求这么高的可靠性,而是根据完成任务成功率确定可靠度。

$$R = e^{-\lambda t}$$

式中 R 是可靠度,λ 是故障率,t 是时间

$$\lambda = \frac{F}{T}$$

式中 F 是在 T 观测时间内发生的故障数。

空间系统由各种分系统组成,其中一个分系统产生故障,则不能完成任务,因此整个系统的可靠度为:

$$R = \prod_{i=1}^{N} R_i$$

式中 N 是分系统数,R_i 是 i 分系统的可靠度。

3.成本低

系统设计要求,满足工作程序和性能要求的前提下,从经济效益角度考虑要达到成本最低。

8.5　航天器的研制程序

研制航天器时,必须按科学的研制程序进行,以保证体现航天系统特殊性的要求。

8.5.1　方案设计 A 阶段

在这个阶段,根据给定任务书,经过调研确定几种可能的方案。任务书里应写明用途、性能、核算成本、研制周期等。

在调研中搜集国内外同类航天器的相关技术、材料、元器件、工艺等方面的资料,对资料进行分析,进而确定其采用的可能性,最后确定方案。

8.5.2　方案设计 B 阶段

对几种方案进行理论分析、初步设计,有些方案要做实验,比较几种方案的优缺点,从

而选定一种比较好的方案。

8.5.3　初样设计阶段,又叫 C 阶段

对选定的方案进行详细的理论分析,为制作进行详细设计。

8.5.4　初样试制及试验阶段,又叫 D 阶段

按初样设计图纸,加工产品并在考虑环境条件下进行试验,为改进设计提供依据。

8.5.5　正样设计及试制阶段,又叫 E 阶段

根据初样的试验结果,改进设计,把这时画出的图纸当做正样图纸,并按这些图纸试制正样产品。

8.5.6　正样试验

按着事先拟好的试验大纲,对机械性能、电性能、热性能进行试验,看是否满足性能要求。

8.5.7　验收

使用单位和制造单位双方派人员组成验收组,按条例、在比正样试验降低条件的情况下进行试验,试验完毕且合格则签字验收。

8.5.8　飞行试验

以前的试验,都在地面上模拟空间环境进行的,因此在空间条件下是否满足性能要求,只能发射上去,让航天器飞行,才能最后得出是否达到设计任务书规定的指标。

8.5.9　定型

经过飞行试验,证明航天器满足任务书里规定的性能要求,则对航天器进行定型。以后生产同类航天器,就按正样图纸进行,没有经过一定的手续,不能随意更改。

8.6　航天器飞行环境

航天器飞行的范围,不仅包括地球周围空间,而且包括月球、行星和其他天体。于是从地球开始介绍整个宇宙组成概况,然后介绍航天器飞行环境。

8.6.1 宇宙

8.6.1.1 地球

地球是绕短轴旋转的椭球体,短轴与地球自转轴重合,长轴在赤道平面内。长半轴以 a 表示,短半轴以 b 表示如图 8.4 所示。

a = 6 378.16 km

b = 6 356.86 km

扁率 $e = \dfrac{a-b}{a} = \dfrac{1}{298}$

空间观测表明,不仅地球的子午圈是椭圆,赤道和纬度平行圈也是椭圆。

地球绕短轴自转外还绕太阳公转。自转周期为 23 小时 56 分 04 秒即一天,公转周期为 365.25 天即一年。地球绕太阳公转的面叫做黄道面,地球自转轴与黄道面的夹角为 66°33′。地球质量为 5.976×10^{21} t,地球重力常数 $\mu_E = 3.986 \times 10^5$ km³/s²,体积为 1.083 亿 km³。海洋平均深度 3 900 m,陆地平均高度 860 m。

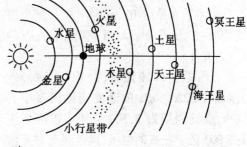

图 8.4 地球

8.6.1.2 太阳系

太阳系是由以太阳为焦点运行的九大行星:水星、金星、地球、火星、木星、土星、天王星、海王星、冥王星和火星与木星之间的小行星带、彗星与流星组成。

太阳系的组成如图 8.5 所示,它们的一些参数如表 8.1 所示。

太阳主要是氢和氦轻气体组成,铁、铜等金属也存在,但是都变成气体状态。这是由于太阳的高温所致,太阳表面温度约达到 6 000 ℃,而中心处约达到 300 万℃。

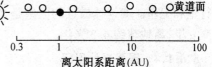

0.3   1   10   100
离太阳系距离(AU)

* 1AU = 1.496×10^8 km (AU:天文单位)

图 8.5 太阳系

太阳是由气体状物质组成,但是它还是保持一个球状体,这是由于它的质量很大而产生的强大的引力所致。太阳质量为 $1.991\,4 \times 10^{27}$ t,太阳重力常数 $\mu_s = 1.327 \times 10^{11}$ km³/s²。

火星和木星之间有直径 400 m 到几公里大小的几万个小行星组成的小行星带。

表 8.1

行　　星	长轴半径*（AU）	周期（年）	偏 心 率	对黄道面的倾角	卫 星 数
水星(Mercury)	0.387 1	0.241	0.205 6	7°0′12″	0
金星(Venus)	0.723 3	0.616	0.006 8	3°23′36″	0
地球(Earth)	1.000 0	1.000 0	0.016 7	0°	1
火星(Mars)	1.523 7	1.882	0.093 3	1°51′0″	2
木星(Jupiter)	5.202 7	11.86	0.048 4	1°18′20″	12
土星(Saturn)	9.546	29.46	0.055 7	2°29′40″	9
天王星(Uranus)	19.20	84.0	0.047 0	0°46′22″	5
海王星(Neptune)	30.09	164.8	0.008 6	1°46′30″	2
冥王星(Pluto)	39.5	284	0.274	17°8′40″	0

8.6.1.3 银河系

太阳系是银河系的一个家族。

银河系直径约 10 万光年,中心部位厚度约 1.5 万光年,太阳离银河中心约 2.7 万光年。

银河系呈凸棱镜状,绕中心处旋转。太阳系以 220 km/s 的速度绕银河系中心旋转,旋转周期为 2.569 亿年。银河系里有 2 000 亿个左右的恒星,此外还有数不清的行星和卫星。离地球最近的恒星是半人马座 α 星,离地球约 4.3 光年。

8.6.1.4 银河系外星云

银河系外还有数不清的类似银河系的由几百亿、几千亿个恒星组成的星云。以 20 亿光年直径的球内有 30 亿个星云。

8.6.2 航天器飞行环境

8.6.2.1 运载飞行环境

我们从火箭飞行原理中知道,飞行加

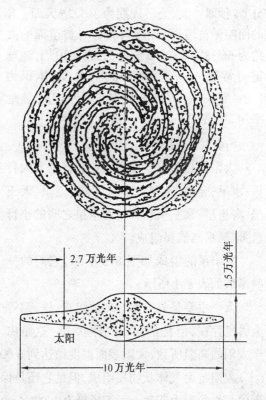

图 8.6　银河系

速度越来越大,由此过载加大,速度急剧地加大,产生气动加热而温度升高。

由助推器、第一级、第二级等分离,产生振动、冲击和加速度。

航天器在整个飞行中,处于一般地面仪器的 40~100 倍恶劣的环境里。

8.6.2.2　温度环境

航天器在飞行中,处于严重的温度变化环境里。直照太阳的表面温度达到 100~150 ℃,而不直照太阳的表面温度降到 −100 ℃。离地球越远,直照太阳的表面随离太阳的距离增大温度下降,不直照太阳的表面温度也进一步下降。探险者号行星探测器,当进入行星的阴影区时,其表面温度降到(−269 ℃)。

8.6.2.3　超真空

宇宙空间是超真空,离地面 1 000 km 处,气压为 1.33×10^{-7} Pa。在这种真空中,没有氧和氢的分子,$1 cm^3$ 中只有几十个电子和质子。在这种超真空中,可能蒸发的物质全部蒸发,在空间扩散。如塑料、粘结剂等能蒸发的物质蒸发,或者变形、产生裂纹而不能用。蒸发的物质粘在航天器表面上,从而降低太阳电池的光电变换能力。蒸发的气体聚集在高压的电极上,则产生晕放电,使仪器损坏。

8.6.2.4　无重力状态

航天器处于微重力状态。家里灰尘积在桌面上,但是在航天器中,所有的灰尘都浮起来。半导体集成电路壳子中,如果残留陶瓷屑和焊锡屑的话,在壳子里浮起来移动,可能切断电线或引起短路。

在真空中电池中的液体容易漏出。

8.6.2.5　热的传递

由于电流的作用温度上升的半导体和电路,因太阳照射而温度上升的太阳电池和太阳敏感器等,不能像地面那样简单地进行冷却。超真空中,没有产生对流的载流体,而且即使加入油或水等冷却用的物质,由于无重力,不产生对流,因此不能靠对流进行冷却。卫星中的仪器和电子器件产生的热,只能靠传导和辐射进行热传递。热传到壳子中,再传到底盘或由热管传到航天器表面,从不照太阳的表面辐射到空间。

8.6.2.6　辐射能的影响

航天器在空间飞行中受到太阳辐射。如果轨道通过地球辐射带的话,还会受到相当强的辐射。地球有内外辐射带如图 8.7 所示。

这种辐射对非金属材料,集成电路(尤其是 MOS 集成电路)影响很大,降低性能甚至破坏其工作。为此用铝壳子屏蔽以减轻辐射影响。太阳电池,用玻璃覆盖,以防止其性能下降。

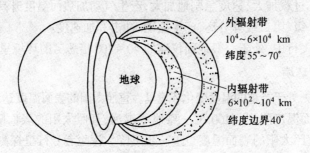

图 8.7　地球内外辐射带

此外,在空间还有磁场、太阳风、引力场和陨石等。

第九章　运载火箭

9.1　运载火箭的分类、组成及功用

目前常用的运载火箭按其所用的推进剂来分,可分为固体火箭、液体火箭和固液混合型火箭。如我国的长征三号运载火箭是三级液体火箭,长征一号运载火箭则是固液混合型的三级火箭,其第一级、第二级是液体火箭,第三级是固体火箭,美国的"飞马座"运载火箭是三级固体火箭;按级数来分,运载火箭又可分为单级火箭、多级火箭。其中多级按级与级之间连接型式来分,又可分为串联型、并联型(俗称捆绑式)、串并联混合型三种类型。串联型多级火箭级与级之间的连接分离机构简单,但串联后火箭较长、火箭的长细比大,给设计带来一定的困难,发射时,这种火箭竖起来后太高,给发射操作带来不便,同时,其上面级的火箭发动机要在高空点火,点火的可靠性差。并联型多级火箭采用横向捆绑连接,连接分离机构稍复杂,但其中芯级第一级火箭与旁边捆绑的火箭可在地面同时点火,避免了高空点火,点火的可靠性高。前苏联发射世界上第一颗人造地球卫星的卫星号运载火箭,就是中芯一级火箭的周围捆绑了 4 枚火箭。这 4 枚捆上去的火箭称为助推器。助推器与芯级火箭在地面一起点火,但工作一定时间后先关机,关机后与芯级火箭分离并被抛掉。助推器因在第一级火箭飞行的半路上关机,所以只能算是半级火箭。发射世界第一颗人造地球卫星的卫星号运载火箭为一级半火箭。我国的长征二号 E 运载火箭则是一枚串并联混合型的两级半火箭,其第一级火箭周围捆绑了 4 枚助推器。在第一级火箭上面又串联了第二级火箭。

不管是什么类型的运载火箭,其主要的组成部分有结构系统(又称箭体结构)、动力装置系统(又称推进系统)和制导系统。这三大系统称为运载火箭的主系统,主系统工作的可靠与否,将直接影响运载火箭飞行的成败。此外,运载火箭上还有一些不直接影响飞行成败并由箭上设备与地面设备共同组成的系统,例如,遥测系统、外弹道测量系统、安全系统和瞄准系统等。

箭体结构是运载火箭的基体,它用来维持火箭的外形,承受火箭地面运输、发射操作和在飞行中作用在火箭上的各种载荷、安装连接火箭各系统的所有仪器、设备,把箭上所有系统、组件连接组合成一个整体。

动力装置系统是推动运载火箭飞行并获得一定速度的装置。对液体火箭来说,动力

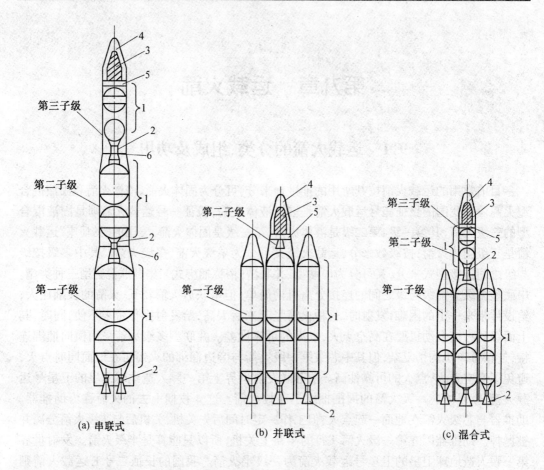

第三子级
第二子级
第一子级

(a) 串联式

第二子级
第一子级

(b) 并联式

第三子级
第二子级
第一子级

(c) 混合式

图 9.1　多级火箭的组合方式

1—推进剂箱;2—火箭发动机;3—有效载荷;4—头部整流罩;5—仪器舱;6—级间承力接头

装置系统由推进剂输送、增压系统和液体火箭发动机两大部分组成。固体火箭的动力装置系统较简单,它的主要部分就是固体火箭发动机,推进剂直接装在发动机的燃烧室壳体内。

制导系统是使运载火箭沿预定轨道正常可靠飞行,把有效载荷送到预定的空间位置并使之准确进入轨道。制导系统由导引系统和控制系统组成,导引系统采用惯性导引系统,控制系统采用液压陀机,燃气舵或摆动发动机。

遥测系统的功用是把运载火箭飞行中各系统的工作参数及环境参数测量下来,通过运载火箭上的无线电发射机将这些参数送回地面,由地面接收机接收;也可将测量所得的参数记录在运载火箭上的磁记录器上,在地面回收磁记录器。这些测量参数既可用来预报航天器入轨时的轨道参数，又可用来鉴定和改进运载火箭的性能。一旦运载火箭在飞行中出现故障，这些参数就是故障分析的依据。

外弹道测量系统的功用是利用地面的光学和无线电设备与装在运载火箭上的对应装置一起对飞行中的运载火箭进行跟踪，并测量其飞行参数，用来预报航天器入轨时的轨道参数，也可用来作为鉴定制导系统的精度和故障分析的依据。

安全系统的功用是当运载火箭在飞行中一旦出现故障不能继续飞行时，将其在空中炸毁，避免运载火箭坠落时给地面造成灾难性的危害。安全系统包括运载火箭上的自毁系统和地面的无线电安全系统两部分。箭上的自毁系统由测量装置、计算机和爆炸装置（炸药筒）组成。当运载火箭的飞行姿态、飞行速度超出允许的范围，计算机发出引爆爆炸装置的指令，使运载火箭在空中自毁。无线电安全系统则是由地面雷达测量运载火箭的飞行轨道，当运载火箭的飞行超出预先规定的安全范围时，由地面发出引爆箭上爆炸装置的指令，由箭上的接收机接收后将火箭在空中炸毁。

瞄准系统的功用是给运载火箭在发射前进行初始方位定向。瞄准系统由地面瞄准设备和运载火箭上的瞄准设备共同组成。

9.2　运载火箭飞行轨道的测量与遥控

在运载火箭的飞行过程中，地面需要随时对它进行跟踪并测量它的飞行轨道，以便实时了解其飞行状态，初步评价其飞行任务完成情况，及时掌握其飞行是否正常的安全信息。运载火箭的飞行轨道是由每一时刻火箭在以发射点为原点的直角座标系中的相对位置、速度和加速度来表示的。

对运载火箭跟踪测轨的基本方式是光学跟踪测量和无线电跟踪测量。光学跟踪测量系统是运载火箭飞行中最基本的跟踪测量系统，它不但能测量运载火箭的飞行轨迹，而且能直接观察到火箭的飞行姿态以及火箭箭体上有没有起火冒烟等外部现象。无线电跟踪测量也就是用雷达来测量，它测量的精度高，作用距离远，但设备较复杂。

光学跟踪测量系统是一个具有随机座（能跟着火箭随动的装置）的大型望远镜。它像眼睛一样随时盯着飞行中的运载火箭，将其形象显示在屏幕上。这时只要测量随动机座的方位角和俯仰角，通过对两个或多个地面站上的望远镜随动机座的方位角与俯仰角进行交汇计算，就可计算出运载火箭的轨道参数。常见的可见光跟踪测量设备是电影经纬仪，它是大地测量光学经纬仪与电影摄影机相结合而成的仪器，其引导设备能自动跟踪飞行中的运载火箭。多个地面站在统一时间控制下对飞行中的火箭同步摄影，一般以 10～20 次/s 拍摄火箭飞行中的形象，并用传感器测量随动机座的方位角与俯仰角，再将数据送入计算机进行处理，就可得到火箭的飞行轨道参数。电影经纬仪设备简单，并能记录飞行中火箭的形象,但它受光照的限制,不能全天候工作。

无线电跟踪测量系统是依据无线电波的传播特性对火箭进行跟踪和测量。以测量无线电波在空间传播时间为基础而计算出距离的系统叫测距系统;以运动目标与固定测量站之间电波传播产生多普勒效应为基础而计算出速度的系统称测速系统。脉冲雷达是常用的测距雷达。它从地面向运载火箭发送脉冲调制的询问信号,装在运载火箭上的应答机接收到询问信号后,经变换载频转发到地面站,通过计算脉冲电磁波往返传输的延迟时间,扣掉应答机反应的延迟时间,就可计算出火箭的径向速度。利用等信号法获取火箭的方位和俯仰角。经过计算处理、座标转换,即可得到运载火箭的轨道参数。在多普勒测速雷达中,地面站发射固定频率的等幅电磁波,箭上应答机收到信号后,再变换载频转发到地面站。地面站接收到信号后,对比发射频率与接收频率,再除去转发器变换频率的影响,两者频率之差便是多普勒频移。利用多普勒频移可计算出运载火箭的径向速度。

装在运载火箭上的应答机与地面测控站一起对火箭进行跟踪测量。它接收地面站发射的测量询问信号,经变换载频后再转发回地面站。有了应答机,可以提高测量信号噪声比,扩大测量雷达的作用距离,提高测量精度。

此外,激光和红外光跟踪测量技术也常用于运载火箭的跟踪测轨。其传播特性与无线电波相同,跟踪测量的原理、设备组成也与无线电雷达相近,因此称为激光雷达和红外雷达。

雷达辐射的电磁波只能沿直线传播,而运载火箭的航程很长,由于地球曲率的影响,所以仅仅一个地面站不可能完成对运载火箭飞行的全面跟踪测量任务,需要多个地面站"接力",才能完成对运载火箭的跟踪测量。

对一次性使用的运载火箭来说,地面对运载火箭的遥控仅仅是飞行安全控制。当运载火箭在飞行中一旦出现故障而不能正常飞行时,为了避免发生故障的火箭坠落地面过程中,对地面的生命和财产带来严重灾难,需要选择一个合适时机,将火箭在空中炸毁。判定运载火箭是不是出现了故障,选择什么时机遥控炸毁火箭是一个十分重要而又相当复杂的问题。事先要通过计算确定一个火箭飞行的安全管道,安全管道就是火箭实际飞行的轨道参数偏离设计轨道值允许偏差的范围。

判定火箭飞行是不是正常的安全信息,一方面来自跟踪测轨参数,另一方面来自火箭的遥测参数。将这些信息送入计算机,由计算机根据安全管道、安全判据,进行实时安全判断。在运载火箭偏离安全管道时,向安全指挥员预警。安全指挥员在计算机辅助下,选择时机,按下安全控制主控台上的炸毁按钮,通过无线电遥控信道,向运载火箭发送炸毁指令。箭上安全系统中的无线电安全控制接收机在收到指令后,经过解码辨识,接通箭上的引爆器,引爆爆炸装置,将运载火箭在空中炸毁。

当运载火箭运送的是载人飞船时,箭上安全控制接收机在收到炸毁指令后,首先启动逃逸火箭,让飞船脱离火箭后,再将火箭炸毁。

9.3 发射窗口

发射窗口是指运载火箭发射比较合适的一个时间范围(即允许运载火箭发射的时间范围)。这个范围的大小叫做发射窗口的宽度。窗口宽度有宽有窄,宽的以小时计,甚至以天计算,窄的只有几十秒钟,甚至为零。

其实,对运载火箭本身来说,没有太严格的发射窗口限制,什么时间发射都可以。不过,在进行运载火箭发射试验时,一般都选在傍晚或黎明前来发射。因为这时太阳处在地平线附近,发射场区及火箭飞行路过地区的天空比较暗淡,而火箭点火升空到一定高度后就能受到阳光照射,使反射阳光的箭体与背景天空形成较大的反差,从而使地面的光学跟踪测量仪器可以清晰地跟踪测量火箭的飞行轨迹,观察火箭飞行中的姿态和外部形象,跟踪测量和观察效果比较好。

但当运载火箭用来发射航天器时,就不能随时发射了。由于每个航天器承担的任务不同,航天器上安装的仪器、设备使用要求不同,它们对发射窗口提出了种种要求和限制条件,而这些要求有时又互相矛盾,因此选择什么时间发射就必须考虑各方面的要求,经综合平衡后选择一个比较合适的发射窗口。那末,影响和限制发射窗口的要求有哪些呢?归纳起来主要的要求大致有以下这些。

(1)地面观察的需要。1970年4月24日,在甘肃酒泉卫星发射中心用长征一号运载火箭发射我国第一颗人造地球卫星东方红一号时,发射时间定在北京时间晚上9点35分,这时在酒泉卫星发射中心,太阳已落山一个多小时,天空漆黑一片,但当运载火箭升到400多km高空把卫星送入轨道时,进入轨道运行的第三级火箭及卫星仍能受到太阳光的照射。此时在地面人们用肉眼就能看到进入轨道运行的第三级火箭及卫星。

(2)地面目标光照条件的要求。当发射照相侦察卫星、地球资源卫星和中轨道气象卫星时,要求卫星运行轨道下方的地面目标有很好的光照条件,以便于卫星上的可见光遥感器能很好地遥感地面的图像。因此,发射这类航天器的发射窗口都选在白天。

(3)航天器上太阳电池翼光照条件的要求。目前在卫星及载人飞船等航天器上,大多采用太阳能电池供电,当航天器进入轨道时,希望航天器星下点受到太阳照射,这时太阳电池翼受到阳光的照射,可立即发电供航天器使用。这是发射这类航天器选择发射窗口时要考虑的因素。

(4)航天器上姿态测量设备的要求。航天器进入轨道后,需要利用航天器上的姿态测量设备(如红外地平仪、太阳敏感器等)测量航天器的飞行姿态,以便调姿并进入稳定的飞行姿态。航天器上的姿态测量设备工作时,需要航天器、地球和太阳处在一个较好的相对位置,这时测量航天器的飞行姿态精度较高。所以,这也是选择发射窗口要考虑的一个因素。

(5)航天器返回地面时的光照及气象条件的要求。返回式卫星、载人飞船从运行轨道返回地面时,一般都希望在白天,以便寻找落地后的航天器;同时希望气象条件较好,没有大风等恶劣天气,以便于降落伞打开。在选择发射窗口时就要考虑返回时的情况。

另外,卫星轨道精度的要求和目标天体与地球相对位置的要求等,也要求精心选择发射窗口。例如,在向月球、行星和其他星体发射探测器时,必须在地球与被探测的目标天体处在一个有利的相对位置时来发射。不过发射空间探测器时,发射窗口宽度一般都比较宽,有的能以天计算。

总之,发射窗口是根据航天器本身的要求及外部多种限制条件经综合分析计算后确定的。由于太阳、地球和其他星体的相对位置在不断变化,即使发射同一类型、同一轨道的航天器,其发射窗口也是不固定的。明白了这个道理,人们就不会奇怪,航天器的发射有时在早晨、有时在傍晚、有时在白天、有时在夜里。

一旦由于运载火箭临时出现故障,或由于天气等其他原因,不能按时发射而错过了发射窗口时,则只能等待下一个发射窗口。有的航天器发射,一天之内不止一个窗口,有的只有等几天或更长时间再发射。

9.4　我国的运载火箭

9.4.1　目前我国的运载火箭概况

我国从 1970 年 4 月 24 日发射我国第一颗人造地球卫星东方红一号至 2000 年 6 月,已先后研制成功了“长征”系列的 13 种运载火箭,形成了 4 个子系列,即长征一号系列、长征二号系列、长征三号系列和长征四号系列,它们能够发射近地轨道、太阳同步轨道和地球同步转移轨道的各种应用卫星或其他航天器。

长征一号系列运载火箭中正式使用过的有长征一号和长征一号 D 两种火箭。在“长征”系列中它们的运载能力较小,适合于运送质量较小、轨道较低的有效载荷。

长征二号系列中按投入使用的先后次序有长征二号、长征二号 C、长征二号 E、长征二号 D、长征二号 C/SD 和长征二号 F 等 6 种火箭。长征二号系列火箭主要用于发射近地轨道且质量较大的有效载荷。其中长征二号、长征二号 C 和长征二号 D 主要用于发射返回式卫星;长征二号 C/SD 是长征二号 C 的改进型,主要用于一次发射多颗卫星;长征二号 E 是捆绑式火箭,其芯级是长征二号 C 的又一改进型,主要用于将重型卫星送入近地轨道;长征二号 F 则是长征二号 E 的改进型,主要改进是提高了火箭各系统的可靠性,主要任务是发射载人飞船,我国第一艘神舟号试验飞船就是用它发射的。

长征三号系列包括长征三号、长征三号 A 和长征三号 B 三种运载火箭。它们的主要任务是将质量较大的有效载荷(1.6~5.1 t)直接送入地球同步转移轨道,是目前我国发射国内外地球静止轨道卫星的主力火箭。

长征四号系列包括长征四号 A 和长征四号 B 两种火箭。它们都是三级液体火箭,各级都采用四氧化二氮和偏二甲肼作推进剂。其主要任务是发射太阳同步轨道卫星。

截止到 2000 年 6 月,中国的"长征"系列运载火箭已发射 61 次,成功 55 次,成功率为 90% 以上。从 1996 年 10 月至 2000 年 6 月,"长征"系列火箭发射成功率为 100%。

长征一号(CZ-1)是一种三级火箭,第一、二级为液体火箭发动机,第三级为固体火箭发动机,起飞质量为 81.5 t。用它发射了我国第一颗人造地球卫星东方红一号和实践一号科学实验卫星。该运载火箭具有将 300 kg 卫星射入倾角为 70°、高度为 440 km 圆轨道的运载能力。长征二号是二级液体火箭,起飞质量约为 190 t,起飞推力为 2 747 kN,全长约 32 m,直径为 3.35 m,可将约 1 800 kg 质量的卫星送入近地轨道。长征二号成功地发射了我国第一颗返回式卫星。长征三号为三级液体火箭,起飞质量约 202 t,1984 年 4 月 8 日将我国第一颗试验同步通信卫星送入了预定轨道。长征四号也是一种三级火箭,起飞质量 250 t,起飞推力 2 943 kN,总长 41.9 m,直径 3.35 m。它可将质量为 1.5 t 的有效载荷送入 900 km 高的太阳同步轨道;可将 1.1 t 的有效载荷送入地球同轨道;可将 3.8 t 的有效载荷送入高为 400 km、倾角为 70°的圆轨道。1998 年 9 月 7 日"长征四号"将我国第一颗试验气象卫星"风云一号"送入了太阳同步轨道。

图 9.2 所示为长征三号的结构和部位安排示

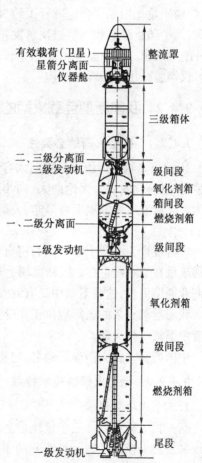

图 9.2 "长征三号"运载火箭的部位安排

意图。它是串联式的,全长 43.25 m,第一、二级直径 3.35 m 第三级直径 2.25 m,起飞推力为 2 747 kN,其 400/35 786 km 转移轨道的运载能力为 1 180 kg。第一、二级推进剂采用 N_2O_4 和偏二甲肼,其比推力为 2 541/2 835 m/s(地面/真空),这种液体推进剂可以长期存贮,是导弹的理想推进剂。第一级装有 4 台摆动火箭发动机,可以对火箭进行控制。第二级装有 1 台推力为 716 kN 的主发动机和 4 个总推力为 46 kN 的可以摆动的推力室,后者用以控制第二级火箭。第三级采用我国自行研制的第一台液氢、液氧火箭发动机,其真空推力为 44 kN,比推力为 4 169 m/s。发动机的四个推力室并联,每个推力室可作 ±25° 的切向摆动。发动机在高空可以二次启动。运载火箭推进剂贮箱的材料采用了高强度铝铜合金,结构质量比用铝镁合金减轻了约 30%。第三级箱体结构采用了液氢箱和液氧箱共底方案;为了防止液氢和液氧过快蒸发并满足其温度控制要求,在贮箱外壁采用了复合结构的外绝热系统。卫星整流罩采用了玻璃钢蜂窝等轻型结构材料及大面积的软木防热材料。仪器舱采用了铝蜂窝结构。

9.4.2　我国新型运载火箭的展望

9.4.2.1　新型火箭的必要性

21 世纪高轨道通信卫星将向大容量、大功率、大型化趋势发展;低轨道通信卫星则向小型化、星座化发展。无论向大、向小发展,大推力运载火箭都会成为发射竞标的首选。因为大火箭发射大卫星无可厚非,大型火箭一次组网式发射多颗小卫星也是多快好省的事。

资料统计,我国"十五"期间,将有 30 多颗国内卫星需要发射,到 2020 年国内各种卫星需求量在 200 颗左右。国际市场上未来 10 年中将有 1 800 多颗卫星要发射,其中 70% 为商业通信卫星,这些卫星中又有 62% 为重量大于 4 t、甚至 5 t 的大型卫星。

我国运载火箭的国际地位正在受到严峻的挑战,国内外卫星发射的巨大市场正在召唤着中国新一代火箭。

中国的新一代火箭尚未命名,它将是有别于长征系列的新型火箭。

9.4.2.2　新型火箭的技术特点

1. 三个模块搭积木

新一代火箭系列由三个模块加上现有技术组成,这三个模块分别是 5 m 模块、3.35 m 模块和 2.25 m 模块。通过模块间的组合,像搭积木一样形成一个系列化、通用化、组合化的火箭新系列。

所谓 5 m 模块,是指一个直径为 5 m,采用 4 台 120 t 级大推力液氧煤油发动机的火箭。我国现有的长征系列火箭芯级直径均不超过 3.35 m,这是受制于铁路运输的结果。

由于历史的原因,我国酒泉、太原、西昌三大发射场均处内陆,火箭运输主要靠铁路,而我国铁路涵洞的直径为 3.5 m,因此制约了火箭直径的加大。那么,要想增加火箭的推力,只有增加火箭的级数和采用捆绑技术。

但是级数增加了,火箭的长细比也就增加了,长细比超过了一定限度,火箭的刚度、强度就会大受影响,可靠性也会大大降低。如今我国高轨道运载能力最大的长征三号乙火箭长细比已达到了 16.37,几乎接近了极限。再增加推力,只有突破3.35 m向 5 m 大直径发展。

所谓 3.35 m 模块,是指继承现有的3.35 m直径的火箭技术,改用 2 台 120 t 级液氧煤油发动机的火箭。

2.25 m 模块,则是继承现有 2.25 m 直径火箭技术,改用 1 台 120 吨级液氧煤油发动机的火箭。

2.多种组合大家族

三个模块研制成功后,可以按发射不同卫星的需要,进行多种组合。

比如,以 5 m 模块为芯级,捆绑其他模块,可以组合成 6 种大型火箭:1 个 5 m 模块捆绑 4 个 3.35 m 模块作助推器,近地轨道运载能力可达 25 t;1 个 5 m 模块捆绑 2 个3.35 m 模块和 2 个 2.25 m 模块,近地轨道运载能力可达 18 t;1 个 5 m 模块捆绑 4 个 2.25 m 模块,近地轨道运载能力为 10 t。以上三种方案各加上面级,其地球同步轨道运载能力分别可达 14 t、10 t、6 t。

再比如,以 3.35 m 模块为芯级,捆绑 2 个或 4 个 2.25 m 模块作助推器,再加上现有的长征火箭的二级、三级技术,又可以形成近地轨道运载能力为 3 ~ 10 t,地球同步轨道运载能力为 1.5 ~ 6 t 的中型火箭系列。

若以 2.25 m 模块为芯级,二级采用小推力液氧煤油发动机,两级型火箭的近地轨道运载能力为 1.5 t,太阳同步轨道运载能力为 0.5 t,可以形成小型火箭系列。

这样,由标准模块的更换、组合,便衍生了一个庞大的新火箭家族。它们的近地轨道运载能力覆盖了 0.5 ~ 25 t,地球同步轨道运载能力覆盖了 1.5 ~ 14 t,完全能够满足未来 30 年以至更长时间国内外市场对火箭的需求。无论是发射大卫星还是小卫星,无论是一箭发单星还是一箭发多星,只要轻松地挪动一下“积木”,一切问题就迎刃而解了。

3.三化原则促可靠

由于新型火箭按照系列化、通用化、组合化的三化原则进行设计,从整体上减少了一星一箭的研制成本。规模化、集约化的生产,又可比多品种、少批量的作坊式生产大大降低生产费用。火箭的“三化”还有利于简化地面电气系统设计,降低地面设备配置费用,过去每种火箭都配置自己的地面检测设备互不通用,浪费很大。地面设备的简化,有利于发射场准备时间的缩短,火箭从进入发射场到发射可以从 2 个月缩短到 1 个月,既减少了发射成本,又提高了对外发射的履约能力。

新一代火箭的基本型是以 5 m 模块为芯级捆绑 3.35 m 模块为助推的火箭。由于火箭的直径增加,推力加大,它的级数就可以相应减少,如果发射高轨道卫星或登月飞船,在基本型上加一个上面级构成二级半火箭就行;如果发射低轨道卫星,一级芯级火箭顶多再加上助推器足矣。这种构型的火箭由传统的 3~4 级变成了 1~2 级,是目前世界上新型火箭的首选构型。它的优点是,减少了级数等于减少了发动机和减少了发动机的点火次数,也减少了级间分离次数,从而简化了力学结构。大凡物件,结构越简单的越不容易出问题、性能越相对可靠。结构的简化再加上箭上电气系统的一体化设计和冗余设计,可以大大减少影响成功的单点故障,可靠性指标可以达到不载人 0.98,载人 0.99 的国际先进水平。

此外,新一代火箭发动机使用的推进剂为液氢液氧和液氧煤油,全部是无毒、无污染的推进剂。

中国新一代火箭已进行了大量的预先研究和技术储备工作,在现有技术的基础上,加上必要的投资,有五六年时间可以完成研制工作。其组合型则可以根据需要较快地完成。

21 世纪中国运载火箭的技术跨越,正指日可待。

9.5　国外主要运载火箭

9.5.1　前苏联的运载火箭

9.5.1.1　卫星号运载火箭

1957 年 10 月 4 日,人类第一颗人造地球卫星——卫星 1 号成功进入太空,这颗卫星便是由卫星号运载火箭发射的。卫星号火箭奠定了前苏联航天运载工具发展的基础。它是利用前苏联的 P-7 洲际导弹改装的,火箭由一枚芯级火箭和 4 台助推火箭捆绑组成,全长 29.17 m,能将 1 400 kg 的有效载荷送入低地球轨道。前苏联利用这种火箭分别在 1957 年 11 月 3 日和 1958 年 5 月 15 日成功发射了第二颗和第三颗卫星。此后,这种火箭经过改进,派生出一个统称为东方号的运载火箭系列。东方号火箭系列包括 7 种型号的火箭,即卫星号、月球号、东方号、上升号、联盟号、进步号和闪电号,它们组成了世界上用途最广、使用次数最多的运载火箭系列。

9.5.1.2　东方号运载火箭

东方号火箭是世界上第一种载人航天运载火箭,它是在卫星号运载火箭的基础上改进而成的。1961 年 4 月 12 日,东方号运载火箭将人类历史上第一艘载人飞船送入太空,实现了人类遨游太空的梦想。发射载人飞船的东方号火箭全长 38.36 m,起飞质量 287 000 kg,可将质量达 4 725 kg 的有效载荷送入近地轨道。该型火箭在 1960~1963 年间发射了 6 艘东方号飞船。1963 年以后主要用来发射各种照相侦察卫星、电子侦察卫星、流星系列气象卫星等。到 1991 年底,共发射了 149 次。

9.5.1.3　联盟号运载火箭

联盟号运载火箭是东方号运载火箭系列中的一个子系列,它分为 2 级型和 3 级型两

种火箭。2级型联盟号按所发射的有效载荷的不同又可细分为上升号、联盟号和进步号
火箭。

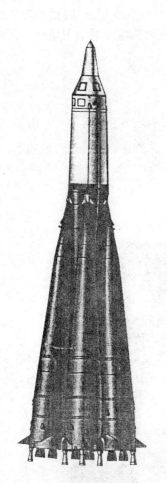

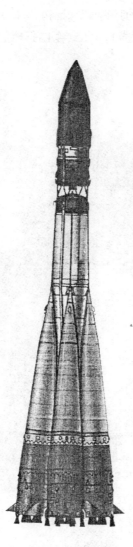

图9.3　前苏联用于发射世
界上第一颗人造地
球卫星的卫星号火
箭(Sputnik)

9.4　东方号火箭(Vostok)

图9.5　联盟号火箭

　　2 级型联盟号于 1963 年 11 月 16 日首次发射,把一颗宇宙 – 22 照相侦察卫星送入低地球轨道。1964 年 10 月发射了第一艘上升号载人飞船。1967 年 4 月,首次发射联盟号载人飞船。1978 年 1 月开始发射进步号无人货运飞船。2 级型联盟号火箭是世界上发射次数最多的运载火箭,自 1963 年 11 月至 1994 年 12 月共进行了 1 023 次发射。这种火箭目前仍在频繁使用,主要用于发射照相侦察卫星、联盟号载人飞船和进步号货运飞船、地球资源卫星和生物研究卫星等。

　　3 级型联盟号火箭于 1960 年 10 月开始发射,1961 年 2 月首次发射成功,把金星 – 1 号探测器送入日心轨道。3 级型联盟号自 1965 年 4 月开始发射闪电号通信卫星后,又称为闪电号火箭。

图 9.6　能源号运载火箭

9.5.1.4　能源号运载火箭

前苏联/俄罗斯的一种超级运载火箭。这种两级运载火箭长约 60 m,总质量 2 400 000 kg,能把 100 000 kg 有效载荷送上近地轨道,既可用于发射大型无人载荷,也可用于发射载人航天飞机,能源号火箭 1987 年 5 月 15 日首次发射成功。1998 年 11 月 15 日,能源号成功地发射了像前苏联第一架不载人航天飞机暴风雪号。由于暴风雪号航天飞机计划已于 1993 年取消,世界上又没有如此重的商业有效载荷需要发射,因而能源号的前景未卜。

9.5.2　欧洲空间局的阿里安运载火箭

欧洲空间局的阿里安火箭系列有阿里安 – 1 ~ 5 五种型号。

阿里安 – 1 是一种三级火箭,全长 47 m,能把 1 850 kg 的卫星送入地球同步转移轨道,1979 年 12 月 24 日首次发射,共发射 11 次。

阿里安 – 2 和 3 是在阿里安 – 1 的基础上加以改进的运载火箭,二者的地球同步转移轨道运载能力分别为 2 170 kg 和 2 700 kg,二者的总发射次数分别为 6 次和 11 次。

1982 年 1 月欧洲在阿里安 – 3 基础上研制了大型三级运载火箭阿里安 – 4,通过采用固体或液体助推器和不同类型的有效载荷支架与整流罩,阿里安 – 4,有 6 种固体液体助推器组合形式和两类 7 种卫星支架与整流罩的搭配方式,其地球同步转移轨道的运载能力可在 2 130 ~ 4 820 kg 范围内变化,采用双星或单星发射形式。阿里安 – 4 火箭于 1988 年 6 月试飞成功后立即投入商业运营,占有近 50% 的世界商业卫星发射市场,是目前世界上最成功的商业运载火箭。

阿里安 – 5 是最新研制的重型运载火箭,它能把质量为 6 800 kg 的单颗卫星或总质量 5 900 kg 的 2 颗卫星送入地球同步转移轨道。阿里安 – 5 火箭 1996 年 6 月 4 日首次试飞失败,1997 年 10 月 30 日第二次试飞只获部分成功,直至 1998 年 10 月 21 日第三次发射才获圆满成功。

9.5.3　美国的运载火箭

9.5.3.1　丘比特运载火箭

丘比特 – C 是美国早期的运载火箭。1958 年 1 月 31 日,一枚命名为朱诺 – 1 的 4 级型丘比特 – C 火箭把美国第一颗人造卫星探险者 1 号送入太空,迈出了美国征服太空的第一步。这种运载火箭第一级使用红石导弹改进型,其余三级采用美国喷气推进实验室制造的中士型固体发动机。作为初期的运载器,只能把质量为 20 kg 左右的有效载荷冲送入 500 km 的圆轨道。丘比特 – C 火箭共发射过 6 次,成功 3 次。

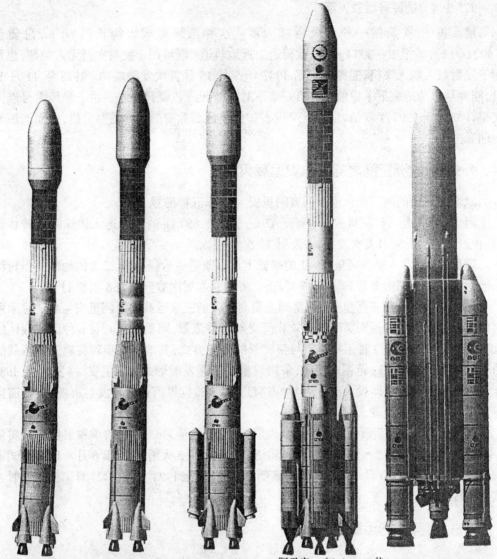

阿里安-1（Ariane-1）
地球同步转移轨道
动载能力（GTO）为
1 850 kg

阿里安-2（Ariane-2）
地球同步转移轨道
动载能力（GTO）为
2 170 kg

阿里安-3（Ariane-3）
地球同步转移轨道
动载能力（GTO）为
2 700 kg

阿里安-4（Ariane-4)共
有6种型号:40,42P,44P
42L、44LP和44L，地球
同步转移轨道动载能力
(GTO)为2 130~4 820 kg

阿里安-5（Ariane-5),
重型运载火箭，地球
同步转移转移轨道动载能力
为(GTO)6 800 kg

图9.7　阿里安运载火箭

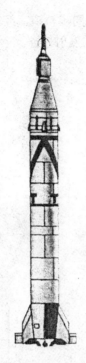 

图 9.8 美国发射第一颗人造卫星探险者－1 的　图 9.9 发射阿波罗登月飞船的土星－5(Saturn－5)
丘比特－C 火箭(Jupiter－C)　　　　　巨型火箭

9.5.3.2　土星号运载火箭

土星号运载火箭是美国宇航局于 20 世纪 60 年代初专为载人登月的阿波罗工程而研制的巨型运载火箭。1964 年研制成功土星 1 号两级运载火箭,曾用来发射阿波罗飞船模型。1966 年,改进型号土星－1B 研制成功,这也是一种两级火箭,发射能力又进一步提高。从 1966~1975 年共发射了 9 次将航天员送上天空实验室,1 次发射阿波罗载人飞船与前苏联的联盟号飞船对接飞行。土星－5 从 1962 年开始研制,1967 年 11 月 9 日首次发射成功。这是世界上最大的三级火箭,全长 111 m,直径 10.1 m,起飞质量达 2 950 000 kg,发射推力 3 398 000 kg,近地轨道有效载荷达 139 000 kg,飞往月球轨道的有效载荷为 47 000 kg。至 1973 年共发射了 13 次,曾先后将 12 名航天员送上月球,谱写了航天史上光辉的一页。

1973 年 5 月 14 日,一枚两级型的土星－5 火箭把美国第一个空间站——天空实验送入太空,这是土星－5 火箭的最后一次发射。

9.5.3.3　德尔他运载火箭

德尔他系列火箭是由美国麦道公式于 20 世纪 50 年代末在雷神中程导弹基础上研制

的。最初的德尔他火箭只能发射 45 kg 的航天器进入地球同步轨道。经过不断改进,德尔他系列已发展了三代,形成了 40 多种型号,可适应不同的发射任务。

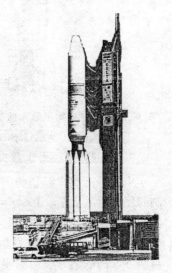

德尔他 -1 火箭
(Delta-1)中的一种型号　　　　　德尔他 -2 火箭(Delta-2)　　　　　德尔他 -3 火箭(Delta-3)

图 9.10　德尔他火箭

　　第一代德尔他火箭于 1960 年 5 月 13 日发射,成功地把回声 -1 通信卫星送入轨道。这代火箭全长 28~35.36 m,最大直径 4.57 m。第二代火箭德尔他 -2 于 1989 年 2 月 14 日首次发射。这代火箭全长 37.16 m,最大直径 4.59 m,可把质量 900 kg 的有效载荷送入地球同步轨道。第三代火箭德尔他 -3 于 1998 年 8 月 27 日首次发射,但未获成功。

　　自 1960 年 5 月首次发射以来,至 1999 年 4 月底,德尔他系列火箭已经发射了 268 次。

先后发射过多种气象卫星、科学卫星、导航卫星、通信卫星以及行星际探测器。

9.5.3.4　飞马座运载火箭

飞马座是一种采用高能固体推进剂、惯性制导和全复合材料结构的三级有翼运载火箭,也是世界上第一种从飞机上发射的商业运载火箭。火箭全长 15.5 m,直径 1.27 m,在火箭中部有一对翼展为 6.7 m 的三角形翼,尾部有三个翼展为 1.5 m 的尾翼,可提供垂直和水平伺服控制。它是 94% 的结构采用石墨纤维复合材料制成的轻型火箭,起飞质量18 500 kg,可将质量 288 kg 的有效载荷送入地球静止轨道,或把 200 kg 的卫星送入 463 km高的极轨道。1990 年 4 月 5 日首次成功发射,至 1999 年 4 月已经发射 26 次。

图 9.11　美国的飞马座火箭(Pegasus)由 B－52 重型轰炸机携带做首次飞行

9.6　运载火箭的捆绑

在运载火箭芯级的一子级周围捆绑多个助推器(液体或固体火箭发动机)的就是运载火箭的捆绑。

捆绑是加大运载火箭推力的重要措施。多级火箭受到结构的限制不能连接得太长,目前最多串联到四级,再要增加推力,就要将发动机并联。

对捆绑的要求

(1) 牢固:助推器要和芯级牢固地连接在一起。

(2) 有序:助推器和主发动机按控制程序实施点火、关机和分离。

(3) 可靠分离:四个(或二个)助推器全部关机后,已完成使命,要迅速而可靠地和芯级分离。以长征二号 E 火箭为例,如图 9.12 所示。助推器上面用三个连杆与芯级连接,每个连杆分三段,用两个爆炸螺栓连接,其中任一个爆炸螺栓解爆,连杆即失去连接作用。助推器下面用球形铰连与芯级连接,通过"聚能切割炸药索"可以"解锁"。炸药索两个引爆器引爆,任一引爆器工作都能引爆炸药索。

当四台助推器都关机后 0.5 s,发出点燃横向分离固体火箭(每枚助推器有四台)信号,再过 0.1 s,助推器上下连接机构的炸药爆炸而"解锁",助推器靠分离固体火箭的推力而被横向分离。

运载火箭的级间和运载火箭和航天器的连接、分离,与弹道式导弹的级间和导弹和战斗部的连接、分离是一样的。

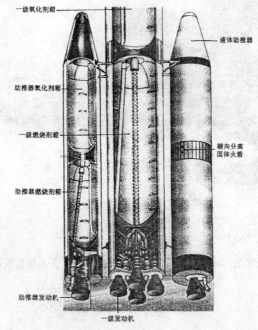

一级氧化剂箱

液体助推器

助推器氧化剂箱

一级燃烧剂箱

横向分离
固体火箭

助推器燃烧剂箱

助推器发动机

一级发动机

图 9.12　长征二号 E 的捆绑

第十章　航天器的轨道

人造地球卫星轨道是指卫星绕地球运行的轨迹,但是从发射到回收都考虑在内,它包括发射轨道、运行轨道和返回轨道,如图 10.1 所示。

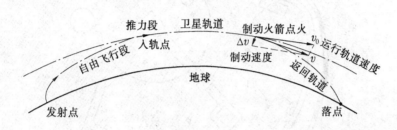

图 10.1　卫星的发射轨道、运行轨道和返回轨道

从运载火箭第一级点火到卫星入轨为止的飞行轨迹,叫做发射轨道。它由发动机工作的主动段和发动机关机靠惯性飞行的自由段组成。

从卫星入轨到结束轨道寿命,或到返回制动火箭点火时刻的卫星飞行轨迹,叫做运行轨道。

从卫星制动火箭点火到卫星再入舱降落到地面的飞行轨迹,叫做返回轨道。

10.1　人造地球卫星发射

卫星和运载火箭的研制工厂离发射场距离很远。因此卫星和运载火箭在各自研制工厂里进行单元及各分系统的测试,若没有问题,把卫星运到运载火箭的研制厂进行与运载火箭联试,符合测试细则之后,各自经铁路、公路或海运、空运至发射场。首先运入技术阵地进行水平测试,这时测试的项目基本上与在研制工厂里进行的一样。然后检查火工品,安装电爆管再经公路转运至发射阵地,如图 10.2 所示。起吊并与运载火箭对接。最后,进行各分系统(垂直状态)综合测试及与运载火箭联试,故障排除后,加注推进剂,则即处于待发状态,发射前的准备工作程序如图 10.3 所示。

10.1.1　滑行入轨

运载火箭是多级火箭,一般为两级或三级,这里以三级火箭一次入轨的卫星为例,如

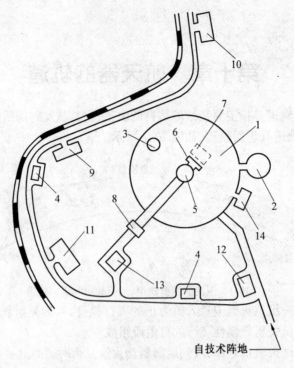

图 10.2　卫星发射阵地示意图

1—发射区；2—地下控制室；3—瞄准间；4—摄影站；5—
发射台；6—固定缆塔；7—导焰池；8—移动式装配工作
塔；9—燃料库；10—氧化剂库；11—办公楼；12—锅炉房；
13—修配间；14—地面电源供配间

图 10.4 所示。当接到指令时,第一级启动,当达到额定推力时(一般约为 1.5 G,G 为起飞重量)即离开地面,开始时速度小,以后速度逐渐变大。由于第一级火箭是在稠密大气层内飞行阻力很大,为了尽快摆脱低层大气,第一级是垂直发射的,这样经过低层大气的航程比倾斜发射的短。当第一级火箭上升到一定的高度,就按预定的程序转弯,使它慢慢转向斜上方飞行,一面加速一面增高,当第一级火箭达到预定的高度和速度后,给出关机信号,接着第二级点火,几乎同时第一级分离(热分离),待第二级分离后,第三级并不马上点火,而是靠所获得的动能沿一条与地面倾斜的轨道惯性自由飞行(图中虚线部分),火箭继续升高并转向水平,当入轨点的预定轨道相切时,第三级点火加速至轨道速度并满足方向要求之后抛掉卫星罩并与第三级分离,即卫星入轨,我国的第一颗东方红一号卫星就是这样发射的,这种发射方式叫滑行入轨。这种形式的发射用于轨道高度为 2 000 km 以下的卫星。

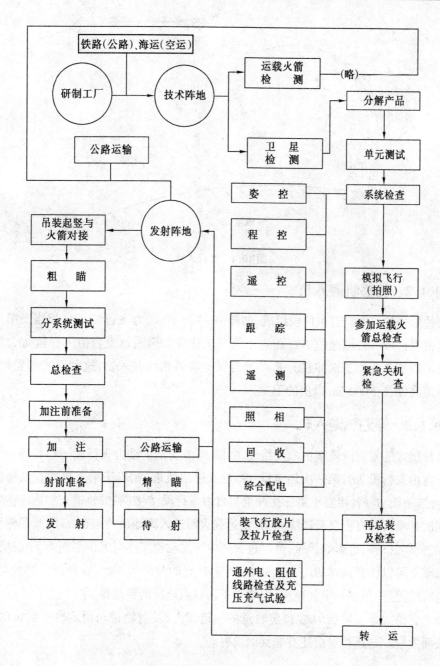

图 10.3　发射前准备工作程序

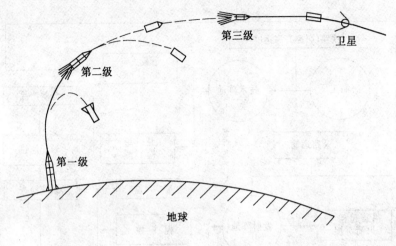

图 10.4　滑行入轨

10.1.2　转移轨道入轨

这种形式的发射轨道由四段组成,如图 10.5 所示,动力飞行段 OA(相当于第一次冲量),自由滑行段 AB,加速段 BK(相当于第二次冲量),椭圆轨道自由飞行段 KC,第二次加速段 CF(相当于第三次冲量),F 点上与预定轨道相切并入轨,这种形式的发射,用于发射轨道高度在 2 000 km 以上的卫星。

10.1.3　停泊轨道入轨

这种形式的发射段轨道由六段组成,如图 10.6 所示。动力飞行段 OA(相当于第一次冲量),自由飞行段 AB,第一次加速段 BK 进入停泊轨道(相当于第二次冲量),停泊轨道段 KB_1,加速段 B_1F_1(相当于第三次冲量),自由滑行段 F_1C(椭圆轨道),加速段 CF(相当于第四次冲量),在自由飞行段终点 B,使运载火箭进入离地面约 180 km 的圆形停泊轨道(高度过低则气动阻力影响严重,高度过高则由于发动机工作时间的限制而无法达到),在停泊轨道上可以任意选择 B_1 点,入轨点 C 与 B_1 点的角距为 180°,这种形式的发射,用于发射高轨道卫星,虽多一个加速段,但增加了入轨点选择的灵活性。

以上讨论的是发射点 O 在预定轨道的轨道面内,发射轨道与预定轨道共面的情况,叫做共面发射。与此相对应还有非共面发射。

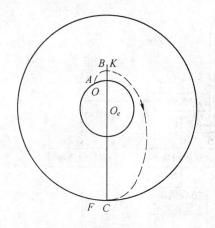

图 10.5 转移轨道入轨

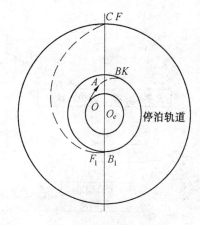

图 10.6 停泊轨道入轨

10.1.4 卫星发射有关问题

10.1.4.1 运载航道的选择

运载火箭从发射至卫星入轨所经过的发射轨道在地面上的投影称为运载航道。发射点与入轨点的星下点的连线叫航程。入轨点的选择决定于地面站的能力与其布局,并确保在本国或有可能在别国国土上可对卫星运行的第二圈作精确测轨并及时预报。

此外,运载航道应力求远离城镇,人口密度(人口数/平方公里)要小,尤其是一、二级运载火箭的落点区域人口密度要求最小,要给出落点偏差区域地理座标,在发射前,落点区域必须做好人口疏散工作。

10.1.4.2 瞄准

同枪、炮、导弹一样,为减小横向偏差,将卫星准确地送入轨道,发射前需要瞄准,以提高发射精度并确保起飞稳定。

由图 10.7 知,横向偏差近似地可写成

$$\Delta L = \Delta\gamma L$$

其中,$\Delta\gamma$—瞄准偏差角;L—航程;R—地球半径;A—发射点;S—入轨点的星下点。由上式可知,要减小横向偏差,势必要调整 $\Delta\gamma$,使其达到所要求的精度,这就是瞄准的目的。

下面简单地介绍一下瞄准的大致过程,如图 10.8 所示。

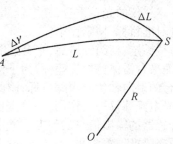

图 10.7 横向偏差

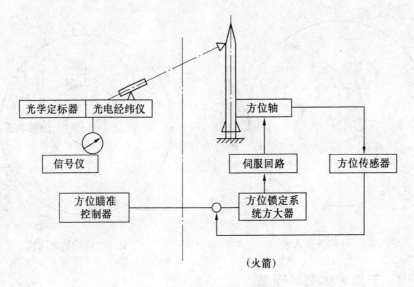

图 10.8　方位瞄准原理图

粗瞄(转动发射台):利用光学定标器的光轴所确定的参考基准方向,由光电经纬仪标定射向。光电经纬仪的光轴方向标定为发射方向的同时瞄准运载火箭仪器舱中平台的棱镜,如果光电经纬仪的光轴与平台棱镜的反射光不重合时,转动发射台进行粗瞄,当发射台转到方位偏差角的允值范围内,则粗瞄完毕,将发射台锁紧不允许再转动。发射卫星要求精度较高,只有粗瞄不能满足要求,因此必须进行精瞄以进一步提高横向精度。

精瞄(转动平台台体):精瞄就是转动平台方位轴(台体轴),使光电经纬仪光轴与平台棱镜精确对准。

当没有瞄准目标时,棱镜的反射光线和经纬仪光轴不重合,表明有偏差,由光电经纬仪的信号仪给出偏差信号,据此偏差信号,由人工操作的方位控制器给出控制信号,加到方位锁定放大器,然后通过平台稳定回路,使平台台体转动,一直到平台方位轴上棱镜反射光线与光电经纬仪的光轴重合,光电经纬仪的信号仪所指出的偏差若在允值范围内,此时平台射向轴对准目标,精瞄完毕。

平台的方位锁定:精瞄完毕后,平台还需要方位锁定。这是由于火箭和入轨点目标均随地球转动,而平台需保持惯性座标,为了使运载火箭发射前,平台始终保持发射点的大地座标,使平台的射向轴始终跟踪目标,因此必须对平台进行方位锁定。

瞄准后,光电经纬仪失去作用,平台方位靠方位角传感器来锁定。若方位发生变化,则方位角度传感器的输出信号加到方位锁定放大器,此信号重复前面所述的精瞄过程,直到方位回到原来瞄准位置为止。

此外,瞄准还涉及一个定向的问题,定向首先是确定正北方向。而对发射点,瞄准参考点及瞄准点的大地座标可以通过大地测量,天文定位,陀螺经纬仪等确定之。

整个发射过程中,在技术阵地和发射阵地所遇到的问题很多,诸如预计温度和实际气象温度之差所决定的燃料补加、安全保证、故障分析等。

10.2　中心引力场中质点的运动

质量为 m 的质点 P,在比它的质量大得多的 M 质量物体产生的引力场中运动,叫做中心力场中质点运动。由于 $M \gg m$,从而可以忽略质量 M 的物体在 P 质点引力作用下相对惯性空间产生的运动。分析卫星运行轨道时,把卫星看作质点 P,而地球看做大质量的物体。由于卫星运行轨道是在高空,于是分析运行轨道时,忽略气动阻力。

这样在运行轨道上,卫星只受地球的引力。这个引力与两个质量的乘积成正比,与两个质量质心距离 r 的平方成反比。

如图10.9所示,取地球质心 O 为原点的极坐标 (r,θ),则中心力 F 为

$$F = - Fe_r \qquad (10.1)$$

其中 e_r 是矢径方向单位长度矢量,F 是中心力标量。

$$F = \frac{GMm}{r^2} = \frac{\mu_E m}{r^2} \qquad (10.2)$$

其中 G——万有引力常数,$G = 6.672 \times 10^{-11} \, \text{N} \cdot \text{m}^2/\text{kg}^2$;
μ_E——地球重力常数,$\mu_E = GM = 3.986 \times 10^5 \, \text{km}^3/\text{s}^2$。

图中 e_θ 是垂直于矢径 r 方向的单位长度矢量。

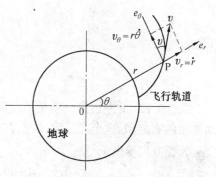

图10.9　中心力场中质点 P 的速度

根据牛顿第二定律,质点 P 的运动方程为

$$m \frac{d\boldsymbol{v}}{dt} = - Fe_r \qquad (10.3)$$

P 质点的速度为

$$\boldsymbol{v} = \dot{r} e_r + r\dot{\theta} e_\theta \qquad (10.4)$$

因此其加速度为

$$\frac{d\boldsymbol{v}}{dt} = (\ddot{r} - r\dot{\theta}^2)e_r + (2\dot{r}\dot{\theta} + r\ddot{\theta})e_\theta \qquad (10.5)$$

把式(10.2)和式(10.5)代入式(10.3)得

$$m[(\ddot{r} - r\dot{\theta}^2)e_r + (2\dot{r}\dot{\theta} + r\ddot{\theta})e_\theta] = - \frac{\mu_E m}{r^2} e_r \qquad (10.6)$$

现在把上式按 e_r 和 e_θ 两个方向分开写得

$$\ddot{r} - r\dot{\theta}^2 = -\frac{\mu_E}{r^2} \tag{10.7}$$

$$2\dot{r}\dot{\theta} + r\ddot{\theta} = 0 \tag{10.8}$$

由式(10.8)得

$$\frac{\mathrm{d}}{\mathrm{d}t}(r^2\dot{\theta}) = (2\dot{r}\dot{\theta} + r\ddot{\theta})r = 0 \tag{10.9}$$

由此得:

$$r^2\dot{\theta} = rv_\theta = H = 常数 \tag{10.10}$$

其中 v_θ 是 e_θ 方向的速度分量,H 是单位质量动量矩。

式(10.10)表明,质点在中心力场中运动时,动量矩是守恒的。

式(10.7)两边乘 $\dot{r}$ 后整理得

$$\frac{\mathrm{d}}{\mathrm{d}t}\left\{\frac{1}{2}\left[\dot{r}^2 + (r\dot{\theta})^2\right] - \frac{\mu_E}{r}\right\} = 0 \tag{10.11}$$

由此得

$$\frac{1}{2}v^2 - \frac{\mu_E}{r} = E = 常数 \tag{10.12}$$

式(10.12)的左边第一项是单位质量的动能,第二项是单位质量的位能,右边的 E 是动能和位能之和。这个式说明,质点在中心力场中运动时,能量是守恒的。

矢径方向速度 v_r 为

$$v_r = \frac{\mathrm{d}r}{\mathrm{d}t} = \frac{\mathrm{d}r}{\mathrm{d}\theta}\frac{\mathrm{d}\theta}{\mathrm{d}t}$$

由式(10.10)得 $\dfrac{\mathrm{d}\theta}{\mathrm{d}t} = \dfrac{H}{r^2}$,代入上式得

$$v_r = \frac{\mathrm{d}r}{\mathrm{d}\theta}\frac{H}{r^2} \tag{10.13}$$

e_θ 方向速度 v_θ 为

$$v_\theta = r\frac{\mathrm{d}\theta}{\mathrm{d}t} = \frac{H}{r} \tag{10.14}$$

速度平方等于 v_θ 的平方和 v_r 的平方之和

$$v^2 = v_\theta^2 + v_r^2 = \left[r^2 + \left(\frac{\mathrm{d}r}{\mathrm{d}\theta}\right)^2\right]\frac{H^2}{r^4} \tag{10.15}$$

把上式代入式(10.12)并整理得

$$\frac{\mathrm{d}r}{\mathrm{d}\theta} = r^2\sqrt{\frac{2E}{H^2} + \frac{2\mu_E}{H^2}\frac{1}{r} - \frac{1}{r^2}} \tag{10.16}$$

用分离变量法积分得(参阅附录二)

$$r = \frac{l}{1 + e\cos\theta} \qquad (10.17)$$

其中 $l = \dfrac{H^2}{\mu_E}$ 为半正焦弦。

$$e = \sqrt{1 + \frac{2EH^2}{\mu_E^2}} \quad \text{——为偏心率} \qquad (10.18)$$

式(10.17)是质点在中心力场中运动轨迹方程。表示运动轨迹是以坐标原点为焦点的圆锥曲线。

当 $\theta = \pm\dfrac{\pi}{2}$ 时,r 等于 l。

轨道形状由 e 确定:

$e = 0$ 时轨道为圆。

$0 < e < 1$ 时轨道为椭圆。

$e = 1$ 时轨道为抛物线。

$e > 1$ 时轨道为双曲线。

当 $e < 1$ 时,轨道闭合,叫循环轨道。开普勒(参阅附录三)指出,所有行星都以太阳为焦点的椭圆轨道上运行,这叫做开普勒第一定律。

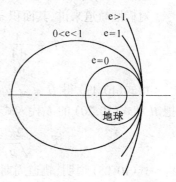

图 10.10　偏心率与轨道形状

循环轨道的几个参数之间的关系如下

$$a = \frac{l}{1 - e^2} \text{—— 长半轴} \qquad (10.19)$$

$$b = a\sqrt{1 - e^2} \text{—— 短半轴} \qquad (10.20)$$

$$r_p = a(1 - e) \text{—— 近地点距离} \qquad (10.21)$$

$$r_a = a(1 + e) \text{—— 远地点距离} \qquad (10.22)$$

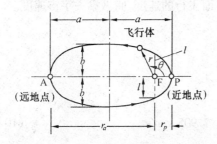

图 10.11　循环轨道参数

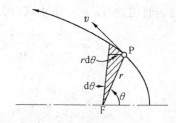

图 10.12　dt 时间内扫过的面积

轨道周期：

航天器在循环轨道上飞行一周的时间叫做轨道周期，以 T 表示。

在 dt 时间内，矢量 r 扫过的面积以 dA 表示。

$$dA = \frac{1}{2} r^2 d\theta$$

所以单位时间内扫过的面积为

$$\frac{dA}{dt} = \frac{1}{2} r^2 \frac{d\theta}{dt} = \frac{1}{2} H \tag{10.23}$$

式(10.23) 表示，单位时间内扫过的面积为常数，这是开普勒第二定律。

对椭圆轨道来讲，其面积 πab，则轨道周期为

$$T = \frac{A}{\dfrac{dA}{dt}} = \frac{2\pi ab}{H} \tag{10.24}$$

由式(10.17) 得 $H = \sqrt{\mu_E l}$。由式(10.19) 得 $l = a(1 - e^2)$，这个 l 代入前一个式中，把 H 和式(10.20) 的 b 代入式(10.24) 得

$$T = \frac{2\pi}{\sqrt{\mu_E}} a^{\frac{3}{2}} \tag{10.25}$$

式(10.25) 说明，轨道周期与轨道长半轴的二分之三次方成正比，这是开普勒第三定律。

所有天体，即人造的和自然的天体的运行都服从开普勒三定律。

10.3　三个宇宙速度和地球静止轨道卫星发射速度

10.3.1　第一宇宙速度 v_1

忽略大气阻力的情况下，一个物体沿地球表面飞行的速度，叫做第一宇宙速度。

这是圆轨道，所以 $e = 0$，由式(10.17) 得

$$R = \frac{H^2}{\mu_E} = \frac{R^2 v_\theta^2}{\mu_E}$$

由此得

$$v_1 = v_\theta = \sqrt{\frac{\mu_E}{R}} = 7.905 \text{ km/s} \tag{10.26}$$

其中 $R = 6\ 378$ km —— 地球半径。

在考虑大气阻力的情况下，若运载火箭能够把航天器加速到大于 v_1 的速度，则可能

发射航天器,否则没有能力发射,所以第一宇宙速度,标志着发射航天器所需要的最低限速度。

10.3.2　第二宇宙速度 v_2

在地球表面上发射航天器,使它脱离地球引力场所需要的最小速度。

根据以上定义,在发射点上有如下关系

$r = R, e = 1, \theta = 0$,把这些值代入式(10.17)得

$$v_2 = \sqrt{\frac{2\mu_E}{R}} = \sqrt{2} v_1 = 11.18 \text{ km/s} \tag{10.27}$$

用这个速度发射的航天器,脱离地球引力场,但是没有脱离太阳引力场,于是它将变成人造行星。

10.3.3　第三宇宙速度 v_3

地球上发射一个航天器,使它脱离太阳引力场所需要的最小速度。

经过类似于求 v_2 时的分析,可以直接写出从地球轨道上脱离太阳引力场所需要的最小速度 v_{S2} 为

$$v_{S2} = \sqrt{\frac{2\mu_s}{R_s}} = 42.14 \text{ km/s} \tag{10.28}$$

其中 μ_s 为太阳重力常数; R_s 为地球质心到太阳质心的距离

经过类似于求 v_1 时的分析,可以直接写出地球公转速度 v_E 为

$$v_E = \sqrt{\frac{\mu_s}{R_s}} = 29.797 \text{ km/s} \tag{10.29}$$

航天器脱离太阳引力场,相对地球需要增加的速度 $v_{S2/E}$ 为

$$v_{S2/E} = v_{S2} - v_E = 12.343 \text{ km/s} \tag{10.30}$$

利用式(10.12),取 $v = v_3, r = R, E = \dfrac{v_{S2/E}^2}{2}$

即

$$\frac{v_3^2}{2} - \frac{\mu_E}{R} = \frac{v_{S2/E}^2}{2} \tag{10.31}$$

式(10.31)表示能量关系,即在地球上发射速度是 v_3 的话,则保证航天器具有 $v_{S2/E}$ 速度,能脱离太阳引力场。

解式(10.31)得 v_3

$$v_3 = \sqrt{v_{S2/E}^2 + \frac{2\mu_E}{R}} = 16.65 \text{ km/s} \tag{10.32}$$

以 v_3 速度发射的航天器能脱离太阳系,飞到太阳系以外的天体。但是飞行距离远而

且 $v_{S2/E}$ 速度还不够快,飞行的时间太长,于是采用借助行星引力场加速的办法,即引力变轨的方法,缩短飞行时间。

10.3.4　地球静止轨道卫星发射速度 v_4

地球静止轨道半径为 r_4 可以由式(10.25)求它的运行轨道周期 T

$$T = \frac{2\pi}{\sqrt{\mu_E}} r_4^{\frac{3}{2}} \tag{10.33}$$

由于地球静止轨道运行周期为一天,所以 $T = 24 \times 3\,600$ s

由上式求得 $r_4 = 42\,255.364$ km

地球静止轨道运行速度 v_{4c} 为

$$v_{4c} = \frac{2\pi r_4}{T} = 3.071 \text{ km/s} \tag{10.34}$$

用式(10.12)可写出如下方程

$$\frac{v_4^2}{2} - \frac{\mu_E}{R} = \frac{v_{4c}^2}{2} - \frac{\mu_E}{r_4} \tag{10.35}$$

由上式求得 v_4 为

$$v_4 = \sqrt{2\left(\frac{v_{4c}^2}{2} + \frac{\mu_E(r_4 - R)}{R\,r_4}\right)} = 10.77 \text{ km/s} \tag{10.36}$$

这个速度与第二宇宙速度相比只差 0.41 km/s。

哪一个国家能发射地球静止轨道卫星,这个国家就具备了发射脱离地球引力场航天器的能力。

10.3.5　环绕速度和轨道周期之间的关系

离地面 h 高的圆轨道上的飞行速度 v_c 叫做环绕速度。由于轨道是圆轨道,所以 $e = 0$。由式(10.17)得

$$R + h = \frac{(R + h)^2 v_c^2}{\mu_E} \tag{10.37}$$

由上式得 v_c

$$v_c = v_1 \sqrt{\frac{1}{1 + h/R}} \tag{10.38}$$

由式(10.25)得轨道周期 T

$$T = \frac{2\pi}{\sqrt{\mu_g}} R^{\frac{3}{2}} \left(1 + \frac{h}{R}\right)^{\frac{3}{2}} \tag{10.39}$$

以 h/R 为横坐标, v_c 和 T 在纵坐标上取值,则 v_c 和 T 曲线如图 10.13 所示。

【练习题1】　已知我国"东方红一号"卫星的近地点高度为 $h_p = 439$ km，远地点高度为 $h_a = 2\,384$ km，设地球是半径 $R = 6\,378$ km 的球体，试求卫星的轨道方程。

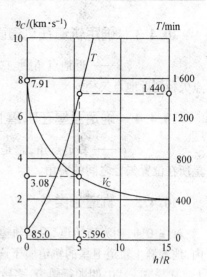

图 10.13　h/R 与 v_C、T 的关系

解：卫星在近地点 $\theta = 0$，于是由式(10.17)得

$$R + h_p = \frac{l}{1 + e} \tag{1}$$

卫星在远地点 $\theta = \pi$，于是由式(10.17)得

$$R + h_a = \frac{l}{1 - e} \tag{2}$$

把式(1)、(2)联立解得

$$e = \frac{h_a - h_p}{2R + h_p + h_a} \tag{3}$$

$$l = \frac{2(R + h_p)(R + h_a)}{2R + h_p + h_a} \tag{4}$$

把给定的数值代入式(3)、(4)得

$$e = 0.124\,85,\ l = 7\,668.085\,3 \text{ km}$$

把 e 和 l 的数值代入式(10.17)得解

$$r = \frac{7\,668.085\,3}{1 + 0.124\,85 \cos \theta} \tag{5}$$

10.4　人造地球卫星轨道根数

确定卫星的空间位置所需要的参数叫做轨道根数。

10.4.1　确定轨道平面位置的根数

Ω——升交点赤经，它是从春分点到升交点之间的夹角。

i——轨道倾角，它是赤道面和轨道面之间的夹角。

10.4.2　确定轨道形状的根数

a——轨道长半轴。

e——轨道偏心率

10.4.3　确定轨道在轨道面内位置的根数

ω—— 近地点角距。它是轨道面上,从升交点矢径到近地点矢径的夹角。

10.4.4　确定卫星在轨道上位置的根数

θ—— 真近点角,它是近地点和卫星所在位置矢径之间的夹角。

10.4.5　轨道分类

$i = 0°$ 时叫赤道轨道,卫星轨道在赤道平面内,地球静止轨道卫星的轨道属于这种轨道。

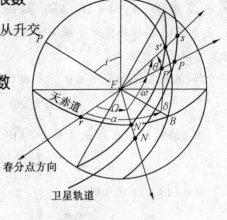

图 10.14　轨道根数

$0° < i < 90°$ 叫顺行轨道,多数卫星采用这种轨道,因为它可以利用地球自转速度,从而节省发射需要的能量,而且可以覆盖任务规定的区域,轨道倾角大则覆盖区域大。

$i = 90°$ 叫极轨道,在极轨道上,卫星可以观测整个地球,因此地球资源卫星、全球侦察卫星采用这种轨道。

$i > 90°$ 叫逆行轨道,由于地球自转速度起负作用,发射需耀的能量增加,因此一般不采用这种轨道,但是太阳同步轨道,采用逆行轨道。

太阳同步轨道,它的轨道倾角 i 为 $96° < i < 100°$,它是近极逆行轨道。这个轨道的升交点赤径变化率 $\dot{\Omega}$ 与太阳周年视运动同步,这样卫星到达同一个星下点时光照一样,照相得到的图片好判别。

10.5　轨道控制

射入预定轨道的航天器,长时间受月球、太阳、行星的引力;太阳风和辐射压力;稀薄大气阻力等干扰力的作用。从而使航天器偏离预定轨道。因此需要控制航天器的轨道,使航天器回到预定的轨道。轨道控制是通过调节火箭发动机推力方向和火箭发动机工作时间来实现。轨道控制,可以分为轨道面内轨道的控制和轨道面的控制。

10.5.1　轨道面内轨道控制

航天器的飞行轨道和目标轨道在同一个平面内时,改变航天器的飞行速度的大小和方向,由原轨道转移到目标轨道,叫做同轨道面内轨道控制。

当原来轨道和目标轨道相交时,在交点上控制发动机推力方向和工作时间,使航天器在此点上由原轨道速度,改变到目标轨道速度即可。如图 10.15 所示,交点 a 上原轨道速度 v_{a1},目标轨道速度 v_{a2},只要加 $\Delta v_a = v_{a2} - v_{a1}$,则速度由 v_{a1} 改变到 v_{a2},为此发动机推力方向要控制到 Δv_a 方向。航天器的质量以 M 表示,发动机推力以 P 表示,则根据动量原理,发动机工作时间 Δt 为

$$\Delta t = \frac{M}{P}\Delta v_a \tag{10.40}$$

当原轨道和目标轨道不相交时,发动机两次工作才能达到轨道控制的目的。如图 10.15 所示,在飞行轨道的 a 点上,发动机点火给航天器一个冲量,使航天器速度由 v_{a1} 改变到 v_{a2},则脱离原轨道①,转入转移轨道②,这个转移轨道设计成在 b 点上与目标轨道相切。在 b 点发动机又一次点火,使航天器脱离转移轨道,转移到目标轨道③,这个转移轨道是椭圆轨道。这种控制方法叫做霍曼轨道转移,其特点是能量最省。

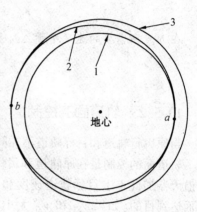

图 10.15　面内轨道控制

【练习题 1】　设飞行轨道①是半径 r_1 的圆轨道,目标轨道②是近地点距离 r_1,远地点距离 r_2 的椭圆轨道。试求在切点 a 上转入②转移轨道,所需要的速度增量(见图 10.15)。

解:在 a 点上①轨道速度 v_{a1},由式(10.17)求得

$$v_{a1} = \sqrt{\frac{\mu_E}{r_1}} \tag{1}$$

在已知 r_1、r_2 的情况下,由式(10.17)可求出②轨道的偏心率 e

$$e = \frac{r_2 - r_1}{r_1 + r_2} \tag{2}$$

由式(10.17),求出②轨道在 a 点的速度 v_{a2}

$$v_{a2} = \sqrt{\frac{2r_2\mu_E}{r_1(r_1 + r_2)}} \tag{3}$$

于是可求出所需要的速度增量 Δv_{a2}

$$\Delta v_{a2} = v_{a2} - v_{a1} = \sqrt{\frac{\mu_E}{r_1}}\left(\sqrt{\frac{2r_2}{r_1 + r_2}} - 1\right) \tag{4}$$

【练习题 2】　设飞行轨道①是半径 r_1 的圆轨道,目标轨道③是半径 r_2 的圆轨道,要求航天器从①轨道转移到③轨道。试求在 a、b 两点上所需要的速度增量(见图 10.15)。

解：练习题 1 的 ② 轨道作为转移轨道，则此题的 Δv_{a2} 就是，a 点的速度增量。

在 b 点上，③ 轨道的速度由式（10.17）求得

$$v_{b3} = \sqrt{\frac{\mu_E}{r_2}} \tag{1}$$

在练习题 1 中已求出 ② 轨道的偏心率 e，于是由式（10.17），可求轨道 ② 在 b 点上的速度 v_{b2}

$$v_{b2} = \sqrt{\frac{2r_1\mu_E}{r_2(r_1 + r_2)}} \tag{2}$$

在 b 点所需要的速度增量 Δv_b 是 v_{b3} 和 v_{b2} 的差值即

$$\Delta v_b = \sqrt{\frac{\mu_E}{r_2}}\left(1 - \sqrt{\frac{2r_1}{r_1 + r_2}}\right) \tag{3}$$

10.5.2　轨道面的控制

当原飞行轨道和目标轨道不在同一个平面内，则需要控制轨道面。

轨道面的控制是在原轨道和目标轨道交点上，给航天器加此点上目标轨道速度和原轨道速度差值而达到目的。如果 v_{a2} 和 v_{a1} 大小相等而方向不同，则原轨道和目标轨道的大小和形状保持不变，否则大小和形状会改变。如果两个轨道交点 a 是原轨道的升交点的话，则目标轨道升交点赤经不变而只改变轨道倾角。

10.5.3　交会对接

如空间站发射到其轨道上，过一段时间需要给空间站乘员送食品等补给品和空间站需要的燃料等其他补给品，同时需要把空间站里试验过的东西等带回地面。一般用飞船或航天飞机执行此任务，为此空间站和飞船或航天飞机交会对接才能完成此任务。

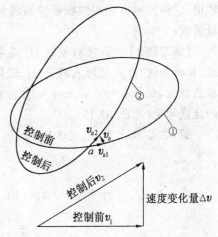

图 10.16　轨道面控制

两个航天器，在空间某一点上会合叫做交会，两个航天器连结成一体叫做对接，为了对接需要先交会。

如图 10.17 所示，交会可采用如下三种方法。

10.5.3.1　用运载火箭直接交会

用运载火箭发射航天器，在航天器的入轨点上，与目标航天器直接交会。如果采用这

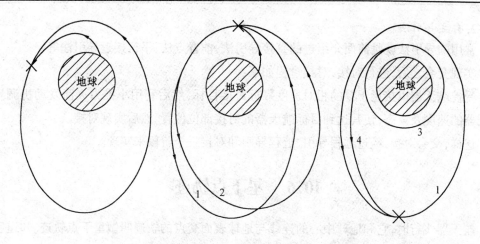

图 10.17　三种交会方案

×－交会点；1－目标卫星轨道；2－交会位置调节轨道；3－停泊轨道；4－转移轨道

种方法，交会所需要的时间短，又可以节省航天器的燃料。但是为了在入轨点上交会，发射时间必须准确才行。由于发射准备工作很复杂，很难满足准确的时间要求，所以一般不采用这种方法。

10.5.3.2　用交会位置调节轨道交会

把航天器射入与目标航天器轨道相切的轨道上。如果切点上不能交会，则在切点上给航天器一个速度增量。使它转移到在切点上与目标航天器交会的轨道上。如果这一次不能交会，则等一下次交会的时间，需要等的时间很长，因此这个方法也不适用。

10.5.3.3　用停泊轨道交会

先把航天器射入与目标航天器轨道面内的圆轨道上这个轨道叫做停泊轨道。从停泊轨道转到转移轨道，在转移轨道与目标航天器轨道相切点上实现交会。这个转移轨道采用赫曼轨道，因此最省燃料，这是实际采用的交会方法。为此，由地面站对目标航天器与受控航天器的轨道参数进行准确的测定与计算，选定最优过渡轨道及起飞时间和位置，使受控航天器脱离停泊轨道，飞向目标航天器，以上过程是远程导引阶段。

1. 轨道导引法

采用这种导引法首先必须知道目标航天器的轨道参数，并在受控航天器上带有确定自身与目标的相对运动参数的设备和计算机。可采用脉冲控制或持续控制方式来实现。脉冲控制简单，燃料消耗少，但误差大；持续控制若采用最优导引律，则可按给定性能指标最优来实现，如燃料消耗最少、过程时间最短、位置误差最小等或是它们之间的折衷。

2. 自主导引法

常用的导引法就是前面介绍过的直接导引法、前置点法、平行接近导引法等。

实现交会之后,进行对接,对接过程如下:

受控航天器以接近于零的相对速度靠近对接目标,然后利用小推力火箭发动机调整航天器的速度及姿态,使其达到目标航天器的对接部位位置,然后实现对接。

这样,交会对接,经过远程导引、近程导引和对接三个阶段来实现。

10.6　星下点轨迹

航天器飞行时,它和地球中心的连线与地球表面交点的轨迹叫做星下点轨迹。知道了星下点轨迹,就确切地知道航天器在什么时候经过什么地区、哪个城市上空,以利于进行观测预报。

10.6.1　地球的自转与经纬度

地球绕太阳公转的同时自转,公转一周为一年约 365.25 天。地球相对太阳自转一周的时间就是生活中的一天,在天文学上叫做一个太阳日。

图 10.18　地球的自转轴

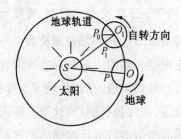

图 10.19　地球的自转和公转

如图 10.19 所示,地球只有自转的话,自转一周时 P 点到 P_0 点,但是由于公转 P 点到 P_1 点。

由于公转一天内转动的角度为

$$\angle P_0 O P_1 = \frac{360°}{365.25} = 0.985\ 6°$$

所以地球相对太阳一天内转过的角度是 360.985 6°,地球相对太阳自转角速度为

$$\omega = \frac{360.985\ 6°}{24 \times 60\ \text{min}} = 0.250\ 68(°)/\text{min}$$

地球相对其自转轴自转一周的时间(恒星日) 为

$$\tau = 24 \times \frac{360°}{360.985\ 6°} = 23.095\ \text{h}$$

通过地球中心 O 作一平面,垂直于自转轴,此平面与地球表面的交线称为赤道。作一个直角坐标系 $O—XYZ$,如图 10.20 所示。

取 $QQ_1 \perp$ 赤道平面。角 $\angle XOQ_1 = \sigma$ 称为经度,角 $\angle Q_1OQ = \varphi$ 称为纬度。

纬度的变化范围为

$$-90° \leqslant \varphi \leqslant 90°$$

$\varphi = 0°$ 在赤道,$\varphi = 90°$ 在北极,$\varphi = -90°$ 在南极。$0° < \varphi < 90°$ 在北半球,称为北纬,$-90° < \varphi < 0°$ 在南半球,称为南纬。

经度变化范围为 $-180° \leqslant \sigma \leqslant 180°$,$0° \leqslant \sigma \leqslant 180°$ 在东半球,称为东经,$-180° \leqslant \sigma \leqslant 0°$ 在西半球,称为西经。

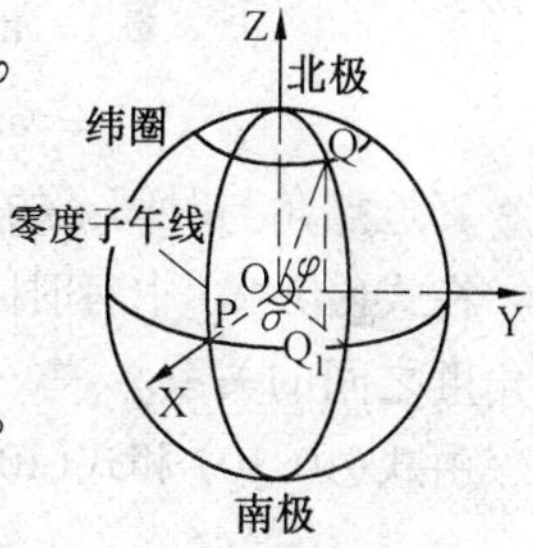

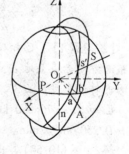

图 10.20　经度与纬度

10.6.2　星下点轨迹

图 10.21 中 P 点是赤道上经度零点,S' 是航天器的星下点,a 是升交点的星下点,b 是星下点经线与赤道的交点。

$\angle POa = \sigma_0$　升交点经度。

$\angle POb = \sigma$　星下点经度。

图中 n 是轨道近地点的星下点。

$\angle noa = \theta_0$　升交点真近点角。

$\angle nos' = \theta$　航天器的真近点角。

$\angle bos' = \varphi$ 航天器的纬度。

图 10.21　星下点轨迹

轨道面和赤道面的夹角即轨道倾角以 i 表示。由图 10.22 看出:

$$S'D = R\sin \varphi = R\sin (\theta - \theta_0)\sin i \tag{10.41}$$

所以
$$\varphi = \arcsin \left[\sin (\theta - \theta_0)\sin i\right] \tag{10.42}$$

$$CD = R\sin (\theta - \theta_0)\cos i = R\cos (\theta - \theta_0)\text{tg} (\sigma - \sigma_0) \tag{10.43}$$

所以
$$\sigma - \sigma_0 = \text{arctg} \left[\cos i\text{tg} (\theta - \theta_0)\right] \tag{10.44}$$

现在考虑地球的自转影响,航天器从 n 飞到 S' 时间为 t,星下点 S' 的经度记为 σ_e,纬度记为 φ_e。在 t 时间内,由于地球自转星下点往西移 ωt 而纬度不变。所以有如下关系

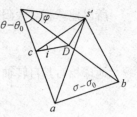

$$\varphi_e = \varphi \tag{10.45}$$

$$\sigma_e = \sigma - \sigma_0 - \omega t + \sigma_0 \tag{10.46}$$

把式(10.42)代入式(10.45),又把式(10.44)代入式(10.46)得星下点经纬度如下:

图 10.22　星下点轨迹

$$\varphi_e = \arcsin\left[\sin(\theta - \theta_0)\sin i\right] \tag{10.47}$$

$$\sigma_e = \operatorname{arctg}\left[\cos i \operatorname{tg}(\theta - \theta_0)\right] - \omega t + \sigma_0 \tag{10.48}$$

真近点角与时间 t 的关系

在式(10.48)中有时间 t,如果求到真近点角与 t 的关系之后,代入式(10.48)则得几个角度之间的关系。

由式(10.10)和式(10.17)得

$$\frac{\mathrm{d}t}{\mathrm{d}\theta} = \frac{l^{\frac{3}{2}}}{\mu_E^{\frac{1}{2}}(1 + e\cos\theta)^2} \tag{10.49}$$

把这个式积分得

$$t = \frac{l^{\frac{3}{2}}}{\mu_E^{\frac{1}{2}}}\left[\frac{2}{(1 - e^2)^{\frac{3}{2}}}\operatorname{arctg}\frac{(1 - e)\operatorname{tg}\dfrac{\theta}{2}}{(1 - e^2)^{\frac{1}{2}}} - \frac{e}{1 - e^2}\frac{\sin\theta}{1 + e\cos\theta}\right] \tag{10.50}$$

【练习题1】　已知我国第一颗人造卫星在 1970 年 4 月 29 日 19 时 43.8 分,从西北飞经东南方向赤道某地 a 点上空(降交点),它恰为近地点。其经度约 $\sigma_0 = 134.3°$ 问在轨道平面内转过角度 $\theta = 37.15°$ 时,是什么时间?处于何地上空?

已知 $l = 76\,680$ km,$e = 0.124\,85$,$\mu_E = 1.434\,970\,8 \times 10^9$ km^3/min^2,$i = 68°$,$\omega = 0.250\,68(°)/$min。

解:由式(10.50)算出　$\theta = 37.15°$ 处的飞行时间 t

$$t = 36.296\,6 \cdot \operatorname{arctg}\left(0.878\,6 \cdot \operatorname{tg}\frac{\theta}{2}\right) - 2.248\,1 \times \frac{\sin\theta}{1 + 0.124\,85\cos\theta} = 9.21 \text{ min} \tag{1}$$

因此时间为 4 月 29 日 19 时 53.01 分。

把给定数值和已知数据和算出的时间 t 值代入式(10.47)和式(10.48)得星下点经纬度,得

$$\varphi_e = -\arcsin\left[\sin 37.15° \cdot \sin 68°\right] = -34.05° \tag{2}$$

$$\sigma_e = 134.3° - 0.250\,68 \times 9.21 + \operatorname{arctg}(\cos 68° \cdot \operatorname{tg} 37.15°) = 147.84° \tag{3}$$

(2)式右边负号表示,卫星已过降交点进入南半球。

　　根据算出的星下点经纬度,从地图上可查出此点附近的大城市有墨尔本($\sigma = 144.9°$, $\varphi = - 37.8°$)因此在4月29日19时53.01分,卫星将通过墨尔本附近上空。

　　【练习题2】　根据1970年4月29日人民日报报道,当天19时34分,我国第一颗人造卫星飞经青岛上空,另外已知近地点约处于降交点、问从青岛至近地点需要多少时间?近地点的经度 σ_0 为多少?

　　解　　从地图上查到,青岛纬度约 $\varphi_e = 36.1°$,经度 $\sigma_e = 120.4°$,于是已知 φ_e 、 σ_e ,求 θ 、 t 和 σ_0 。

　　由式(10.47)可求 θ 角即

$$36.1° = \arcsin (\sin 68° \cdot \sin \theta) \tag{1}$$

由(1)式求得 $\theta = 369.455°$

　　由式(10.50)求出 t

$$t = 36.2966 \cdot \operatorname{arctg} 0.876 \operatorname{tg} 19.645 - 2.248\ 1 \times \frac{\sin 29.291}{1 + 0.124\ 85 \cdot \cos 29.291} = - 9.73\ \text{min} \tag{2}$$

这里负表示到近地点时青岛已飞过去。

　　由式(10.48)可算出 σ_0

$$120.4° = \sigma_0 - 0.250\ 68 \times (- 9.73) + \operatorname{arctg} [\cos 68.5 \cdot \operatorname{tg} (- 39.91)] \tag{3}$$

由上式算出 $\sigma_0 = 134.65°$

10.7　轨道摄动

　　以上讨论的卫星轨道根数是一种理想情况,是当地球(或其他天体)为均质圆球,因而引力指向球心,卫星在中心力场中运动,而且没有考虑其他天体对它的影响的情况下的轨道根数。实际上地球并非理想的均质圆球,而是一个椭球体;在高空虽然大气已很稀薄,但仍有少量大气存在。在卫星轨道的高度很大时月球的影响不可忽视,以及地球磁场的作用等诸种因素的影响,使卫星的运动不再是开普勒轨道运动。其轨道根数每时每刻都在变化,从而产生相对于开卜勒轨道的偏离,这种偏离现象称为摄动。

10.7.1　地球扁率的摄动

　　地球扁率的影响主要是对卫星运动的角动量产生一附加力矩,在此力矩作用下使卫星轨道平面绕地球自转轴进动,进动角速度与附加力矩成正比。地球扁率对卫星运动的另一影响是使椭圆轨道半长轴在轨道平面内均匀转动,因而引起近地点的移动。

10.7.2　大气阻力的摄动

　　高空仍然存在着稀薄大气,由于大气阻力的长期作用使卫星运动速度减小,从而使椭

圆轨道的长半轴 a 及偏心率 e 减小,轨道逐渐变圆。卫星在改变轨道的过程中,远地点迅速下降,而近地点高度下降很慢,在一段时间内甚至可以认为几乎不变。当近地点高度下降到某一临界高度后,大气阻力急剧增加,以致不能完成下一周的飞行,而沿螺旋线急剧下降,最后坠毁在稠密大气层中,轨道变化情况见图 10.23。

通常将运行周期为 86.5 ~ 87.7 min,高度为 110 ~ 120 km 的圆轨道称为临界轨道,相应的高度称为临界高度。因而要求作长时间运行的卫星其近地点高度应该比临界高度大得多。

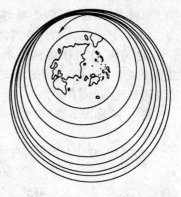

图 10.23　大气对卫星轨道的影响

10.7.3　月球引力的摄动

月球对卫星的摄动力是由月球对卫星的引力加速度与月球对地球的引力加速度之差而产生的。这种摄动对低轨道卫星影响很小,对高轨道卫星这种摄动影响十分可观。对于大偏心率的椭圆轨道,这种摄动影响尤为严重,特别是在远地点区域。

其他的摄动还有太阳辐射压,潮汐作用,地球引力异常,地磁场等等。其影响都比较小。

10.7.4　人造地球卫星的寿命

卫星从发射入轨到陨落的时间间隔称为卫星的运行寿命。地球的扁率只对卫星的轨道平面及椭圆轨道的半长径的转动产生影响,它不影响卫星近地点高度的变化,对卫星寿命不产生影响。因而对低轨道卫星的寿命主要是受空气阻力的影响。对高轨道卫星,由于不存在空气阻力影响,则可以无限期运行。

卫星从入轨到失去完成预定任务的能力的时间间隔称为卫星的有效工作寿命,它取决于卫星上的设备、元器件的可靠性和使用寿命。一般比运行寿命要短。

根据摄动理论和实际观测资料得到的估计卫星运行寿命的近似公式为

$$t_L = - \frac{3 e_0 T_0}{4\left(\dfrac{\mathrm{d}T}{\mathrm{d}t}\right)_0} \tag{10.48}$$

式中,$\left(\dfrac{\mathrm{d}T}{\mathrm{d}t}\right)_0$ 为初始时刻轨道周期的变化率,可根据观测资料得到;e_0 为初始时刻轨道的偏心率;T_0 为初始时刻卫星的轨道周期。

若初始时刻选的不是入轨时刻,而是卫星运行中的某一特定时刻,则运行寿命 t_L 是从该时刻算起尚能执行任务的时间。

第十一章　航天器的姿态动力学与控制

为了轨道控制需要把发动机推力方向调到所需要的方向,为了执行任务卫星上的仪器需要向某个天体定向,为执行不同的任务,卫星需要由一种姿态转移到另一个姿态,这种过程叫做姿态机动。为了实现对接,两个航天器对接口轴线对准而且要求对接口平行是必要的,航天器刚入轨时,由于各种原因其姿态是随机的,为了执行任务,必须把姿态调到所需要的姿态,这个过程叫做姿态捕获。

这些过程都要求对航天器的姿态进行控制。

11.1　姿态运动学

一个物体上的坐标与另一个物体上的坐标之间的相对角位置关系叫做姿态。

姿态运动学研究一个物体姿态运动状态的几何关系。只包含时间与空间两个因素。

11.1.1　坐标系

为了研究姿态运动,先需要规定几个坐标系。

1.地心惯性坐标系 $E - X_1Y_1Z_1$

动力学的研究是以牛顿定律为出发点,而牛顿定律是以惯性空间为基准,因此选地心为原点的惯性坐标系,如图11.2所示,X_1 指向春分点,X_1、Y_1 轴在赤道面内,Z_1 指向北极。

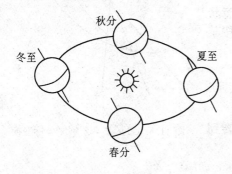

图 11.1　四季

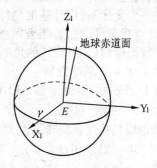

图 11.2　地心惯性坐标系

2.轨道坐标系 $O - X_0 Y_0 Z_0$

轨道坐标系是由轨道平面所确定的坐标系。轨道平面是由卫星质心到地心的矢量与卫星速度向量所确定的平面。

轨道坐标系原点在轨道的任意点上,Z_0 轴指向地心,Y_0 垂直于轨道平面,X_0 轴在轨道面内指向飞行方向垂直于 Z_0,这三个轴形成右手坐标系。

3.卫星体坐标系 $O - xyz$

卫星体坐标系固连在卫星上,其原点在卫星质心 O,x 轴沿卫星纵轴指向飞行方向称为滚动轴,y 轴垂直于轨道面称为俯仰轴,z 轴指向地心方向称为偏航轴。

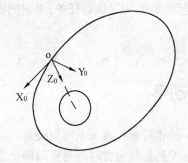 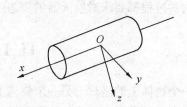

图 11.3　轨道坐标系　　　　　　图 11.4　体坐标系

11.1.2　坐标变换

卫星的姿态可以用卫星体坐标系 $O - xyz$ 相对某个基准坐标系的关系来确定,而基准坐标系由卫星所要完成的任务来确定。绝大多数对地定向的卫星,选取轨道坐标系作为基准坐标系。

如果一个坐标系,相对基准坐标系处于任意状态,这个任意状态可以由基准坐标系的三个轴按某种顺序旋转而得到,这种旋转的角叫做欧拉角。

按 $Z - X - Z$ 顺序旋转

如图 11.5 所示,基准坐标系以 $O - XYZ$ 表示,体坐标系以 $O - xyz$ 表示。

绕 Z 轴以角速度 $\dot\psi$ 旋转 ψ 角时,$O - XYZ$ 转到 $O - x'y'z'$。$O - XYZ$ 和 $O - x'y'z'$ 的关系为

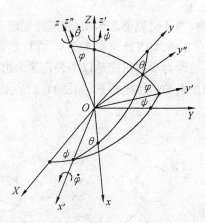

图 11.5　$Z - X - Z$ 顺序坐标变换

$$\begin{Bmatrix} x' \\ y' \\ z' \end{Bmatrix} = \begin{bmatrix} \cos\psi & \sin\psi & 0 \\ -\sin\psi & \cos\psi & 0 \\ 0 & 0 & 1 \end{bmatrix} \begin{Bmatrix} X \\ Y \\ Z \end{Bmatrix} \tag{11.1}$$

绕 x' 轴以角速度 $\dot{\varphi}$ 旋转 φ 角时,$O-x'y'z'$ 转到 $O-x''y''z''$,它们之间的关系为

$$\begin{Bmatrix} x'' \\ y'' \\ z'' \end{Bmatrix} = \begin{bmatrix} 1 & 0 & 0 \\ 0 & \cos\varphi & \sin\varphi \\ 0 & -\sin\varphi & \cos\varphi \end{bmatrix} \begin{Bmatrix} x' \\ y' \\ z' \end{Bmatrix} \tag{11.2}$$

绕 z'' 轴以角速度 $\dot{\theta}$ 旋转 θ 角时,$O-x''y''z''$ 转到 $O-xyz$,它们之间的关系为

$$\begin{Bmatrix} x \\ y \\ z \end{Bmatrix} = \begin{bmatrix} \cos\theta & \sin\theta & 0 \\ -\sin\theta & \cos\theta & 0 \\ 0 & 0 & 1 \end{bmatrix} \begin{Bmatrix} x'' \\ y'' \\ z'' \end{Bmatrix} \tag{11.3}$$

把式(11.2)代入式(11.3),再把式(11.1)代入而得到 $O-XYZ$ 与 $O-xyz$ 之间的变换矩阵 $[\alpha]$

$$\begin{Bmatrix} x \\ y \\ z \end{Bmatrix} = \begin{bmatrix} \cos\theta & \sin\theta & 0 \\ -\sin\theta & \cos\theta & 0 \\ 0 & 0 & 1 \end{bmatrix} \begin{bmatrix} 1 & 0 & 0 \\ 0 & \cos\varphi & \sin\varphi \\ 0 & -\sin\varphi & \cos\varphi \end{bmatrix} \begin{bmatrix} \cos\psi & \sin\psi & 0 \\ -\sin\psi & \cos\psi & 0 \\ 0 & 0 & 1 \end{bmatrix} \begin{Bmatrix} X \\ Y \\ Z \end{Bmatrix}$$

$$= \begin{bmatrix} \cos\theta\cos\psi - \sin\theta\sin\psi\sin\varphi & \cos\theta\sin\psi + \sin\theta\cos\psi\cos\varphi & \sin\theta\sin\varphi \\ -\sin\theta\cos\psi - \cos\theta\cos\varphi\sin\psi & -\sin\theta\sin\psi + \cos\theta\cos\psi\cos\varphi & \cos\theta\sin\varphi \\ \sin\psi\sin\varphi & -\sin\varphi\cos\psi & \cos\varphi \end{bmatrix} \begin{Bmatrix} X \\ Y \\ Z \end{Bmatrix}$$

$$= [a] \begin{Bmatrix} X \\ Y \\ Z \end{Bmatrix} \tag{11.4}$$

按 $Z-Y-X$ 顺序旋转

如图 11.6 所示,基准坐标系为 $O-XYZ$,体坐标系为 $O-xyz$

绕 Z 轴以角速度 $\dot{\psi}$ 旋转 ψ 角时,$O-XYZ$ 转到 $O-x'y'z'$,它们之间的关系为

$$\begin{Bmatrix} x' \\ y' \\ z' \end{Bmatrix} = \begin{bmatrix} \cos\psi & \sin\psi & 0 \\ -\sin\psi & \cos\psi & 0 \\ 0 & 0 & 1 \end{bmatrix} \begin{Bmatrix} X \\ Y \\ Z \end{Bmatrix} \tag{11.5}$$

绕 y' 轴以角速度 $\dot{\theta}$ 旋转 θ 角时,$O-x'y'z'$ 转到 $O-x''y''z''$,它们之间的关系为

$$\begin{Bmatrix} x'' \\ y'' \\ z'' \end{Bmatrix} = \begin{bmatrix} \cos\theta & 0 & -\sin\theta \\ 0 & 1 & 0 \\ \sin\theta & 0 & \cos\theta \end{bmatrix} \begin{Bmatrix} x' \\ y' \\ z' \end{Bmatrix} \tag{11.6}$$

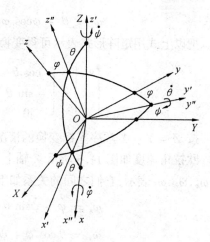

图 11.6　$Z-Y-X$ 顺序坐标变换

绕 x'' 轴以角速度 $\dot{\varphi}$ 旋转 φ 角时,$O-x''y''z''$ 转到 $O-xyz$,它们之间的关系为

$$\begin{Bmatrix} x \\ y \\ z \end{Bmatrix} = \begin{bmatrix} 1 & 0 & 0 \\ 0 & \cos\varphi & \sin\varphi \\ 0 & -\sin\varphi & \cos\varphi \end{bmatrix} \begin{Bmatrix} x'' \\ y'' \\ z'' \end{Bmatrix} \qquad (11.7)$$

把式 (11.6) 代入式 (11.7),再把式 (11.5) 代入,则得 $O - XYZ$ 与 $O - xyz$ 之间的变换矩阵 $[\alpha]$

$$\begin{Bmatrix} x \\ y \\ z \end{Bmatrix} \begin{bmatrix} \cos\theta\cos\psi & \cos\theta\sin\psi & -\sin\theta \\ -\cos\varphi\sin\psi + \sin\varphi\sin\theta\cos\psi & \cos\varphi\cos\psi + \sin\varphi\sin\theta\sin\psi & \sin\varphi\cos\theta \\ \sin\varphi\sin\psi + \cos\varphi\sin\theta\cos\psi & -\sin\varphi\cos\psi + \cos\varphi\sin\theta\sin\psi & \cos\varphi\cos\theta \end{bmatrix} \begin{Bmatrix} X \\ Y \\ Z \end{Bmatrix}$$

$$= [a] \begin{Bmatrix} X \\ Y \\ Z \end{Bmatrix} \qquad (11.8)$$

11.1.3　角速度变换

这里的角速度变换指的是卫星体坐标上的角度速度和欧拉角速度之间的变换。

按 $Z - X - Z$ 顺序坐标变换的情况

欧拉角速度如图 11.5 所示 Z 轴上的 $\dot{\psi}$、x' 轴上的 $\dot{\varphi}$、Z'' 轴上的 $\dot{\theta}$,体坐标上的角速度以 ω_x、ω_y、ω_z 表示,它们之间的关系如下。

$$\omega_x = \dot{\varphi}\cos\theta + \dot{\psi}\sin\varphi\sin\theta \qquad (11.9)$$

$$\omega_y = \dot{\psi}\sin\varphi\cos\theta - \dot{\varphi}\sin\theta \qquad (11.10)$$

$$\omega_z = \dot{\theta} + \dot{\psi}\cos\varphi \qquad (11.11)$$

把以上式用矩阵形式表示可得变换矩阵 $[\beta]$

$$\begin{Bmatrix} \omega_x \\ \omega_y \\ \omega_z \end{Bmatrix} = \begin{bmatrix} \cos\theta & 0 & \sin\varphi\sin\theta \\ -\sin\theta & 0 & \sin\varphi\cos\theta \\ 0 & 1 & \cos\varphi \end{bmatrix} \begin{Bmatrix} \dot{\varphi} \\ \dot{\theta} \\ \dot{\psi} \end{Bmatrix} = [\beta] \begin{Bmatrix} \dot{\varphi} \\ \dot{\theta} \\ \dot{\psi} \end{Bmatrix} (11.12)$$

按 $Z - Y - X$ 顺序坐标变换的情况

欧拉角速度如图 11.6 所示 Z 轴上的 $\dot{\psi}$,y' 轴上的 $\dot{\theta}$,x'' 轴上为 $\dot{\varphi}$,体坐标上的角速度以 ω_x、ω_y、ω_z 表示,它们之间的关系如下。

$$\omega_x = \dot{\varphi} - \dot{\psi}\sin\theta \qquad (11.13)$$

$$\omega_y = \dot{\theta}\cos\varphi + \dot{\psi}\cos\theta\sin\varphi \qquad (11.14)$$

$$\omega_z = \dot{\psi}\cos\theta\cos\varphi - \dot{\theta}\sin\varphi \qquad (11.15)$$

把以上式用矩阵形式表示可得变换矩阵 $[\beta]$

$$\begin{Bmatrix} \omega_x \\ \omega_y \\ \omega_z \end{Bmatrix} = \begin{bmatrix} 1 & 0 & -\sin\theta \\ 0 & \cos\varphi & \cos\theta\sin\varphi \\ 0 & -\sin\varphi & \cos\theta\cos\varphi \end{bmatrix} \begin{Bmatrix} \dot{\varphi} \\ \dot{\theta} \\ \dot{\psi} \end{Bmatrix} = [\beta] \begin{Bmatrix} \dot{\varphi} \\ \dot{\theta} \\ \dot{\psi} \end{Bmatrix} \tag{11.16}$$

11.2　姿态动力学基本方程

姿态动力学研究姿态运动与航天器上作用的力矩之间的关系。

11.2.1　刚体的角动量

一个刚体的所有质点的动量对质心矩之和叫做角动量。如图 11.7 所示,基准坐标系为 $O - XYZ$,刚体体系坐标为 $O_1 - xyz$,其原点 O_1 是刚体的质心。刚体 B 以角速度向量 ω 旋转。刚体质心在基准坐标系中的距离以 R_0 矢量表示,刚体上某一质点 $\mathrm{d}m$ 在体坐标上的位置以矢量 r 表示,则质点位置在基准坐标上的位置为

$$R = R_0 + r \tag{11.17}$$

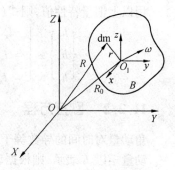

图 11.7　刚体的角动量

质点 $\mathrm{d}m$ 在基准坐标系上的速度为

$$v = \dot{R} = \dot{R}_0 + \dot{r} = \dot{R}_0 + \frac{\partial r}{\partial t}\Big|_B + \omega \times r \tag{11.18}$$

对刚体来说 $\dfrac{\partial r}{\partial t}\Big|_B = 0$,因此速度为

$$v = \dot{R}_0 + \omega \times r = v_0 + \omega \times r \tag{11.19}$$

$\mathrm{d}m$ 质点的动量对质心的矩为

$$\mathrm{d}h = r \times v\mathrm{d}m = r \times (v_0 + \omega \times r)\mathrm{d}m \tag{11.20}$$

刚体 B 的角动量是所有质点动量矩之和即

$$h = \int_B r \times (v_0 + \omega \times r)\mathrm{d}m = \int_B r \times (\omega \times r)\mathrm{d}m \tag{11.21}$$

由于质心取为体坐标原点,于是 $\int_B r \times v_0 \mathrm{d}m = 0$,用矩阵形式表示式(11.21)得

$$\begin{Bmatrix} h_x \\ h_y \\ h_z \end{Bmatrix} = \int_B \begin{bmatrix} 0 & -z & y \\ z & 0 & -x \\ -y & x & 0 \end{bmatrix} \begin{bmatrix} 0 & -\omega_z & \omega_y \\ \omega_z & 0 & -\omega_x \\ -\omega_y & \omega_x & 0 \end{bmatrix} \begin{Bmatrix} x \\ y \\ z \end{Bmatrix} \mathrm{d}m$$

$$= \int_B \begin{bmatrix} (y^2 + z^2)\omega_x & - xz\omega_z & - xy\omega_y \\ (x^2 + z^2)\omega_y & - yz\omega_z & - xy\omega_x \\ (x^2 + y^2)\omega_z & - yz\omega_y & - xz\omega_x \end{bmatrix} \mathrm{d}m \tag{11.22}$$

hx、hy、hz 是角动量在体坐标 x、y、z 轴上的分量。用如下符号表示惯量特性：$I_x = \int_B (y^2 + z^2)\mathrm{d}m$、$I_y = \int_B (x^2 + z^2)\mathrm{d}m$、$I_z = \int_B (x^2 + y^2)\mathrm{d}m$，以上三个值叫做惯性矩，$I_{xy} = \int_B xy\mathrm{d}m$、$I_{xz} = \int_B xz\mathrm{d}m$、$I_{yz} = \int_B yz\mathrm{d}m$，以上三个值叫做惯性积。

用以上惯量特性值，则式(11.22)表示成如下

$$\begin{Bmatrix} h_x \\ h_y \\ h_z \end{Bmatrix} = \begin{bmatrix} I_x & - I_{xy} & - I_{xz} \\ - I_{xy} & I_y & - I_{yz} \\ - I_{xz} & - I_{yz} & I_z \end{bmatrix} \begin{Bmatrix} \omega_x \\ \omega_y \\ \omega_z \end{Bmatrix} \tag{11.23}$$

11.2.2　欧拉方程

角动量对时间的导数等于物体上作用的力矩之和，这是动量矩定理。

动量矩以 h 表示，则根据动量矩定理得

$$\boldsymbol{M} = \frac{\mathrm{d}\boldsymbol{h}}{\mathrm{d}t} = \frac{\partial \boldsymbol{h}}{\partial t}\bigg|_B + \boldsymbol{\omega} \times \boldsymbol{h} \tag{11.24}$$

式中 $\boldsymbol{M}$ 是物体上作用的力矩之和。

用矩阵形式写，式(11.24)变为

$$\begin{Bmatrix} M_x \\ M_y \\ M_z \end{Bmatrix} = \begin{Bmatrix} \dot{h}_x \\ \dot{h}_y \\ \dot{h}_z \end{Bmatrix}_B + \begin{bmatrix} 0 & - \omega_z & \omega_y \\ \omega_z & 0 & - \omega_x \\ - \omega_y & \omega_x & 0 \end{bmatrix} \begin{Bmatrix} h_x \\ h_y \\ h_z \end{Bmatrix} \tag{11.25}$$

把式(11.23)式代入(11.25)式并运算得

$$\begin{Bmatrix} M_x \\ M_y \\ M_z \end{Bmatrix} = \begin{bmatrix} I_x\dot{\omega}_x - I_{xy}\dot{\omega}_y - I_{xz}\dot{\omega}_z + (I_z - I_y)\omega_y\omega_z + I_{yz}(\omega_z^2 - \omega_y^2) + (I_{xy}\omega_z - I_{xz}\omega_y)\omega_x \\ I_y\dot{\omega}_y - I_{xy}\dot{\omega}_x - I_{yz}\dot{\omega}_z + (I_x - I_z)\omega_x\omega_z + I_{xz}(\omega_x^2 - \omega_z^2) + (I_{yz}\omega_x - I_{xy}\omega_z)\omega_y \\ I_z\dot{\omega}_z - I_{xz}\dot{\omega}_x - I_{yz}\dot{\omega}_y + (I_y - I_x)\omega_x\omega_y + I_{xy}(\omega_y^2 - \omega_x^2) + (I_{xz}\omega_y - I_{yz}\omega_x)\omega_z \end{bmatrix} \tag{11.26}$$

如果体坐标 xyz 是主轴，则 $I_{xy} = I_{xz} = I_{yz} = 0$，于是式(11.26)变为

$$\begin{Bmatrix} M_x \\ M_y \\ M_z \end{Bmatrix} \begin{bmatrix} I_x\dot{\omega}_x + (I_z - I_y)\omega_y\omega_z \\ I_y\dot{\omega}_y + (I_x - I_z)\omega_x\omega_z \\ I_z\dot{\omega}_z + (I_y - I_x)\omega_x\omega_y \end{bmatrix} \tag{11.27}$$

把式(11.12)或式(11.16)代入式(11.27),则得外力矩与姿态角、姿态角速度、姿态角加速度之间的关系式。这些式就是用于姿态控制系统设计的姿态动力学方程。

11.3 几种姿态控制原理

11.3.1 姿态控制分类

不消耗卫星自身能源而进行姿态控制的叫做被动式姿态控制。重力梯度稳定和自旋稳定属于这种类型。

消耗卫星自身能源而进行姿态控制的叫做主动式姿态控制。喷气控制、零动量轮控制、偏置动量轮控制、陀螺力矩器控制和混合式控制等属于这种类型。

11.3.2 重力梯度姿态稳定原理

地球引力与离地球质心距离的平方成反比,于是卫星上作用的重力的中心与卫星飞行时产生的离心力与质心不重合,而产生引起姿态运动的力矩。这个力矩是由于卫星上的质点离地球质心距离不同而产生的重力梯度产生,于是用这个力矩进行姿态稳定的叫做重力梯度稳定。月球的一面总是指向地球,就是重力梯度稳定的一例子。重力梯度稳定原理如图11.8所示,$m_1 = m_2$的两个物体由一个杆连在一起,m_1和m_2离地球质心距离以r_1

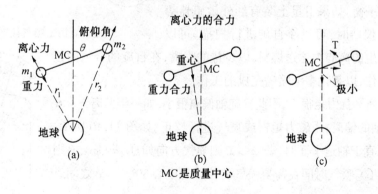

图 11.8 重力梯度稳定原理

和r_2表示,而且$r_1 < r_2$,为了分析方便不考虑杆子的质量,这时m_1和m_2的离心与重力如图11.8(a)所示,离心力与重力合力图如11.8(b)所示,这两个合力又等价成一个微小推力和重力梯度力矩如图11.8(c)所示。根据以上分析可以知道,细长体的长轴指向地球。但是指向精度在几度到10度之内,精度低,于是实际采用的不多。在卫星轨道上空气稀

薄,于是重力梯度力矩作用下产生姿态运动的话,靠惯性很长时间来回摆动,这种摆动叫做天平动。为了回到稳定位置停止摆动需要加阻尼器。

采用的阻尼器有弹簧质量块,液体阻尼器。

11.3.3　自旋稳定

根据动量矩定理,如果一个物体上没有外力矩作用,则这个物体的角动量是守恒的,因此角动量方向在惯性空间保持不变。当卫星入轨后叫它自旋,且没有外力矩作用,则自旋轴在惯性空间的方向保持不变,于是利用这种性质使卫星的一个轴指向空间的一个方向。我国的第一颗卫星东方红 1 号采用了自旋稳定。

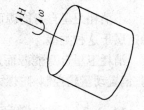

图 11.9　自旋稳定

绝对刚体绕最小惯性矩或最大惯性矩轴自旋都是稳定的,但是卫星不是绝对刚体而是弹性体甚至可能有挠性体,或有液体。弹性体振动、液体晃动而耗损能量,于是只有绕最大惯性矩轴自旋才能稳定。

自旋稳定容易实现而且有许多优点,于是采用的不少。

由于自旋卫星的表面指向太阳的时间一样,于是易于热平衡。如果卫星上装有红外敏感器等需要扫描的仪器时,可以靠自旋进行扫描。可以

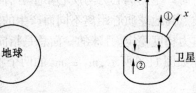

图 11.10　喷气控制

利用自旋产生的离心力输送燃料。以少量的喷嘴,在自旋的合适的位置上叫它工作,以替代多个喷嘴完成的工作。

由于空间干扰力矩很小,因此自旋轴偏离很小,如一年偏离 5° ~ 6° 左右。自旋轴的偏离,用磁力矩器或喷气进行校正。如图 11.10 所示,当自旋轴垂直于轨道平面时,若 $\varphi > 0$ 则喷气方向如 ①,若 $\varphi < 0$ 则喷气方向如 ②。喷气时间在需要喷气的位置为中心 30° ~ 45° 之间进行。

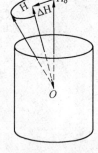

图 11.11　章动和进动

自旋卫星上作用有外力矩 T,作用时间 Δt 则有 $T\Delta t = \Delta H$,如图 11.11 所示的角动量 H_0 变为 H,由 H_0 移到 H 叫做进动,而自旋轴绕 H 的圆锥运动叫章动。进动是外力矩产生的,因此外力矩一消除则进动停止,但是章动继续。为了消除章动也采用阻尼器。

11.3.4　喷气控制

如图 11.12 所示,在每个面上安装相对的两个喷嘴。绕 x 轴旋转角以 φ 表示,绕 y 轴旋转角以 θ 表示,绕 z 轴旋转角以 ψ 表示。

$\varphi > 0$ 时,1、3　喷嘴工作

$\varphi < 0$ 时,2、4　喷嘴工作

$\theta > 0$ 时,5、7　喷嘴工作

$\theta < 0$ 时,6、8　喷嘴工作

$\psi > 0$ 时,9、11　喷嘴工作

$\psi < 0$ 时,10、12　喷嘴工作

这样用 12 个喷嘴,可以控制三轴姿态。

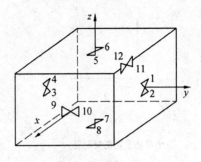

图 11.12　喷气控制

11.3.5　飞轮控制

卫星上装一定角速度旋转的飞轮,当卫星上作用干扰力矩,则卫星产生姿态偏差。姿态敏感器测出此偏差并给出相应电压,提供给控制器,它产生控制律确定的电压,提供给飞轮电机,飞轮向干扰力矩作用方向加速旋转,由于作用与反作用相等,飞轮反作用力矩通过飞轮机座作用在卫星上使卫星回到原来姿态,如图 11.13 所示。

图 11.13　飞轮控制原理

飞轮的配置如图 11.14 所示。三个零动量轮安装在卫星三个体轴上,各飞轮控制相应轴的姿态如图 11.14(a) 所示。在上面的配置基础上再装一个斜装飞轮,这样一个飞轮产生故障的情况下,仍能控制从而使控制系统具有冗余度如图 11.14(b)。一个轴上装偏置动量轮,另外两个轴上装零动量轮。这种方式提高安装偏置动量轮轴的姿态稳定性。安装一个陀螺力矩器,对卫星三个体坐标姿态进行控制。

飞轮有零动量轮、偏置动量轮和陀螺力矩器三种。

零动量轮工作时正、反方向转动,如图 11.15 所示,即使它工作但是整个卫星的角动量还为零,于是叫零动量轮。如果飞轮轴承有摩擦力矩则飞轮由正转过渡到负转时产生死

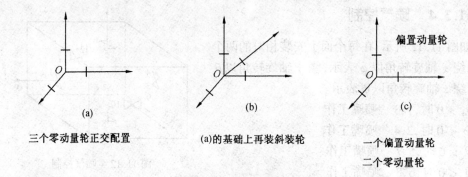

图 11.14　飞轮安装图

区,于是姿态控制精度受影响,这是它的缺点。结构简单而且轻,这是其优点。

　　偏置动量轮较大,不控制时让它按一定速度旋转具有偏置角动量,它由此而得名。控制时改变速度,旋转速度在偏置速度上、下移动,因此它没有死区,这是它的优点。结构大而且重,这是它的缺点。其工作原理,如图 11.16 所示。

　　陀螺力矩器是把高速旋转的飞轮装在两个可以相对转动的内框架而成,如图 11.17 所示。

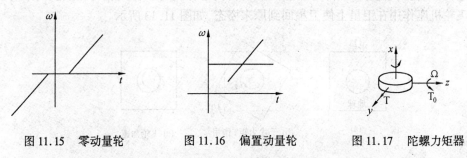

图 11.15　零动量轮　　　　图 11.16　偏置动量轮　　　　图 11.17　陀螺力矩器

　　设内框架上加 T_o 力矩,产生 z 轴上的 Ω 角速度则产生陀螺力矩 T,它就是姿态控制力矩。

11.3.6　姿态敏感器

　　在控制系统中测量控制参数的部件叫做敏感器,在姿态控制中测量姿态偏差角的部件叫做姿态敏感器。

　　姿态敏感器主要有:红外地平仪、太阳敏感器和星敏感器、磁强计、射频敏感器等,在此介绍前两种。

1.红外地平仪

地球平均温度约 287 K,故能辐射相当强的红外线,地球的红外线被大气中的水蒸气和二氧化碳吸收从而气体温度上升,因此即使地球表面温度在地区之间差别很大,但是大气层外缘温度较均匀。大气层外空间温度很低,一般在 – 270 ℃ 左右。我们利用大气层外缘与空间的这一温度差别,可以测出卫星体坐标的一个轴与地心矢量桩间的夹角。

如图 11.18 所示,卫星离地心距离 $R + ha + H$,其中 R—— 地球半径,ha—— 大气层厚度,H—— 大气外缘到卫星距离。

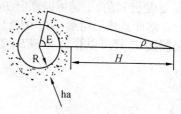

地球半张角 ρ 为

$$\rho = \sin^{-1} \frac{R + ha}{R + ha + H} \tag{11.28}$$

图 11.18　地球半张角

红外地平仪安装于自旋卫星或旋转飞轮上,地平仪光轴与旋转轴之间的安装角 $\gamma \neq 0$,则光轴进行圆锥扫描如图 11.19 所示。图中 A 为自转轴,H_i 是扫入大气层的点,H_0 是扫出大气层的点,Ω 是红外地平仪扫过的地球弦宽角。

红外地平仪光轴扫过大气层期间输出近似方波,经整形微分可以得到正、负脉冲,从而可以测出扫描时间 t_Ω。则地球弦宽角 Ω 为

$$\Omega = \omega t_\Omega \tag{11.29}$$

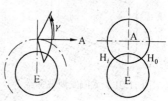

图 11.19　红外地平仪扫入、扫出

其中 ω 是红外地平仪扫描角速度。

根据以上已知的 γ、ρ 和算出的 Ω 可以画天球如图 11.20 所示,天球上的 NEH_0 球面三角中,算出卫星 A 轴和地心矢量夹角 η。

2.太阳敏感器

太阳敏感器是用来测量太阳光线和敏感器基准面之间夹角的仪器。太阳敏感器有太阳发现敏感器、V 型太阳敏感器和数字式太阳敏感器。

太阳发现敏感器是上面开一个窄缝,低面贴光电池,如图 11.21 所示,当卫星旋转搜索太阳,一旦太阳光线进入窄缝里,则光电池输出脉冲信号,说明发现了太阳。

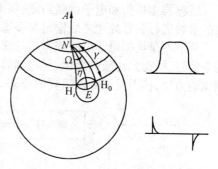

图 11.20　计算 η 角的天球

V 型太阳敏感器是用来确定自旋轴与太阳矢量之间夹角的仪器。如图 11.22 所示,把

两个太阳发现敏感器在卫星上安装成 V 型，A 是自旋轴或者是卫星上扫描装置的旋转轴，S 线是指向太阳的太阳矢量，θ_0 是经线上安装的直缝与斜缝之间的夹角，β 是 A 轴与太阳矢量之间的夹角，叫做太阳角。

卫星自旋当直缝到太阳矢量所在的平面 BS 时产生一个脉冲，继续自旋使斜逢到太阳矢量所在平面 CS 时又产生一个脉冲，从而可以测出自旋 BC 弧段的时间 Δt。自旋角速度 ω 是已知的，于是可以算出 BC 弧段的中心角 $\Omega = \omega \Delta t$。

球面直角三角形 SBC 中，已知 CS 面与 BC 面之间的夹角 $(90° - \theta_0)$，BC 弧段中心角是测出，这样可以算出 $\angle SEB$，β 角为 $\beta = 90° - \angle SEB$。

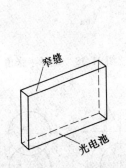

图 11.21　太阳发现敏感器

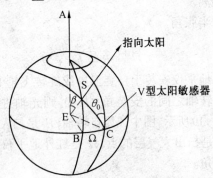

图 11.22　V 型太阳敏感器

11.3.7　姿态控制系统

姿态控制系统是由姿态敏感器、调节器、执行机构、飞行器闭环而组成如图 11.23 所示。

敏感器由探头和电子线路组成，探头测出目标特性的一些参数，电子线路根据探头测出的参数进行演算处理之后输出与姿态角或姿态角速度成比例的电信号。

调节器是模拟电子电路或微型计算机。在调节器中比较姿态控制指令与敏感器提供的电信号，根据此比较的差值，经过演算、处理之后输出电压，使执行机构工作。执行机构提供的力矩，使卫星回到所需要的姿态。

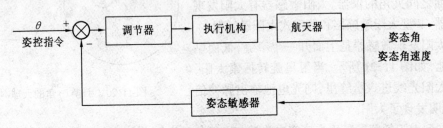

图 11.23　姿态控制系统

第十二章　人造地球卫星结构

结构是航天器的一个分系统,它应该有支撑件,用来安装各分系统,形成完整的系统。结构保证提供能安装各分系统和人员活动的空间及适宜于工作的环境,并能承受飞行全过程的各种环境,以保证完成即定的飞行任务。

航天器上安装的仪器设备有发动机系统、姿态控制系统、太阳帆板及其驱动系统、遥测设备、天线、遥感、通信及各种试验装置等设备。

给仪器和人提供的环境要求有压力、温度、湿度、空气等。

飞行过程中承受的环境有力、热、辐射等。

12.1　结 构 形 式

卫星形状有球形、圆筒形、箱形、圆锥形等各种形状。形状由所安装的仪器设备大小、重量、姿态控制方式、运载火箭卫星罩尺寸等因素决定。

自旋稳定卫星一般采用圆筒形或多角柱形状。

三轴稳定卫星尤其是飞轮三轴稳定卫星采用箱型形状。

回收卫星的回收舱采用圆锥形或球形。

各种卫星通用的仪器和电源装置、通信装置、燃料箱等集中在所谓服务舱(又叫共用舱)里,这个舱一般安排在下部。

不同的卫星完成不同的任务,因而装有不同的观测、测量仪器。这种执行任务需要的仪器集中装在任务舱里,一般把它安排在上面。近年来一个卫星执行几种任务,于是任务舱分为几个舱。

12.2　对结构的主要要求

卫星结构设计时必须考虑航天技术大系统中卫星和其他环节的匹配性、适应整个寿命期间的空间的环境、经济性等问题。

卫星与运载火箭匹配角度考虑:要求卫星能装进运载火箭的卫星罩内、卫星结构应是最小重量结构、卫星结构保证与运载火箭不共振,卫星应具有与卫星罩不接触的刚度。

适应环境角度考虑:能经受住从卫星制造到完成轨道任务为止所受的各种外力、热和辐射。

此外还应考虑装配、吊装、移动、运输方便,满足姿态控制系统的要求。并能保持卫星装配的尺寸精度。

经济角度考虑:应精打细算使得成本低。

卫星结构设计中必须全面考虑,折中以上的要求,使得性能先进,重量轻,成本低是我们要追求的。

12.3　结构设计程序

结构设计部门听取总体设计部门和各分系统设计部门对结构的要求,如仪器、设备多大,多重,最大过载,最严重的热环境等。

根据以上要求确定结构形式,即选择外形、分舱段、确定结构布局。

根据受载荷(力和热)情况选择材料,计算零、部件的强度,确定截面形状和尺寸,并画总装配图和零、部件图。

按以上提供的图,试制结构模样,并检查是否满足各部门提出的要求。

对结构模样进行静强度和动强度试验,受热严重的部分还要做热强度试验,如返回舱。

根据试验中出现的问题,改进设计。

根据改进设计提供的图纸,制造结构正样,并做静强度、动强度和热强度试验。

12.4　结构分析

为了确定结构元件截面形状和尺寸,掌握结构振动特性,进行静强度分析和动强度分析。

静强度分析是根据计算载荷进行每个构件的应力计算。计算载荷是从卫星发射到完成任务期间,每个构件承受的最大载荷乘上如下表所示安全系数值。

安全系数值表

环　　　境		最 大 载 荷	计 算 载 荷
发 射 阶 段		1.0	1.5
轨道运行及回收	对人体有危险时	1.0	2.0
	对人体没有危险时	1.0	1.5
	燃料箱及管子	1.0	4.0

静强度计算时从材料手册查许用应力,根据计算载荷计算每个构件的应力,最后计算安全余度,检查是否满足设计要求,安全余度如下

$$安全余度 = \frac{许用应力}{计算应力} - 1$$

设计要求安全余度接近零而大于零。

动强度分析中,计算固有频率、振动模态和在时变力和音响下卫星各部分的响应加速度,从而把结构设计成能承受相应载荷。

随着卫星大型化,结构呈现挠性,因此不能当做刚体来处理,必须考虑挠性体振动的情况下推导航天器的动力学方程。姿态控制中也必须考虑抑制挠性振动的情况下进行姿态控制。这是挠性体动力学与控制问题。

12.5　结构材料

选择材料时应该全面地了解材料的各种特性,如比强度、比刚度大以减轻重量,在真空中不挥发并不放出有害毒气、疲劳特性、脆性及韧性、应力腐蚀性和各种辐射下材料性能降低特性、工艺性和价钱等。

12.5.1　金属材料

铝合金:比强度达到 16.5,工艺性好可进行焊接、铆接、冲压、铸造。因此铝合金是目前卫星结构的主要材料。

镁合金:比强度达 13,缺点是塑性差。

钛合金:比强度达到 26.8,抗腐蚀性好,能在较高的温度和低温下使用。缺点是工艺性差、成本高。

铍合金:比强度达到 34,从减轻重量角度看它是金属材料中最好的。但是工艺性差、有毒性,因此只能用于具有特殊处理设备的地方。

12.5.2　非金属材料

目前非金属材料越来越受到重视,因为有的非金属材料比强度大、根据受力情况安排纤维以提高承载能力。

作为结构材料用的非金属材料有:玻璃纤维复合材料,它的比强度达到 61、碳纤维复合材料、硼纤维复合材料、芳伦纤维复合材料。

用作绝缘材料的有聚酰亚胺薄膜。

用于防热材料的有泡沫塑料。

12.6　结构试验

为了考验设计,加工好的卫星结构能不能承受静载荷和动载荷而进行静力试验和动载荷试验。

12.6.1　静力试验

用压力机对结构模样阶梯形地加载到计算载荷。加每一个阶梯载荷时,测量各部位应力、位移并与计算结果进行比较。

发现强度不足之处则改进设计以加强,强度余度过大则减弱。

12.6.2　动载荷试验

动载荷试验包括振动试验、冲击试验和噪声试验。

做结构模样的动载荷试验时,用重量、重心位置一样的配重块替代卫星上的仪器、设备的情况下做试验。试验中把卫星装在振动台上,振动台由低频到高频振动,同时隔一定频率测量卫星好多部位的响应加速度和动态位移。

振动试验包括正弦波振动试验和随机波振动试验。正弦波振动试验是模拟发射阶段对卫星产生的正弦波振动环境,卫星结构来说,这是最严重的动载荷情况。随机波振动试验和噪声试验是模拟发射和跨音速时的高频振动环境的试验。小型卫星一般只进行随机波振动试验就可以了,而大型卫星除了做随机波振动试验之外还要做噪声振动试验。

冲击试验是模拟火箭分离、卫星分离、太阳帆板展开时采用的火工品产生的冲击加速度的试验。冲击试验对卫星结构来讲不是严重的环境试验,主要为验证卫星上的仪器受冲击之后是否正常工作而进行。

第十三章 航天器的温度控制

航天器的发射、运行、返回过程中,典型的航天器要经历 – 200 ℃ 直到高达 10 000 ℃ 以上的飞行环境,而且工作时间长达几天至几年之久。因此如果航天器的温度控制系统设计得不好,则航天器的结构材料、仪器无法正常工作,因此必须进行精心的温度控制,否则导致飞行的失败。如美国的"空间实验室"舱内温度达到 50 ℃ 以上,日本的第一颗卫星的电子仪器温度达到 60 ℃ 而不能正常工作。

13.1 航天器的热环境

热环境需要考虑航天器在地面和飞行时各轨道段的情况。

13.1.1 地面热环境

在不同地区冬、夏、昼、夜气温变化很大,高到 40 ℃,低至 – 40 ℃ 以下。

13.1.2 发射轨道段

航天器发射时速度逐渐增大,气动加热越来越加重,因此温度升高,气动加热驻点温度可以达到 750 ~ 800 ℃。表面温度这么高的飞行器入轨之后,由于运行轨道是超高真空环境即天然的绝热,使得飞行器的高温外壳不易冷却,导致舱内温度升高。

13.1.3 运行轨道段

航天器在运行轨道上飞行时,背着太阳的面温度可以达到 – 200 ℃,而太阳照射的面温度可以达到 100 ℃ 左右。

13.1.4 返回轨道段

航天器在返回过程中,巨大的动能的一部分在大气阻尼作用下变成热能,使附面层内气体的温度急剧地提高,给航天器以严重的气动加热。在长达 10 ~ 20 多分钟的返回时间内驻点温度可以达到 10 000 ℃ 左右。

13.2　航天器的热能平衡

航天器接受的热能与其排除的热之差与本身提高温度的热能相等,这就是热能平衡。

如图 13.1 所示,航天器从空间接受的热能有:太阳的直接辐射、地球反射的太阳辐射能、地球本身的红外辐射、航天器内部电子仪器和生命系统所产生的热能。

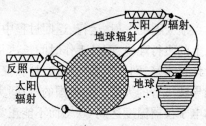

航天器以辐射的方式向空间排出热能。

热能平衡方程为

$$Q_1 + Q_2 + Q_3 + Q_P = Q_R + Q \quad (13.1)$$

图 13.1　航天器的热平衡

其中　　Q_1—— 太阳的直接辐射能;

Q_2—— 地球反射的太阳辐射能;

Q_3—— 地球本身的红外辐射能;

Q_P—— 电子仪器和生命系统所产生的热能;

Q_R—— 航天器以热辐射的方式排出的热能;

Q—— 提高飞行器温度的热能。

$$Q_1 = Sa_s A_{s1}$$

其中,S 为太阳常数,a_s 为航天器表面热吸收率;A_{s1} 为航天器在阳光方向的投影面积。

$$Q_2 = \rho Sa_s A_{s2}$$

其中,ρ 为地球平均反射率;A_{s2} 为航天器在垂直于反射阳光方向上的投影面积。

$$Q_3 = Ea_E A_{s3}$$

其中,E 为地球红外辐射平均能流;a_E 为航天器外表面对地球红外辐射的吸收率;A_{s3} 为航天器在垂直于地球红外辐射方向上的投影面积。

13.3　航天器的温度控制

温度控制按是否通过可动部件进行热交换,分为主动式温度控制和被动式温度控制。

13.3.1　被动式温度控制

合理地选取不同的温控材料或涂层,合理地组织航天器的内外热交换,使被控部件的温度不超过允许的温度范围。

13.3.1.1　温度控制涂层

航天器在运行过程中,主要是以热辐射和热传导的方式进行热交换。所以选择合适的涂层材料,使之具有所要求的热辐射特性而达到温度控制的目的。

航天器的外表面上涂以低吸收辐射比的涂层,如白漆、三氧化二铝等减少蒙皮的热吸收量而降低温度。在蒙皮内表面涂以高辐射率材料的涂层(如 $\varepsilon = 0.85$),以增强内部各部位之间的内辐射,以保证内部各部位温度的均匀性。

13.3.1.2　热超导元件——热管

热管技术是近二十多年发展起来的一项新技术。它具有极高的传热性能和近乎等温的工作状态又没有运动部件,因此具有工作安全可靠等优点,从而得到了广泛的应用。

如图 13.2 所示,外面是密封的容器壳体,沿管内壁铺有一定厚度的毛细材料如若干层金属网,热管的毛细结构又称为管芯。在毛细材料的孔隙充满着液态工质如水、氨、丙酮等。

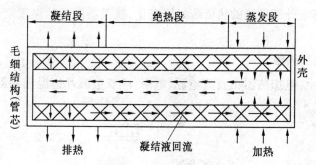

图 13.2　热管结构示意图

当热管的蒸发端受热则工质蒸发,蒸汽扩散至冷端上并在那里凝结下来,同时放出汽化潜热。冷凝液在毛细力的作用下又返回热端,如此不断循环进而构成热超导元件。

13.3.1.3　超级隔热材料——多层热绝缘

它是利用两种减少辐射换热量的原理制成。由多层镀铝聚酯薄膜和隔离物如泡沫塑料相间分布而构成。航天器上,主要用于包扎发热量微小的仪器设备,以求达到保温的目的。

13.3.2　主动式温度控制

内部功率变化小,温度控制的要求不太高的小型航天器,只采用被动温度控制措施就能达到温度控制的目的。但是对于飞行任务复杂,航天器内部或外部热流变化大或温度控制要求很高时,必须在被动温度控制的基础上附加有效的主动温度控制措施。

13.3.2.1　百叶窗

百叶窗如图 13.3 所示,由框架、叶片、动作室、动作器、轴承和底板组成。

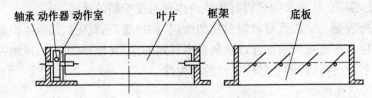

图 13.3　百叶窗结构示意图

热膨胀系数不同的金属组成的双金属弹簧作为动作器,当底板温度升高时动作器弯曲,从而驱动叶片开启,以显示出高辐射率的涂层,把热量辐射出去,当底板温度下降时,动作器恢复原来状态而叶片关闭,低辐射率的叶片表面在外,从而向空间辐射的热量成倍地下降。

这样不论内部或外部环境的热负荷如何变化,航天器内部的温度能保持在所要求的范围之内。

13.3.2.2　电加热器

如图 13.4 所示,电加热器由直流电源、电阻丝、双金属片恒温控制器、设定温度调节器等组成。

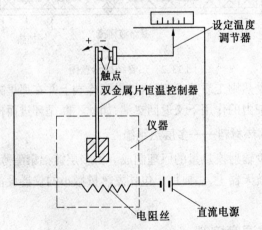

图 13.4　电加热器系统示意图

当温度超过设定温度时,双金属片往左侧弯曲,触点脱开电路不工作,电阻丝不加热。当温度低于设定温度时,双金属片往右弯曲,触点接触电路工作,电阻丝发热给仪器加热。

13.4 热真空模拟实验

为了保证航天器在空间能够正常运行,必须在研制过程中,进行充分的空间热环境实验。

13.4.1 真空模拟

航天器在运行中,真空度随高度而提高,通常在 1.33×10^{-5} Pa 以下。在地面上模拟这么高的真空度代价很高,因此,在热模拟能满足的条件下,真空度选 1.33×10^{-5} Pa。用机械泵和扩散泵对容器抽真空就可以满足这个要求。

13.4.2 低温热沉的模拟

空间背景温度为 4 K。如果在地面上模拟如此低的温度需要采用液氦或液氢的冷却流程,这需要大量的投资。因此分析满足热沉的条件下,采用液氮作为冷却流体,液氮温度为 77 K。

另一个空间背景是黑体,因而模拟设备的传温热沉壁面的热吸收率应该接近于 1.0。为此热沉表面涂以无光泽黑漆($\varepsilon > 0.95$)。

13.4.3 外热流的模拟

这里主要模拟太阳辐射、地球反射辐射和地球本身的红外辐射。

为此采用如下几种办法:

调节试验容器壁面的温度,以产生合适的辐射。

用太阳模拟器产生辐射,它一般采用氙灯。这种太阳模拟器的性能是最好的,但是技术复杂而且造价高。有的太阳模拟器采用石英灯,它造价低但是光谱匹配差。

红外加热器模拟辐射,它也是光谱匹配差。

被试航天器的外表面上按需要布置电阻加热器,根据已确定的试验程序控制电阻加热器,给被试航天器加热。这是我们国家采用得最多的一种方法。

第十四章 航天器的遥测遥控及测控地面站

航天器送入轨道之后,它运行的怎样,例如关键部位的温度是否超过允许值,飞轮工作是否正常、发动机系统是否工作正常,姿态参数如何,有效载荷是否正常运行,若载人则人的体温、血压、心率等等,需要地面上了解。这些地面上需要知道的航天器上的各种数据,载波于高频电波送回地面使地面掌握这些数据的过程,叫做遥测。

地面上接受这些数据之后经过分析,得到航天器上的有些分系统应该怎样工作,从地面上给航天器发控制指令,叫航天器执行,这种过程叫做遥控。

这些遥测遥控及测轨的地面设备集中在测控地面站里。

14.1 遥 测

14.1.1 遥测过程

遥测过程是一个信息传输过程,信息的发送部分在航天器上,接收部分在地面站。其过程大致为:

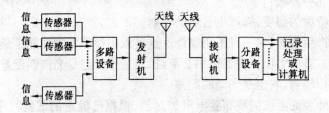

图 14.1 无线电遥测系统原理图

(1)利用传感器把非电量的遥测参数转换成电信号;

(2)用遥测发射机产生的高频无线电波,把这些信号载波并发回地面;

(3)用遥测接收机接收这个高频无线电波,并进行解调、记录、显示和数据处理。

相应于上述遥测过程,无线电遥测系统的设备应该有:输入设备(传感器、变换器);数据传输设备(包括航天器和地面站部分);终端设备(记录、显示、数据处理)。

14.1.2　多路信息传输

航天器上需要遥测的参数很多,遥测过程是信息传输过程,而且是多路信息传输过程。遥测系统中,为解决多路信息的传输采用的方法有:

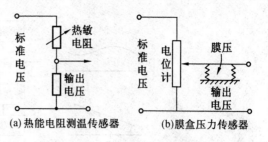

图 14.2　传感器原理示意图

(1) 频分制　即频率区分制,利用频率范围的不同而区分不同的信号。方法是:在每一个需要传输的信息的通路上,都有一个振荡器,各振荡器产生的电振荡波频率各不相等。光由各路信息对自己通路的振荡波进行第一次调制,调制后的电波不是最后的发射电波,称为"副载波"。再由各个被调制的,带有各路信息的"副载波"对发射机的载波进行第二次调制,这样,需要传输的各路信息,就全部加在载波电波上,由发射机发送出去。

在接收部分,载波被解调后,经过各路滤波器,把载波电波滤掉,再经第二次解调,还原出各路的传输信息。

(2) 时分制　即时间区分制,利用时段的不同而区分不同信号的方法是:在发送部分,用"时间划分开关"(交换子),在一段时间内,对所需传输的各信息依次地进行"采样传送",每一个信息占一个时段 Δt,经过一个周期,传送每个信号各一次。为了区分每个周期的间隔,在每一个周期开始,可有一标准信号又称同步信号。

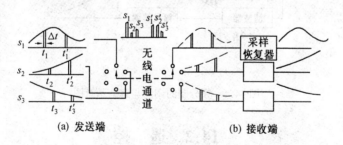

图 14.3　多路信息传给的时分制

在接收部分,把每路信息的采样值分开,并把采样值恢复成原来的信号。

频分与时分的区别在于:用频分制传输的信号是连续的,而时分制是一路载波传输多路信号,因此,传回的信号是间断的,在接收终端需要把各采样值依次提取并连接起来,才能得出信息的连续变化。

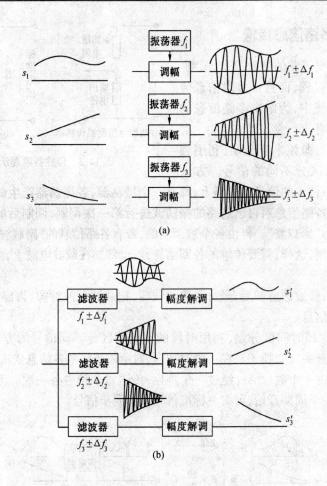

图 14.4　频分制的调制与解调示意图

14.2　遥　控

遥控过程也是信息的传输过程,在信息传输原理上,与遥测没有原则的区别。这里,主要说明一下遥控和遥测的不同点和二者之间的联系。

(1) 遥测系统的发送端在航天器上,接收端在地面站;遥控系统的发送端在地面站,接收站在航天器上。一般把由地面站到航天器的线路,称为上行线路,由航天器到地面站的线路,称为下行线路。"测"与"控"的信息传输方向正好相反。但被测对象和被控对象都是在航天器这一同一目标上。

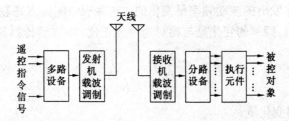

图 14.5 无线电遥控系统原理图

(2) 信息的形式:遥测信息多是连续变化量,遥控信息多是不连续的状态量,其中更多的是开关量,如:备份的切换、安全指令、姿态与轨道控制指令、远地点发动机起动以及数据传送等一些预先规定好的指令。

(3) 由于传输方向相反而造成的设备上的区别:遥测发射机在航天器上,功率较低。遥控接收机也在航天器上,灵敏度较低,这主要受到航天器在体积、重量、电源等条件的限制。而地面设备部分的遥测接收机较复杂,灵敏度也较高,遥控发射机也有可能安装大型的发射系统和地面天线。

(4) 遥测与遥控系统的联系:遥控系统除发送预先规定好的指令外,还可以和遥测系统组成闭环控制系统,将需要反馈到航天器上的遥测结果变换成数字脉冲,送入计算机运算后,向航天器发出指令。

14.3 测轨原理

航天器轨道的测量方法,主要有光学测轨和无线电测轨方法。激光测轨是光学测轨的主要方法,其精度很高,近年来被采用。但是受到气象和测轨时间的限制,只能在黄昏或凌晨才能测量。因此无线电测轨方法还是目前使用的主要方法。

航天器的轨道测量中,测量航天器与观测地面站之间的角度、距离和相对速度。由于航天器的轨道位置是随时间变化的,所以将测量值和测量时间一起记录下来,才能定出航天器的轨道。因为这是跟踪航天器进行测量,所以测轨系统称为"跟踪测轨系统"。

无线电测轨有如下几个方面:

测量航天器相对于地面站的瞬时径向速度,即距离变化率。

测量航天器相对于地面站的瞬时角度,包括方位角和仰角。

测量航天器与地面站之间的瞬时距离。

14.3.1 测速原理

当一个发出某一稳定频率的波(如声波或无线电波)的物体与观测者有相对运动时,

观测者观测到该物体发出的波动频率是变化的。这种现象叫做多普勒效应。

多普勒效应表明,频率的变化是与相对速度成正比,与波动传播速度成反比,如下式所示。

$$\Delta f = \frac{v_r}{u} f_0 \tag{14.1}$$

式中　　Δf——频率变化量;

　　　　v_r——波动源与观测者的径向速度,接近时取正,离开时取负;

　　　　u——波动传播速度,无线电波来讲 $u = c$,c 为光速;

　　　　f_0——波源发出的波动频率。

如图 14.6 所示,S 表示航天器,G 表示地面站。在 t_1 时刻

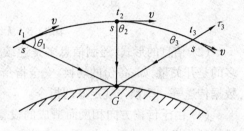

图 14.6　测速原理

$$\Delta f_1 = \frac{v_{r1}}{C} f_0 = \frac{v\cos\theta_1}{C} f_0 \tag{14.2}$$

在 t_2 时刻 $\theta_2 = 90°$,所以

$$\Delta f_2 = 0 \tag{14.3}$$

在 t_3 时刻

$$\Delta f_3 = \frac{v_{r3}}{C} f_0 = \frac{-v\cos\theta_3}{C} f_0 \tag{14.4}$$

因此当航天器一次飞过地面站时,测得的频率与时间的关系显"S曲线",如图 14.7 所示。由"S曲线"可知,航天器离地面站最近时间 t_2 时 $f = f_0$,对不同时间可以查出对应的 Δf,就可以用式(14.1)计算出径向速度。

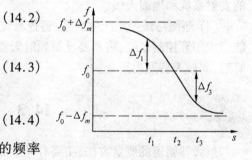

图 14.7　频移 S 曲线

14.3.2　测角原理

航天器相对于地面站的角度包括方位角和仰角。如图 14.8 所示,方位角是在地平面航天器的投影 S' 与地面站的连线 GS' 与通过地面站指正北方向之间的夹角以 A 表示。仰角是航天器与地面站的连线 GS 与地平面之间的夹角以 Z 表示。

测量角度的方法

1. 干涉仪法

在相距 l 的两点 R_1、R_2 上配置无线电波接受站如图 11.9 所示,航天器 S 发出无线电波。由于 R_1、R_2 两点与 S 的距离不一样,即到达 R_1 时多走 d 距离。因此有两点上接受时间差

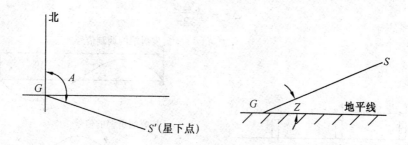

图 14.8 方位角和仰角

Δt ,可算出 $d = c\Delta t$,这样可以求出 OS 与 R_1R_2 连线之间的夹角为

$$\cos \beta = \frac{d}{l} = \frac{c\Delta t}{l} \qquad (14.5)$$

这个 β 角并不是仰角,而是航天器与地面站连线和基线的夹角,是与方位角,仰角,以及基线方向有关的夹角。

2. 定向天线测角法

把地面接收天线的方向图做得很尖锐,它只能在很窄的束状范围内接收到航天器发射的无线电波。

如图 14.10 所示,天线的波速做得很窄,可以根据天线波束的轴线所对准的方向来确定方位角和仰角。这种方法可以快速、实时、直接测定出航天器的方位角和仰角,但是测量精度不如干涉仪法高。

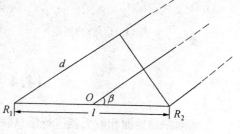

图 14.9 干涉仪测角原理

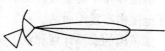

图 14.10 窄波速天线测角示意图

14.3.3 测量距离的原理

地面站发射无线电波,到达航天器之后反射回来,测量发射时刻到反射回来的时间 Δt ,则地 R_1 面站到飞行器的距离为

$$R_i = \frac{1}{2} C\Delta t_i \quad (i \text{ 为第 } i \text{ 次测量}) \qquad (14.6)$$

发射的波有脉冲和速续波两种方式。

如图 14.11 所示,发射的脉冲和接收的脉冲时间间隔就是 Δt_1、Δt_2、Δt_3 等等。

如图 14.12 所示,发射载有低频信号的调制信号,在接收段进行调解,得到低频信号。测量发射低频信号和接收端解调低频信号的相位差 $\Delta\varphi$,则可以算出 Δt

$$\Delta t = T\frac{\Delta \varphi}{2\pi} \tag{14.7}$$

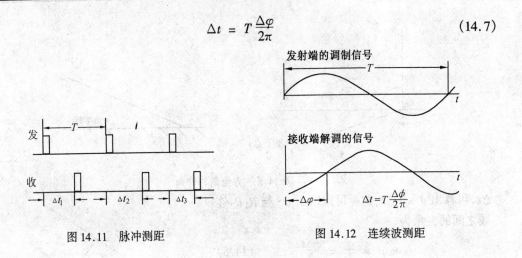

图 14.11　脉冲测距　　　　　　　　图 14.12　连续波测距

14.4　测控地面站

地面站是地面和航天器进行信息联系的场所,于是根据飞行任务及轨道情况合理布置地面站是必须的。

轨道倾角小的航天器要求赤道附近布置地面站,而轨道倾角大的飞行器,要求飞行的纬度范围内布置地面站。

如美国的水星计划和双子星计划中,为便于载人飞船和地面建立实时信息传输以确保飞行安全,赤道附近(由于轨道倾角小)布置了十多个地面站及测量船队组成的全球跟踪网。即便是这样的轨道倾角和布站,也只能保证实时联系的时间占整个飞行时间的 70%。

又如我国中、低轨道卫星,连续飞经我国领土的轨道最多只能有三圈,而且每圈在我国领土上的地面站所能测控的弧段也最多只有整圈轨道的 1/6,因此合理地布置地面站是必须的。

要在航天器入轨点的星下点附近设置地面站,一但航天器入轨就可使地面了解到航天器各系统工作情况,并能对其进行必要的控制,而且跟踪测量系统,可以根据入轨后的短弧段测量来预报轨道。

对回收型航天器而言,还要考虑在回收前测量航天器轨道、姿态、各系统工作情况而发出返回指令。在航天器返回段,地面站要测定返回轨道及返回段的各种参数,于是要求返回轨道段的两侧布置地面站。

为了适应不同任务和不同轨道的测控要求,还应该建立和装备活动地面站和海上测控船队。

受地面站分布的限制,航天器在轨道上的许多数据不能实时地传送到地面,为此可以采用延时重发的方法,即把数据存起来到地面站上空时转发,以弥补此不足。

地面站担负着航天器轨道测量任务,因此要求地面站位置的精确性,为此需要精密的大地测量。

光靠地面站进行连续跟踪,通信和实时数据的获得是一个困难的问题,于是美国发射了"跟踪和数据中继卫星"。它是地球静止轨道卫星,具有观测中、低轨道航天器的能力。这相当于将地面站移到地球静止轨道上,即可对中、低轨道航天器实时测量轨道,并控制轨道,又可以将这些航天器的数据中继回地面,这将是空间测控和通信的重大革新。

14.4.1 计算控制中心

许多地面测控站构成了地面测控网,负责管理测控网的机构就是计算控制中心。它对地面站进行统一管理,汇集各站测量数据并进行计算分析,报告航天器情况,对各站预报轨道并根据需要命令有关地面站对航天器实施控制。

在计算控制中心设有航天器监控大厅,可使各级测控人员及时了解航天器情况,发出对航天器的控制命令或指令。计算控制中心设有大型计算机和大型屏幕以显示轨道,以及各种记录显示设备和通信联络设备等。

14.4.2 通信勤务系统和时间统一勤务系统

通信勤务系统是连接各站之间与中心站的通信联系,包括有测量和控制数据的传递,通信和调度电话等,其方式通常是有线通信和无线通信两种。

航天器发射前的有关台站的准备工作,发射的时间零点以及发射后的各地面站的测量控制,都要由计算控制中心统一指挥和调度。大部分的信息由计算控制中心汇集、计算和分发,时间上要统一步调,这一切都由通信勤务系统来保障。

时间统一勤务系统是保证各站之间及各站与计算控制中心之间的时间统一,这是计算精确的航天器轨道以及各种数据的相应精确时刻的需要。

地面站采用本国授时台所发布的定时基准信号,这些信号通过短波或长波播送的。短波误差大,所以目前大部分采用长波播送。

第十五章 航天器的有效载荷及其应用

发射航天器的目的是叫它执行给定任务,把执行任务的系统叫做有效载荷。航天器的有效载荷有:遥感系统、武器系统、导航定位系统、通信系统、载人系统。

在这一章里介绍遥感系统、武器系统、导航定位系统、通信系统,载人系统将在第十七章里介绍。

15.1 遥感技术的基本原理

遥感技术是从远处感知地物目标或星体,即不和被测目标接触,而探测和测量它的一些物理特性的技术。一切物体,视其种类和环境条件的不同,会有完全不同的电磁波反射或者辐射的波谱特性。

通过遥感技术感知或收集到的信息,就是被物体反射或辐射的电磁波谱信息。把收集电磁波谱信息的感测仪器,叫做"遥感器",如相机、扫描器、雷达等。

空间遥感技术就是利用装置在航天器上的遥感器从空间感测由地面物体或星体反射或辐射的电磁波谱,再通过这些数据来获得对象物体或现象信息的技术。

遥感技术是怎样实现对地球上物体或星体的感测和识别的呢？地面上的任何物体或星体每时每刻不断地在向空间反射或辐射着反映自己特征的电磁波谱,即提供了从其周围的所有一切物体中被区分和被识别的特征。

一个完整的空间遥感技术系统是由接收、记录、传输、处理和分析来自物体的电磁波信息的各个部分所组成,如图 15.1 所示。

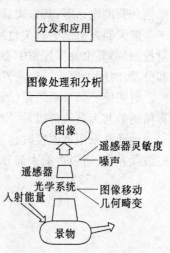

图 15.1 遥感技术系统

在遥感技术中,所收集的信息绝大部分是以图像。或者说以照片形式表现的。这种形式直观,便于用户分析使用。不同物体或者同一类物体在不同的状态下,由于它们的成分、结构或温度的不同,它们所反射和辐射的电磁波情况也各不相同。这样,利用遥感仪器来感测不同物体反射或辐射的电磁波的强度和分布,把它们记录下来,再经无线电传输或胶片直接回收,并在地面进行光学或计算机处理,变成肉眼可识别的图像。这样就能把不同的物体,或者是不同状态下的同种物体区分开来。

15.2　空间遥感仪器

从航天器上对地球或星体进行观测的遥感仪器将近二十种,可分为摄影系统和扫描系统(非摄影系统)两大类。前一系统利用光谱的可见与近红外部分($0.36 \sim 0.6~\mu m$),扫描系统则从 X 射线到无线电波长范围内使用。

15.2.1　摄影遥感仪器

照相机　照相机是一种众人皆知的遥感系统,地物影像通常用感光胶卷记录并显示出来。这种遥感方法直观、图像清晰、易于判读并具有较高的地面分辨率,是一种极受重视和在大力发展的空间遥感手段。遥感照相机有三种基本类型:画幅式、全景式和航线式照相机。画幅式照相机通常提供视场角为 70°的方形图像。全景照相机能摄得宽阔视野的照片,它的两边都能伸展到两侧的地平线,因此图像有畸变。由于这种相机仅用镜头中心视场成像,故具有很高的分辨率,是这类相机的突出优点。航线式相机是由一个不动的镜头和缝隙以及宽度等于或大于缝隙长度的移动胶卷组成。胶片以精确地、与像速相同的速度通过缝隙,确保所摄影像不出现模糊,而曝光量大小则由缝隙宽度所控制。由于难于使胶片运动影像与移动速度精确同步,因此尚未采用。

适当地选择画幅式或全景照相机的曝光时间间隔,能获得连续的重叠影像。这种重叠是进行立体观测所必须的。

CCD 照相机　以电荷耦合器件(CCD)为感光元件的 CCD 照相机的发展,给航天器装配一种提供高分辨率图像的新型摄影遥感仪器。这种遥感仪器无需感光胶片或胶片的影像转换成视频信号,而从 CCD 器件直接获视频信号。它的光谱范围是 $0.35 \sim 1.1~\mu m$。

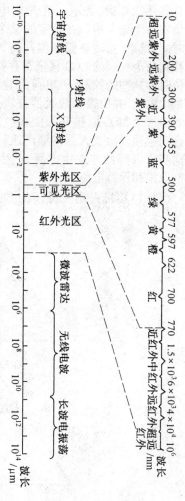

图 15.2　电磁波谱图

通常,CCD 照相机具有下列功能:

(1)把光量子变换成电荷载流子,进行光电转换;

(2)对电荷载流子进行积分和贮存,收集在阵列存贮单元中,即图像的光信息变换成空间分布的电荷信息;

(3)对电荷存贮单元进行扫描,把图像的空间分布电荷信息变换成时序的视频信号。电荷耦合器件工作时,光电子在光栅电压的控制下,聚集在各个光点中。在选定的整个持续时间(曝光时间)结束时,转移栅电位升高,使螺积电荷包转移到两个相邻的 CCD 移位寄存器件。然后,在移位时钟脉冲的控制下,电荷沿着模拟移位寄存器依次输出,并由输出放大器首次按顺序接收并放大。一个 MOS 取样开关使接收到的电荷电平耦合到视频读出放大器的输出级。与移位时钟波形同步的内部脉冲发生电路,产生取样脉冲,以控制取样和保持电路。

CCD 照相机采用一种新的方式对地面进行

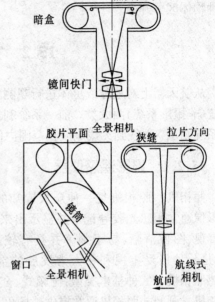

图 15.3　画幅式、航线式、全景式相机原理图

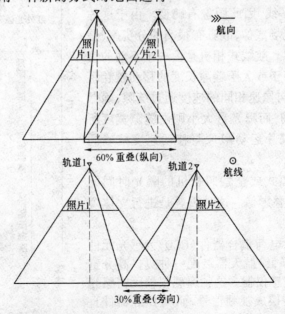

图 15.4　摄影影像的重叠

摄影,它类似用推帚扫地。它的工作原理是在照相机的焦面上旋转一条线阵列的电荷耦合器件,一条地面景物就在焦面上形成一条线的影像。航天器沿着垂直于该图像线条的方向往前运行,使该图像向前逐步推进,从而扫过整个地面。随着航天器向前运行,图像向上移动一个像元的时间,等于每个像元的曝光时间。与相机感光像素光学共轭的物面上的所有的点都是同时记录下来的。这些记录是根据 CCD 像元的排列顺序,以规则的数字顺序存贮下来的。CCD 照相机的灵敏度极高,在良好的光照条件下,可探测出低于0.5%的地面反射变化。

15.2.2　非摄影遥感仪器

红外辐射计　红外辐射计是一种测量入射到探测器上的辐射通量的仪器。辐射是由被反射和散射的太阳辐射,以及地球表面与大气本身具有温度的物体发射所引起的。为取得不同波长的辐射通量,通常用三棱镜、光栅、分色镜或滤光器,将不同波长的辐射分开,然后用若干探测器来测量各种波段的辐射。为了获取足够分辨率的图像资料充分表现出地物特征,辐射计必须采用扫描系统。

系统扫描速率是由航天器的高度与速度决定的。

红外辐射计应具有的最大辐射分辨率会受到探测器冷却程度的限制,因而对致冷系统予以极大的注意。航天器经常采用固体致冷剂,闭合循环致冷器,或被动式辐射致冷的方法。被动式辐射致冷法是一种有吸引力的方法,因为此种方法不需要功耗,而且工作寿命也长。

微波辐射计　波长为 1～100 mm 谱段的辐射测量,是用微波进行测量的基础。尽管微波辐射的强度远比红外的强度小,而且只有较低的温度分辨率,但较长的波长使它具有穿透云层感测的优点。

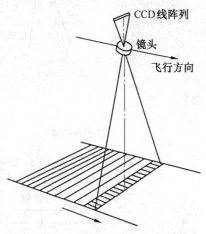

图 15.5　推帚式照相机工作原理图

微波辐射计由定向天线、接收器(用于选择和放大)和探测器构成。进入天线的信号与温度保持恒定的噪声源之间作交替接收,然后交替同步检波,在扣除接收机自身产生的杂音后,就可求得以已知温度的噪声源为基准的被测物体的温度。微波辐射计的地面分辨率,取决于天线尺寸和航天器的轨道高度。

在航天器上,重量受到严格的限制。为了获得较高分辨率,航天器应采用较低的轨道高度。

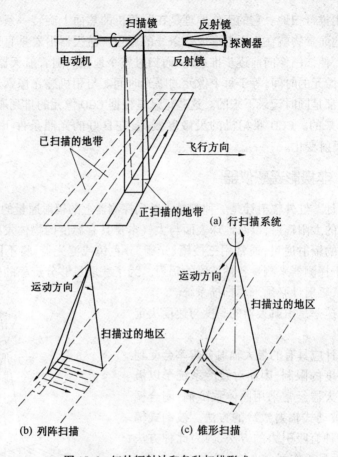

图 15.6　红外辐射计和各种扫描形式

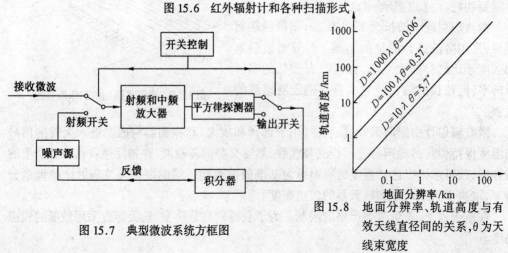

图 15.7　典型微波系统方框图

图 15.8　地面分辨率、轨道高度与有
效天线直径间的关系,θ 为天
线束宽度

微波辐射计的主要特性为：

(1) 低的空间分辨率(1 km左右)；(2) 高的温度分辨率(1 ℃左右)；(3) 有一定的穿透地表能力；(4) 感测的波长范围较宽；(5) 能全天候工作。

微波雷达　微波辐射计是接收地球发射的微波信息的被动系统，微波雷达是一种主动式微波遥感系统。微波雷达在感测区附近发射出微波电磁脉冲到地球表面，然后由地面反射回来，并记录下它的回波。遥感技术中常用的微波雷达是综合孔径雷达系统，它的基本组成如图15.9所示。

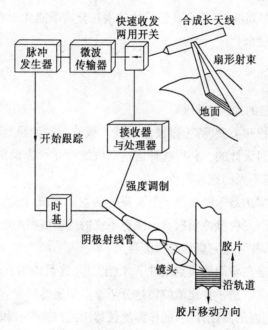

图 15.9　综合孔径雷达(侧视雷达)系统的基本组成

安装在航天器上的一条长天线，用雷达射束(脉冲)扫描地物。雷达回波被一个接收器与信息处理机记录下来。由于雷达波在地表面的散射，随物质的种类和表面粗糙而变化。

因此，根据接收和记录的雷达波的反射波，可获得关于地球表面的各种信息。通常，回波信息由一个阴极射线管显示，并记录在感光胶片上。

为了提高微波雷达的空间分辨率，只能靠加长所采用的天线尺寸。然而，允许在航天器上安装的天线尺寸总是有限的，于是将航天器的轨道运动作为一条长的"综合"天线。

这样的系统称作综合孔径系统。综合孔径雷达在航天器飞行时朝前进方向的侧方发射宽度很窄的波束,故又称作侧视雷达。

雷达系统的优点是:

(1) 具有全天候和昼夜工作的能力;

(2) 能测量表面粗糙度与介质性质;

(3) 能穿透到地面的表层里;

(4) 能主动提供"照明",有选择波长的能力。

雷达系统的缺点是:

(1) 尽管在航天器高度上,综合孔径雷达的潜在分辨率能优于光学遥感仪器,但目前实际达到的分辨率还较低;

(2) 比例尺较小;

(3) 影像有畸变;

(4) 地形起伏明显的地区有阴影。

雷达系统有一种特殊类型,称为微波散射计。微波散射计是为取得各种雷达射束入射角的后向散射能量而设计的。利用这种雷达回波的变化可以确定地面的粗糙程度、纹理和方位,也可以鉴别不同的地表物质。

激光雷达　激光雷达是一种类似于微波雷达的主动系统,但运用于包括紫外到红外谱段的光谱部分。它由发射脉冲辐射或由准直系统的连续谱型的激光组成。另一个光学系统收集返回的辐射,并可把它聚焦在探测器上。

激光雷达系统只是在晴朗的天空条件下才能工作,这是因为在使用短波(光波)波长时有大气吸收的缘故。它是一种比微波雷达分辨率高的遥感仪器。现在可用的激光雷达有三类:能描绘地形剖面的高度计型、能作测绘仪器用的扫描型和用于感测大气污染物的应用光谱技术型。

在实际的遥感工作中,上述各种遥感仪器常常配合起来使用,互相补充,才能使遥感技术的作用得以充分发挥。

各种遥感仪器接收到的电磁波信号,可以直接记录在感光胶片上,还可以记录在磁带上,还可以直接通过无线电传输系统传到地面处理中心。记录了遥感信息的胶片或磁带,可以由卫星返回系统直接返回地面,也可由无线电传输系统返回地面。

记录了空间遥感信息的磁带或胶片须经过光学模拟的或计算机的数字图像分析处理,才能排除各种噪声,或校正各种畸变,使模糊的图像变得清晰、逼真。使混乱的信号显示出规律,以提供确切、可靠的信息。

15.3　空间遥感仪器的应用

15.3.1　侦察卫星

侦察卫星有照像侦察卫星、电子侦察卫星、海洋监视卫星、导弹预警卫星。

15.3.1.1　照像侦察卫星

照像侦察卫星上装有可见光照相机、电视摄相机、红外相机、多光谱相机等设备,对某一域进行拍照,就能增加照片判读的信息,大大增加了对目标正确识别能力,同时还能防止敌方欺骗与干扰。这种卫星的运行轨道一般较低,近地点高度一般在 150 ~ 180 km。按侦察信息的传输方式分为返回型和传输型。返回型是将拍好的照片存入返回舱中返回地面。优点是分辨率高、直观、易于辨认分析。缺点是回收不及时,容易贻误战机。传输型利用光电成像原理,先把图像记录在磁带上,飞到地面台站的控制区时,将图像信息发送到地面,由地面处理成图像。它的优点是传送信息快,缺点是图像分辨率不高。

15.3.1.2　电子侦察卫星

电子侦察卫星是装有无线电接收和发射设备的卫星,它能把敌方各种无线电频率的电磁信号记录并储存起来。在飞经本国上空时,将信号回放给地面站,或不延迟地转发给地面站。

它可以获取敌方雷达的位置和性能参数,如频率、功率、工作方式等,为战时采取相应的干扰措施或直接摧毁它们作好准备。在战时,通过雷达信号的数量和特性的改变,分析其部署情况的变化,判断其战略战术意图。

它可以获取敌人通信设备的位置和性能参数,敌方指挥通信系统的工作方式,窃听通信内容。它又可以截获敌方武器试验的遥测信号、通过信号分析了解武器性能,掌握武器发展状况。

电子侦察卫星的轨道高度一般选择在 300 ~ 1 000 km 左右。

电子侦察卫星上装有:无线电接受机、信号处理机、信息记录仪和发射机。

15.3.1.3　海洋监视卫星

海洋监视卫星的遥感仪器有雷达、照相机和无线电接受机。他们用来探测潜艇的位置,同时也可获取水面舰艇活动的情报。

雷达主要有侧视、前视雷达和合成孔径雷达。前两种雷达主要探测海上目标,合成孔径雷达可以得到分辨力相当高的探测图形,并且能穿过海面上的水汽,有很强的侦察、监视目标的能力。

照相机有可见光照相机、电视摄像机、多光谱扫描器和红外探测器等。用来对海上目标的照相侦察,主要是可见光和红外相机,侧重侦察海上舰艇、潜艇的运动,以及导弹的发射。

无线电接收机,其原理与电子侦察卫星一样,主要用于监视海上舰艇或潜艇的无线电信号和雷达信号,判明其性质,确定其位置、航速,同时还可用于海上舰艇的通信。

15.3.1.4　导弹预警卫星

导弹预警卫星的遥感器是红外望远镜,可见光电视摄像机以及核爆炸辐射探测器。用于在战时及时发现弹道导弹的发射并粗略地预报其弹道和落点,在平时是监视各国弹道导弹和航天器的飞行试验情况。

导弹发射时以尾部喷出炽热的长长尾焰,尾焰的温度在 3 000 ℃以上,产生强烈的红外辐射,这是导弹发射的明显特征。于是导弹预警卫星上的红外望远镜,可以探测到导弹的发射。导弹的尾焰亮度很高,尤其是导弹飞出大气层后,因为大气压力降低,尾焰迅速膨胀,成为一条明亮的光带,电视摄像机能发现亮点,对导弹发射进行预报。

预警卫星获得的信息可以传输到地面中心站,在地面中心站进行分析处理,粗略地预报弹道导弹的飞行弹道和落点,这些信息传输给反导防御系统。

核爆炸辐射探测器,用来探测核爆炸,并监视核禁试条约执行情况及非签约国核试验情况。它是探测核爆炸所产生的 X 射线、γ 射线、中子、闪光和电磁脉冲来侦察核爆炸的情况。

15.3.2　测地卫星

测地卫星的遥感仪器有无线电信标机、多普勒接收机、激光测距和无线电测距装置,用来为全球大地联测提供全球统一的地心坐标系;精确测定地球引力场参数及地球形状和地球表面的地理信息;测量平均海平面高度变化,研究地壳运动和大陆漂移,并预报地震和海啸等。

测地卫星除了科学研究之外,主要是为陆基洲际弹道导弹和潜艇发射的弹道导弹提供准确的目标位置和地球引力场参数,输入到导弹制导系统计算机,以提高导弹命中精度。

测地卫星按任务和方法可分为几何学测地卫星和动力学测地卫星。几何学测地是利用卫星作为基准或控制点来进行大地测量;动力学测地是观测由于地球引力场的不均匀引起卫星瞬时坐标的波动,然后根据轨道摄动理论,推算地球引力场参数和地球的真实形状。

几何学测地卫星一般采用一千至几千千米高度的近圆极轨道,以利于多普勒测速和激光、无线电测距。动力学测地卫星采用一组具有不同倾角的轨道,这样可获得全球不同地区的引力场参数,提高引力场参数和地球形状的测定精度。

15.3.3　气象卫星

气象卫星的遥感仪器是红外扫描仪、微波探测仪、微波成像仪、电视摄像仪,用来测量和接收地球及其大气层的可见光、红外和微波辐射,然后将它们转换成无线电信号传输到地面,地面台站将接收到的无线电信号复原,绘制成云层、地表和海洋图,经进一步处理,得出各种气象情报。

气象卫星按运行轨道分为太阳同步气象卫星和地球静止轨道气象卫星。太阳同步轨道气象卫星沿轨道高度在 1 000 km 左右的圆轨道运行,每天可对包括南北极在内的全球巡视两遍,可以获得全球气象资料,由于轨道低,图像分辨率高。地球静止轨道气象卫星由 3～4 颗卫星组成星座。能对全球中、低纬度地区天气系统的形成和发展进行连续监测,但对南北两极为盲区无法观测,对南北纬纬度高于 55°的地区的观测能力较差。这两类气象卫星相互补充,可得到全球完整的气象资料。

气象卫星通常是军民两用的,为了满足军事上的特殊需要,也有专用的气象卫星,为全球范围的战略要地和战区提供实时气象情报,它具有保密性和图像分辨率高的特点。

15.4　航天武器系统

随着航天技术的发展,在各种航天轨道上布置了各类军用卫星,同时远程弹道式导弹也通过外层空间打击敌方,从而使得外层空间在军事上具有越来越重要的战略意义。为了夺取和掌握制天权,摧毁敌方在外层空间的活动目标或使之失效,就成为未来天战的主要作战方式。为了攻击卫星和弹道导弹,前苏联研制了拦截卫星,美国研制了动能拦截器,这两种武器系统都进行过试验并可以进行部署。美国提出过用激光武器攻击敌方军用武器和弹道导弹的方案,当前尚未实现,但在技术上是可能实现的。

15.4.1　拦截卫星

拦截卫星是对敌方空间目标实施毁灭性打击或使其失效的卫星,它和地面观测网、地面发射——监控系统一起组成拦截武器系统。

拦截卫星作战过程大致如下:由地面观测网对敌方卫星进行不间断的观测后,编制出目标目录,确定轨道参数并判定其性质(军用或民用),在适当时机发射拦截卫星到预定轨道上;当需要拦截敌方卫星时,由地面站给拦截卫星上的轨道控制系统发出指令,起动变轨发动机,拦截卫星变轨机动,接近目标卫星并将其摧毁;最后由地面发射——监控系统判断其拦截效果。

前苏联于 20 世纪 60 年代末期研制的拦截卫星的战斗部是破片式杀伤战斗部,因而这种战斗部也称"天雷"。以后又对它进行了改进,当拦截卫星接近目标卫星时,拦截卫星发射火箭将目标击毁。前苏联的拦截卫星具有很强的机动变轨能力,可以拦截轨道高度在 2 000 km 以下的近圆轨道的目标卫星。

15.4.2 动能拦截飞行器

动能拦截飞行器是拦截军用卫星和远程弹道导弹等空间目标的武器。它实际上是精确制导的导弹,弹头不装填炸药。依靠精确制导技术使弹头与空间目标碰撞,利用巨大的动能来击毁目标,故称动能拦截器。

美国于 1984 年开始试验机载动能拦截飞行器,它由 F – 15 飞机在 10 km ~ 15 km 的高度上发射,对空间目标进行攻击。飞行器长为 5.4 m,直径为 0.5 m,质量为 1 196 kg,飞行器为三级,第一和第二级为固体火箭发动机,第三级为小型拦截器,其长为 0.33 m,直径 0.3 m,质量为 45.4 kg。它装有精确制导的红外探测器、激光陀螺、弹载计算机和机动用小火箭等。拦截飞行器的简要作战程序为:飞行器由飞机发射后,在一、二级发动机和惯性制导系统作用下进入预定空域。然后,由红外探测器搜索捕获和跟踪目标,当飞行器相对空间目标的速度达到 13.5 km/s 时,拦截器与火箭分离,拦截器靠自身的制导系统和小火箭追踪目标,最后撞击并摧毁目标。

15.5 导航卫星

现代战争是大纵深非线式作战的特点,要求分布在广大地域的地面部队、坦克和火炮、飞机、水面和水下舰艇等进行协同一致的作战行动,这就要求它们有精确一致的时间基准,并且在任何时刻都能确定各自的位置和速度。导航卫星的导航定位系统是卫星无线电导航、定位与授时系统。系统的任务是为分布在全球各地的三军部队及其武器、低轨道上的军用卫星提供全天候的精确实时的导航、定位与授时服务。

15.5.1 系统组成与工作原理

导航定位系统由部署在轨道上的多颗导航卫星组成的导航卫星星座,部署在地面的对星座中各卫星进行监视、测量和控制的地面测控网,用户接收设备三个部分组成。

导航定位系统的工作原理是由地面测控网连续跟踪观测卫星,根据观测结果计算和编制星历及卫星时钟钟差等参数,并将这些参数通过测控站传输给卫星,这样就使卫星每时每刻都能精确地预报自己的位置和速度。卫星上有专用的导航系统,其中包括无线电发射机、高精度时钟、导航电文存储器等,卫星不断地发出导航信号和包含自身星历的导航电文供用户接收设备接收。用户接收设备由天线、接收机、信号处理器和显示器组成。从原理上说,接收机收到三颗导航卫星(实际是四颗)发射的系统导航信号和导航电文,经过对导航信息到达用户时间的测量,可以算出卫星与用户的距离,由导航电文获知卫星的位置,经过处理计算可得出用户本身的三位位置和速度。

由于导航卫星以广播方式发布导航信号和导航电文,只要配置能接收到广播信息的用户接收设备就可利用接收的信息进行导航定位,因而导航卫星系统可对无穷多的用户进行导航定位,而用户接收设备本身比较简单,价格便宜,因而这一系统得到军用和民用的广泛应用。

15.5.2　全球定位系统(GPS)

GPS 是美国军方于 1973 年开始研制与部署的新一代导航卫星定位系统,这一系统用来代替美国军方来使用的"海军导航卫星系统(NNSS)"。NNSS 又称"子午仪卫星系统",GPS 的性能远优于 NNSS,其定位精度较之 NNSS 提高了 10 倍。

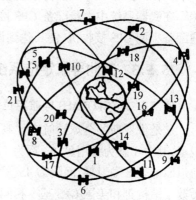

图 15.10　GPS 卫星星座

GPS 的空间部分由 24 颗卫星构成导航星座,21 颗为工作星,3 颗为备份星,卫星分布在六条轨道高度均为 2 000 km,轨道倾角为 55°,轨道周期均为 12 h 的圆形轨道上,各轨道的升交点沿赤道等间隔配置,相邻升交点之间的角距为 60°,每条轨道上分布四颗卫星,星座如图 15.10 所示。这一星座可保证在地球上和近地空间任何一点,在任何时刻均可观测到星座中的四颗卫星,便于实时定位。

GPS 的地面测控网由五个测控站、三个注入站、一个测控中心组成。地面测控网的作用是跟踪观测 GPS 卫星,计算编制卫星星历;监视和控制卫星的轨道、姿态和有效载荷的工作;保持 GPS 时间系统;向卫星注入导航电文和控制指令。

各 GPS 卫星用两种固定频率按规定时间间隔以广播方式发射导航信号和导航电文,其中以 1 575.4 MHz 和 1 227.6 MHz 两种频率发射为军事用户使用的高精度导航信号(称为 P 码),以 1 575.42 MHz 的频率同时发射供民用用户使用的精度较低的导航信号(称为 C/A 码)。导航电文中包括时间信息、卫星参数等。导航信号和导航电文由用户接收设备(简称 GPS 接收)接收,GPS 接收机至少能接收星座中 4 颗卫星发射的信号,经处理和计算,可直接向用户显示其三维位置和速度。使用 P 码时三维定位精度优于 10 m,三维速度精度优于 0.03 m/s,受时精度为 20～30 ns;使用 C/A 码时,水平位置精度在 100～200 m 范围内,垂直位置精度为 156 m,测速精度为 0.3 m/s,授时精度为 500 ns。

在海湾战争中,最受美国国防部欢迎的空间系统是 GPS 系统。当时 GPS 星座尚未全部完成部署,因而紧急发射了三颗导航卫星,在轨构成了十六星星座,使海湾地区基本上实现了要求的覆盖。同时临时为部队配备了 8 000 台 GPS 接收机,它不仅能为海军、空军导航,也可使地面部队在缺乏明显地标的沙漠中实施正确的调动,还能有效地提高炮兵部队的射击精度,提高航空炸弹的投掷精度,提高空降补给的准确度等。在战争中起到了武器倍增器的作用。

由于 GPS 的广泛应用,美国为进一步改善其性能,提高其导航定位的精度,于 1997 年4 月开始部署新一代 GPS,导航卫星为"GPS Block – 2R"型,其定位精度优于 6 m。据报道,美军在武器系统中大量配备 GPS 接收机,使武器系统的性能得到大幅度提高,例如为导弹配备小型 GPS 接收机,使其达到误差接近于零的命中精度。

15.5.3 其他导航定位系统

15.5.3.1 GLONASS 导航定位系统

这是俄罗斯的全球导航定位系统,它于 1996 年 12 月全部部署完毕,总共部署 25 颗卫星,其中 1 颗为备用星,24 颗为工作星。它们分布在间隔为 120°的三个轨道面内,每个轨道面部署 8 颗卫星,间隔为 45°。它的结构、导航定位工作原理、工作频段以及信号和星历数据结构都和美国 GPS 基本相同,只是导航信号、坐标等稍有差异。它不同于美国 GPS的是它不采用 C/A 码降低民用精度。目前,世界各国都在采用 GPS/GLONASS 组合进行定位,来提高定位精度。

15.5.3.2 紧急定位发射机(ELT)

ELT 的任务是由卫星接收系统来识别飞机和船只的遇险位置,进而向地面发出求救信号。目前有五颗卫星工作,其中两颗卫星是美国的,另外三颗是俄罗斯的。它们专门用于监视军用或民用用户紧急呼救信号,并测定其位置,其定位精度大约 1 000 m 之内。

15.6 通信广播卫星

由于卫星的地面覆盖区大,因此能够把全国做为通信、广播区域。如果适当地配置卫星,组成卫星网可以实现全世界的通信、广播。

卫星发射的电波到达地面的仰角高,不受山等地形的影响,而且采用方向性好的天线,可以避免由于建筑物产生的电波折射的影响,可以实现良好的通信、广播。

纯地面通信、广播在 50 ~ 60 km 设置一个中继站,把信号放大之后传送,因此整个系统费用高。如果采用通信、广播卫星,则地面大量的中继站是不需要的,因此总的经费更合算。

通信卫星在军事上有着重要的意义。用于监视地面的空间遥感器和地面上的监视系统,能收集相当可观的数据。这些用于军事目的这样或那样的数据,需要高度可靠和安全的通信系统来传送。美国80%的军事通信由人造地球卫星来完成,所以这是一个生死攸关的领域。

美国的军事通信计划基本上分为三项:

为进行指挥、控制和通信,研制了空军卫星通信系统(AFSA‒TCOM),这个系统的一个重要组成部分是卫星数据系统(SDS),它由多用途的通信卫星组成,卫星的轨道是大椭圆轨道,轨道倾角约63°,轨道周期约为12 h。

在第二项中,研制和部署了国防通信卫星系统(DSCS),这个系统中的卫星是成对发射的,卫星进入地球静止轨道,卫星构成了世界军事指挥和控制系统的一部分。其中有些卫星除中继军事通信外,还中继照相侦察卫星和电子侦察卫星搜集的数据用于条约监视的有关军事部队的规模和活动、武器部署、早期预警卫星和危机管制等数据。

在第三项中,主要使用海军的舰队通信卫星(FLTSATCOM),这个系列卫星共发射了四颗,都工作在地球静止轨道上。它们接近寿命终点时,SDS将形成该系统卫星通信的支柱。

什么叫广播呢? 它是把节目(无线电或电视节目),通过通信系统传送到别的地方,在接受机上再现节目让对方看、听的业务。

什么叫卫星广播呢? 作为一般老百姓直接接收为目的,通过卫星系统传送或再传送节目的无线电通信业务叫卫星广播。

15.6.1 卫星广播方式

1971年召开的世界无线电通信局会议,第一次分配了卫星广播用的频率,1977年召开的会议上,研究了12 GHz频带卫星广播计划,确定了家庭能接受的12 GHz频带卫星广播频道和卫星轨道位置(地球静止轨道上)分配给各国。

卫星广播方式有:个别接收和共同接收两种方式。

个别接收是用简易的家庭设备,尤其是有小型天线的设备,接收卫星转发信号的方式。

共同接收是用大型天线的复杂设备,接收卫星转发信号的方式。它是由接收设备再经分配通信系统,使某一地区或者限定区域的人们同时接收信号。

卫星广播系统如图15.11所示。它由从卫星到地面接收装置的下行线、把节目从地面送到卫星的上行线和为了维持卫星机能的遥测遥控回路组成。

广播卫星的轨道有:每天特定时间能广播的时间同步轨道和任何时间都能广播的地球静止轨道。根据广播地区、广播时间、地面接收天线的特性选择轨道。地球静止轨道广播卫星、地面接收天线不需要有跟踪机构。因此绝大多数广播卫星采用地球静止轨道,在

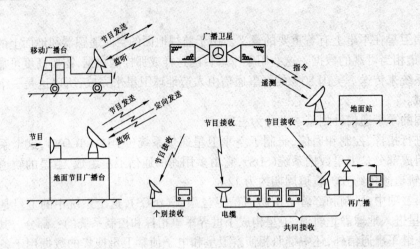

图 15.11　卫星广播系统

地球静止轨道上,各国的卫星以 6°的等间隔配置,轨道位置保持精度,在东西、南北方向均要求 ±1°以内,以保证频率的有效利用。

15.6.2　卫星上的通信系统

卫星上的通信系统由天线和转发器组成,天线用来接收地面台节目的电波信号,转发器将天线接收的电波信号变换成发射频率并放大信号又经过天线往地面发送。

12 GHz 频带转发器,能输出从卫星到各家庭的电波的放大功率(一百到几百瓦),这是它的特点。

转发器的构成有两种方式,一种是把接收的频率直接变换成发射频率并放大的直接(单一)变换方式。另一种是把接收的频率变换成中间频率并放大之后再变换成发射频率。近来由于技术的进步,倾向于采用直接变换方式。

图 15.12 是日本实验用中型卫星(BS)的转发器的系统图。TDA 是隧道二极管放大器。TWT 是行波管。

图 15.13 是 BS 卫星转发器的仪器配置图。

用行波管时,其发热量很大,因此用热管进行温度控制。近来固体器件功率放大器得到了发展,因此固体器件功率放大器替代行波管。

转发器是由电子器件组装成,因此装转发器的舱温度应保证其工作温度。安装转发器支架应该保证静、动强度。

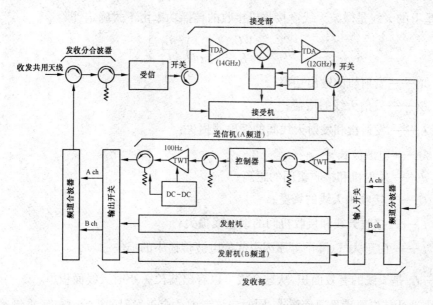

图 15.12　日本 BS 卫星的转发器系统

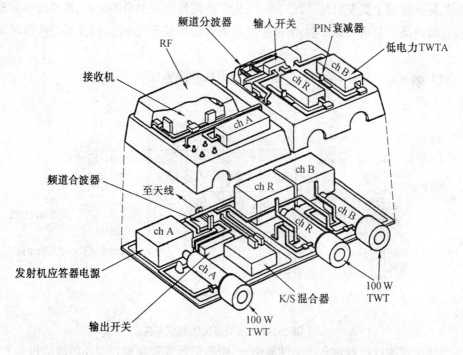

图 15.13　BS 卫星转发器仪器配置

卫星上的天线是微波天线。接收机接收的传播功率由下式确定,即

$$P_i = \left(\frac{WG_t}{L_t}\right)\left(\frac{\lambda}{4\pi d}\right)^2 \frac{G_r}{L_r}\frac{1}{L}$$

式中　　W——发射机的输出功率;

　　　　G_t——发射天线的增益;

　　　　L_t——发射机和发射天线间的馈电线损失;

　　　　λ——电波波长;

　　　　d——发射机和接收机间的距离;

　　　　G_r——接收机天线的增益;

　　　　L_r——接收天线和接收机间的馈电线损失;

　　　　L——由于大气、降雨等原因引起的电波传播中的损失;

上式中 $\frac{\lambda^2}{4\pi}G_r$ 是天线的有效面积,从这个式可以看出波长 λ 小时天线面积小。

　　天线设计首先要满足通信要求,同时应该考虑适应于发射的形状、强度、重量等,尤其重要的是在空间上能发射几百瓦功率、又为了有效地使用卫星的电力,需要对各种形状的服务区域以高增益均匀地照射,对服务区外的外国不发干扰电波,因此旁瓣应该尽可能地小。

　　图 15.14(a)、(b)是日本 BS 广播卫星的天线和服务区。

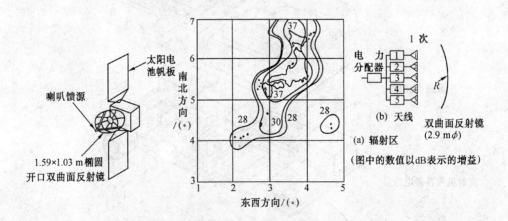

图 15.14　BS 卫星天线和服务区

天线由抛物线反射镜和喇叭馈源组成,喇叭馈源安置在抛物线反射镜的焦点上,喇叭

馈源经馈电线与接收机连接。地面的电波照射到反射镜上,然后反射聚焦在喇叭馈源,经馈电线输入到接收机(转发器的接收机),在此频率改变,放大之后,输入到发射机,再经功率放大器放大之后经馈电线到喇叭馈源照射反射镜,反射镜往地面发射电波。

15.6.3　广播卫星举例——日本 BS 卫星和德国 TV – SAT 卫星

欧洲航天局为了降低广播卫星的制造费,除了广播用的转发器和天线之外的共用部分:如姿态控制系统、结构系统、推进系统、电源系统和遥测遥控系统等(叫共用系统),尽可能作成后继卫星共用,而且广播的仪器也作成共用,这样降低卫星制造费用,又缩短制造周期。

图 15.16 中,Ⅰ舱中装推进系统,Ⅱ舱中装电源系统、姿态控制系统和遥测遥控系统,这两个舱设计成后继卫星共用,而根据卫星设计任务,改变Ⅲ舱里的部分(转发器和天线)和太阳电池帆板的大小。

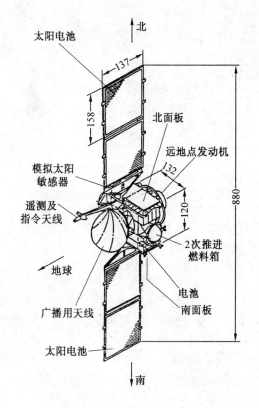

图 15.15　BS 卫星(单位 cm)

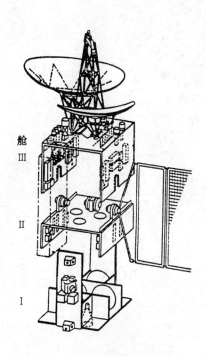

图 15.16　电视卫星舱结构例子

15.6.4　卫星通信、广播用的调制方式

低频电波在传送中衰减大,定向性差,而且需要大的天线,因此通信中把信号载波于高频电波上传送,这个把信号载波于高频电波的叫调制。

调制方式有频率调制、相位调制和幅值调制方式,前两者与幅值调制方式比较,由于传送回路的非线性产生的变化小,在同样的信噪比的情况下可以较小的功率传送,不易受干挠的影响,因此要求高品质的长距离电话传送、电视转播、不易得到转发器大功率的卫星通信等,无线通信中广泛地采用频率调制或者与此等价的相位调制方式。

第十六章　航天器的返回

航天器从大气层外的运行轨道,进入地球的稠密大气层称为"进入"或"再入",航天器脱离运行轨道进入地球大气层,并在地面安全着陆的全过程叫做航天器的"返回"。

航天器是否返回分为非反回型和返回型两大类。

非返回型的有通信卫星、导航卫星、气象卫星、天文卫星、空间站等。

返回型的有照相侦察卫星、生物卫星、载人飞船、航天飞机、月球和行星取样探测器等。

至今世界上掌握返回技术的只有俄罗斯、美国和中国三个国家。

16.1　返回过程

16.1.1　返回方案

发射过程是加速过程,那么返回过程与发射过程相反,用火箭向运行方向的反方向推进而减速,但是要这样做飞行器带的燃料增加很多,因此既不经济又不现实。

利用大气阻力减速的方案,这是既经济又现实的方案,所以都采用这种方案。

我们知道空气中飞行的飞行器所受的气动阻力为

$$D = \frac{1}{2}\rho v^2 C_D S \qquad (16.1)$$

式中　ρ——大气密度;

　　　v——飞行速度;

　　　C_D——气动阻力系统;

　　　S——迎面面积。

飞行器再入大气层时速度很大,每秒钟 7 km 以上,所以作用在飞行器上的气动阻力很大,最大可以达到本身重量的几倍到几十倍。因此飞行器以几倍甚至几十倍于重力加速度(g)的负加速度减速,飞行器由原来的宇宙速度很快地减速,飞行高度降到 15 km 左右时速度达到亚音速约每秒 200 m,最后再进一步采用减速措施,如用降落伞使飞行器减速到安全着陆速度。

这种方法只需用一个能量不大的制动火箭,让它工作很短的一段时间,使飞行器脱离运行轨道,转入朝向大气层的返回轨道,以后只靠空气阻力减速。

16.1.2　返回的几个阶段

离轨段　如图 16.1 所示在运行轨道的 A 点上,制动火箭工作叫飞行器脱离运行轨道,转入一条能进入大气层的返回轨道。我们把制动火箭工作的这一段称为离轨段。

1．大气层外自由下降段

制动火箭熄火后飞行器在重力作用下沿着过渡轨道自由下降。在 100 km 左右高度进入稠密大气层。离轨段的末点到进入大气层的这一段叫做大气层外自由下降段,如图 16.1 中的 AB 段。

2．再入大气层段

如图 16.1 所示,从进入大气层到 15 km 以上,在大气中飞行段叫做再入大气层段。

3．着陆段

当飞行器下降到 15 km 以下高度时,进一步采取减速措施,保证其安全着陆,这一段叫做着陆段或回收段。一般在 9 km 高度时抛出副降落伞减速,到 7 km 高度时抛出主降落伞进一步减速,不载人时只靠降落伞着陆,着陆速度要求小于 15 m/s。载人的情况下,要求着陆速度小于 6 m/s,为了满足这一要求,返回舱离地面 1～2 m 时,启动反冲发动机,往地面喷气,从而产生向上的冲量,从而保证软着陆。

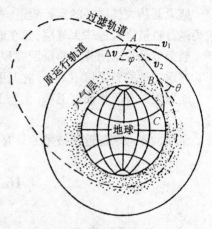

图 16.1　航天器的返回

航天器沿自由下降段下降进入大气层,开始再入时的速度方向与当地水平面的夹角叫做再入角。再入角太小了,飞行器可能只在大气层的边缘擦过,而不能进入大气层。再入角太大时,作用在其上的空气阻力会很大,因而制动过载值可能超过允许值,或者气动力加热过于严重。所以再入角只能限制在一定的范围内,这个范围叫做再入走廊,如图 16.2 所示,飞行器只有进入再入走廊,才能安全地返回。

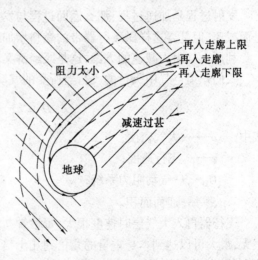

图 16.2　再入走廊示意图

16.2　返回型航天器的分类

返回型航天器的分类是根据在再入过程的动力学特征来划分的。

16.2.1　弹道式再入飞行器

升阻比在 $L/D = 0 \sim 0.5$ 之间的叫做弹道式再入飞行器,它分为纯弹道式再入飞行器和半弹道式再入飞行器。

1.纯弹道式再入飞行器

这种飞行器的升阻比为零或接近零,在大气中飞行时只产生阻力而不产生升力,或者只产生有限的升力,但此升力是无法控制的。

这种飞行器没有升力,因此气动外形很简单,通常采用钝头轴对称旋转体外形。返回过程中在大气层里经历的时间很短,一般不超过六分多种,因此气动加热总量小,从而防热结构较简单,它的返回过程中没有控制,于是技术上容易实现。

这种飞行器由于没有升力,再入过程的运动无法控制,制动火箭工作期间的偏差决定着陆点的位置,无法再改变。

它的迎风面的热流大,气动加热严重的部位采用烧蚀防热结构,因此不能重复使用,它的再入制动过载大,达到 $8 \sim 10\ g$。

2.半弹道式再入飞行器

为了克服纯弹道式再入的缺点,赋予飞行器以有限的、可控制的升力,升阻比小于0.5。

如图 16.3 所示,将飞行器的重心配置在离中心轴一段很小的距离 e 处。这样,再入舱在气流中产生一定的攻角,相应的产生一定的升力。将飞行器绕其纵轴旋转一个角度(侧倾角),则此升力分解为一个向上的力和一个侧向力。

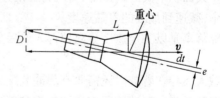

图 16.3　"双子星座"飞船再入舱重心偏心

$e = 76.2\ \text{mm}$,相应的配平攻角 $\alpha_\gamma = 14°$

飞行器再入大气层后,根据飞行器与预定落点之间的相对距离与方位,以一定的程序控制飞行器的侧倾角,可以在一定的范围内,调整飞行器的落点位置,同时制动过载也明显地下降。

16.2.2　升力式再入飞行器

它分为升力体式飞行器和有翼飞行器,前者的升阻比在 0.5～1.3 之间,后者的升阻比大于 1.3。

1. 升力体式飞行器

它又称升力艇,没有机翼,利用机身的气动外形产生一定的升力。其性能介于弹道式飞行器和有翼飞行器之间。

2. 有翼飞行器

它具有升力面,外形像现代高速飞机,它在大气里可滑翔机动飞行数千公里,最后在预定机场的跑道上水平着陆,可以重复使用。再入过程最大制动过载很低在 1 g 左右。美国的航天飞机属于这种飞行器。

16.3　着　陆

飞行器下降到 15 km 左右的高度时速度减小到亚音速。为保证安全着陆,需要采取进一步的减速措施。弹道式再入飞行器常采用降落伞作为达到着陆减速的手段。降落伞具有包装体积小、重量轻、展开后产生巨大阻力面积、可靠性高等优点,但是着陆点不好控制。

载人飞船在陆地着陆的速度不得大于 6 m/s,在海上不得大于 10 m/s,对于无人飞行器来说,不得大于 15 m/s。

降落伞着陆系统在 15 km 以下的高度开始工作,一般采用两极减速。先在 9 km 左右打开一具面积不大的减速伞,将飞行器的速度减到 80 m/s 左右,然后在 7 km 左右高度打开主伞,减速到最终的着陆速度。

降落伞是以一定速度分离掉再入舱后盖子,并用弹射器弹射出去之后靠气流自动开伞。

载人飞船在着陆时还需要有缓冲装置,以减轻着陆冲击过载,为宇航员创造一个较舒适的着陆条件。缓冲装置有缓冲气囊和着陆缓冲火箭等。着陆缓冲火箭在飞船离地面约 1.5 m 时工作,给飞船一个向上的冲量,使之以接近于零的速度着陆。

弹道式再入飞行器的落点散布面比较广,为了在飞行器着陆后及时地被地面人员寻找到,飞行器上装有标位装置。标位装置有无线电信标机、海水染色剂、发烟罐、闪光灯和金属丝云等,但是以无线电信标机为主。

1. 回收程序

有一个卫星轨道周期为 91 min,按任务要求三天后返回地面,即在运行 47 圈之后,开始按程序返回,一般过程如图 16.4 所示。

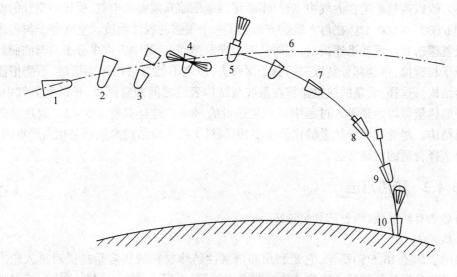

图 16.4　返回舱回收过程

1 – 运行轨道上的卫星;2 – 调整姿态再定向;3 – 回收舱与仪器舱解锁分离;4 – 自旋;5 – 至近地点附近,制动火箭点火,进入返回轨道;6 – 消旋,以保证再入攻角接近于零的姿态;7 – 卫星再入,回收信标机开始工作;8 – 距地面约 8 ~ 16 km 处,抛射热防护底盖及制动火箭;9 – 弹射降落伞罩;10 – 张开降落伞(减速伞及主伞)直至返回地面

制动火箭点火之前自旋,以消除制动火箭推力偏心和偏斜而产生的偏离返回轨道的影响,返回舱前头是返回时受热最严重的部位,因此一般采取烧蚀防热,如果制动火箭工作之后不消旋则以自旋姿态返回,返回舱前头不能朝气流迎面方向,则不利于防热,于是进行消旋,消旋之后靠气动力作用返回舱前头指向气流迎面方向。

16.4　防热结构

防热结构选择得如何是能否成功地返回的重要问题之一。例如一个 500 kg 的再入舱,开始再入时的动能为 1.43×10^3 J,如果其动能全部转化为热能 1.43×10^{10} J。即使这个热量的 3% 也足以将 500 kg 的钢从 0 ℃加热到熔化。

再入舱在再入过程中,不致为气动加热所焚毁的方法有如下几种。

16.4.1　选择再入舱的几何外形

精心地选择再入舱的几何外形,特别是受热最严重的前端部位的几何外形,如选择短粗、大钝的形状,如球形、钟形、球块与截锥的组合体等。

　　再入舱以高超音速在大气中飞行,不断猛烈地压缩其前面的空气,受压缩空气的温度增高到 6 000 ~ 8 000 ℃。在再入舱前方形成了一个很强的脱体激波。空气分子与再入舱表面反复撞击其热运动迅速提高,同时从结构表面弹回去,其中有许多分子又与前面新冲来的分子相碰撞,将这部分新冲来的分子顶回去,使之不能与结构表面接触,不能把能量传递给结构。这样,大量的热量排御在激波与结构表面之间的空间里,扩散到大气中去。这部分的热量可以达到再入过程中所产生热量的 98%。这样只有 1% ~ 2% 的热量传给再入舱结构。尽管这部分热量的比例很小,但是对于再入舱结构来说还是相当严重的,为此需要选择合适的防热方法。

16.4.2　防热方法

防热法有热沉法、辐射法和烧蚀法。

1.热沉法

　　热沉法如图 16.5(a)所示,它是利用非消融性防热材料的热容量提供对再入舱内部结构和设备的保护。热沉式防热结构的蒙皮比较厚,采用比热高、导热性能好、熔点高的金属材料如铍、铜等。单位面积蒙皮所能容纳的最大热量为

$$Q = \rho C_p (T_m - T_0) \delta \qquad (16.2)$$

式中　　ρ——材料密度;

　　　　C_p——平均比热;

　　　　T_m——材料熔点;

　　　　T_0——蒙皮初始温度;

　　　　δ——蒙皮厚度。

　　热沉法最初用于某些中程导弹上,对再入飞行器来说,只能用于加热量很小的部位。

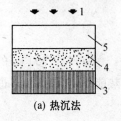
(a) 热沉法

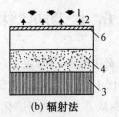
(b) 辐射法

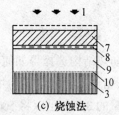
(c) 烧蚀法

图 16.5　三种防热法原理示意图

1— 从气流传来的热流;2— 蒙皮表面向外辐射的热流;3— 承力结构;4— 隔热层;5— 高热容量蒙皮;6— 蒙皮;7—碳化层;8— 分解层;9— 未烧蚀材料;10— 胶合层

2. 辐射法

辐射法是靠辐射把热量往空间排卸的方法，于是辐射防热结构的蒙皮采用辐射系数大的很薄的耐热合金如镍、铌、钼等。

蒙皮表面向外辐射的热流为

$$q = \sigma \varepsilon T_{\mathrm{m}}^4 \tag{16.3}$$

式中　　$\sigma = 5.65 \times 10^2 \ \mathrm{J/m^2 \cdot (0)^4 \cdot s}$　是一个常数；

　　　　ε—— 蒙皮表面的辐射系数；

　　　　T_{m}—— 蒙皮温度。

对再入飞行器来讲用于加热较严重的部位。

3. 烧蚀法

烧蚀法是指当固态材料，一般是高分子材料，在强烈的加热时，表面部分材料开始熔化、蒸发或升华，或分解气化。在这些过程中，将要吸收一定的热量，这种现象叫"烧蚀"。这样烧蚀式防热是有意识地让结构表面的部分材料烧掉，带走大量的热量，从而保全主要结构。

烧蚀材料较常用的有碳化烧蚀材料如酚醛玻璃钢、尼龙酚增强塑料等。

这种方法用于远程导弹的弹头防热结构上，对再入式飞行器来说，用于受热最严重的部位。

第十七章 载人航天器

17.1 概 述

人类向外层空间扩大活动范围,可以用无人航天器如各种卫星、星际探测器来执行所规定的任务,又可以用载人航天器来执行任务。

人在空间充分发挥独有的触觉,人具有主观观察、判断以及对意外情况的处理等能动性,人可以在空间维修失效的航天器、组装大型空间结构、进行科学实验和空间产业如生产珍贵的材料和药品等。即使自动化技术怎样发展,机器是人操作和指挥的,于是人在航天器上工作,更充分地执行航天器的任务。

将来开发月球和其他行星,人必须到身临其境工作才行,于是把人送到空间,取得人在空间长期工作的经验和解决为此需要的技术是必要的。

这样,人在航天器上工作,在经济上、科学技术的发展和国防上具有重要的意义,所以载人航天技术的发展是航天技术进一步发展所需要的。

载人航天器的特点是载人。于是整个发射至返回飞行过程中最大过载限制在人能承受的范围,否则人的器官承受不了,又需要为人的生活提供空气、水、食品,为此应有生命保障系统,航天员与地面要通信联系,于是应有电话、电视系统。

现在已有的载人航天器是载人飞船、航天飞机和空间站,将来可能还会有空间工厂、空间城市等,在这一章里仅介绍现有的载人航天器。

17.2 载人飞船

载人飞船与返回式卫星差不多,它由运载火箭发射入轨,在轨道上执行任务之后靠自己的返回系统返回地面。

前苏联于1961年4月12日上午9点7分发射了航天员加加林乘座的"东方—1号"飞船上天,在轨道上飞行一圈之后,于上午10点55分返回地面,证明了人在空间能活着而且能正常工作。这是人类历史上第一次载人航天飞行,打开了人类历史上载人航天飞行的扉页。

航天员季托夫乘座的"东方—2号"飞船,在轨道上飞行了一天之后返回地面,进一步证明了人在空间照常能睡觉,并能按时醒过来。"东方号"按计划共发射了六艘飞船。东方号飞船如图 17.1 所示。主要由返回舱和制动发动机系统组成。

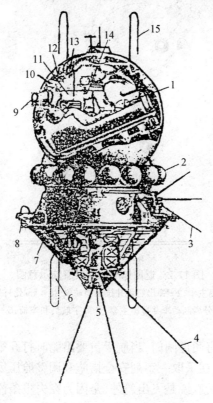

图 17.1　东方号飞船

1—弹射座椅上的宇航员;2—定向系统和宇航服通风系统的贮气罐;3—无线通话频道天线;4—信号系统天线;5—制动发动机系统;6—遥测系统天线;7—温控百叶窗;8—太阳敏感器;9—视线光学定向系统;10—电视摄像机;11—生命保障系统设备;12—返回舱;13—仪器面板;14—定向控制手柄;15—指令天线

东方号飞船返回时,航天员在离地面 7 km 处靠弹射椅从返回舱弹出来,返回舱与宇航员各自返回地面,如图 17.2 所示。这里采用了成熟的飞机上飞行员降落地面的技术。

前苏联在东方号飞船的返回舱里的座椅增加到三个,又加大生保系统,这个型号叫"上升号"飞船,这个飞船返回时宇航员坐在返回舱一起返回。

1964 年 10 月 12 日三名宇航员乘"上升 - 1 号"上天。这是世界上第一艘乘三人的飞船。1965 年 3 月 8 日发射了"上升 - 2 号",宇航员列昂诺夫走出"上升 - 2 号"10 分钟,首次实现了人在空间行走的愿望。

航天员是怎样走出舱体的呢? 是通过载人航天器上安装的气闸舱,目的是防止乘员

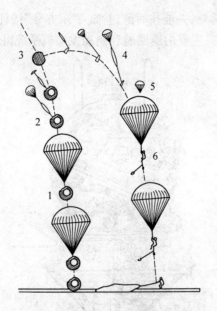

图 17.2　返回舱与宇航员着陆示意图

1—在 2.5 km 处分离制动伞并拉出主伞；2—弹出舱盖并拉出制动伞(在 4 km 处)；3—在 7 km 弹射舱盖和弹射宇航员；4—拉出制动伞；5—在 4 km 处分离制动伞并拉出主伞,分离宇航员和座椅；6—分离着陆紧急救助装置并给救生艇充气

舱内的气体泄漏。气闸舱有两道闸门,当航天员要出舱时打开第一道气闸门,航天员进入气闸舱后第一道闸门关闭,在采取一系列安全措施和调整舱压后再打开第二道闸门,这时航天员可以飞出舱外。之所以说是飞出舱外,是因为在失重条件下,只要航天员碰一下舱体,就能飞起来。

航天员在舱外行走有两种方式:一种是用早期研制的脐带式生命保障系统与乘员舱连接,航天员身穿航天服,航天员所需要的氧气、压力、冷却工质、电源和通讯等都是通过脐带由"母"载人航天器提供的。由于脐带不能过长,所以航天员只能在"母"航天器附近活动,如果离航天器走远了,则容易使脐带缠绕,像婴儿那样"窒息"而死。另一种是后期发明的装在航天服背后的便携式环控与生保系统。航天员出舱后与"母"航天器分离,由于身穿舱外用的航天服,背着便携式环控与生保装置以及载人机动装置,航天员可到离"母"载人航天器 100 m 远处活动。实际上,舱外航天服及便携式环控与生保系统是一个微型载人航天器,它保证人的周围有适合的压力,有通风供氧,有温度湿度调节,使航天员在服装内正常生存,并能进行太空作业。

同时,为了防止减压病,航天员在出舱活动之前还要进行吸氧排氮。航天员到舱外活动时,他身穿的航天服系统中的压力比舱内的压力要低。

美国于 20 世纪 60 年代初开始执行了"水星计划"(Mercury Project)。

1961 年 5 月 15 日宇航员谢泼德乘水星 3 号飞船做直上直下的亚轨道飞行,飞行时间约 15 min。1962 年 2 月 20 日约翰·格伦乘"水星 6 号"飞船绕地球飞行了 3 圈。1965 年 3 月 23 日"双子星—3"首次载两名宇航员飞行成功。10 批 20 名宇航员乘"双子星"上天,执行了两艘飞船对接、宇航员舱外活动等多项任务。"双子星"飞船如图 17.3 所示,主要由返回舱和仪器动力舱组成。

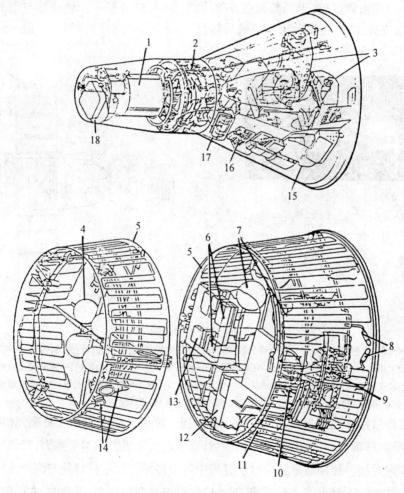

图 17.3　双子星飞船

1—降落伞舱;2—系统舱;3—弹射椅;4—制动发动机;5—机组舱截面;6—无线电系统;7—液体发动机燃料箱;8—姿控液体发动机;9—冷却泵;10—液氧箱;11—饮用水箱;12—燃料组元;13—仪器设备;14—机动飞行液体发动机;15—惯性导航系统设备;16—电源系统设备;17—红外地平仪;18—雷达天线

20 世纪 60 年代初前苏联提出了"联盟"号载人飞船、"进步"号不载人货船、"礼炮"号空间站组成的空间科研运输体系。其首要任务是完成空间编队飞行、实现空间对接、进行宇航员互换，以及进行长期飞行以考验人体的适应能力。

"联盟—1"号是 1967 年 4 月 23 日发射的，1971 年 4 月 22 日"联盟—10"号上天，在轨道上与"礼炮—1"号空间站对接成功，揭开了当时前苏联空间科学研究运输体系形成的序幕。利用这样一个体系，从事了一系列科学研究和空间生产材料和药品。

联盟号飞船由轨道舱、返回舱和服务舱组成，如图 17.4 所示。轨道舱与别的飞行器对接，宇航员在此工作，返回舱用于宇航员休息，并返回。"联盟—4"和"联盟—5"飞船对接机构如图 17.5 所示。

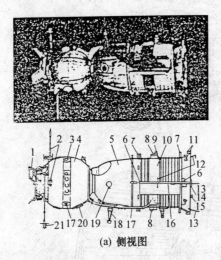
(a) 侧视图

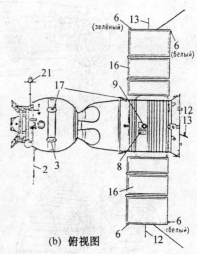
(b) 俯视图

图 17.4　联盟—19 总图

1—周边式异体同构对接机构；2—超短波天线(121.75 MHz)；3—电视天线；4—轨道舱；5—返回舱；6—定向航灯；7—姿态、停靠发动机；8—闪烁信标灯；9—太阳敏感器；10—服务舱；11—姿控发动机；12—遥测天线；13—通信天线；14—接近、校正发动机；15—离子定向敏感器；16—太阳帆板；17—指令与轨道测量天线；18—定向瞄准镜；19—舷窗；20—发射场乘员入口；21—指向阿波罗超短波(259.7 和 296.8 MHz)天线

为了实现对接首先要交会，两个飞行器靠接近、校正发动机使轴线对准，对接面互相平行，保证导向杆插入插口，电接头互相接触，则接近发动机轴向给予推力，带锁导杆进入接受锥巢实现对接。缓冲器是防止对接过程中产生碰撞。校正摇臂是当两个飞行器轴线不完全在一条直线上时也能实现对接，就是说它可以导向杆在上、下和左、右偏斜，以保证带锁导杆头进入接受锥巢中。对接部件传动装置是当带销导杆头还未进接受锥巢时，工作使其进入，进入之后让导杆往后退以保证对接和紧密性。

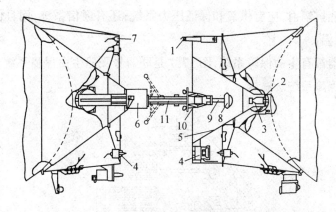

图 17.5　联盟 4、5 对接机构

1—导向杆；2—接受锥巢；3—销的沟槽；4—电接头；5—凹锥；6—对接部件传动装置；7—插口；8—带锁导杆头；9—缓冲器；10—校正摇臂；11—杆

　　宇航员在舱外活动，必须穿宇航服。宇航服如图 17.6(a)、(b)、(c)所示，图(a)是宇航服结构示意图，图(b)是前苏联宇航员 A、C、叶利谢夫和 E、B、赫鲁诺夫出舱宇航服，图(c)是美国双子星飞船宇航服。

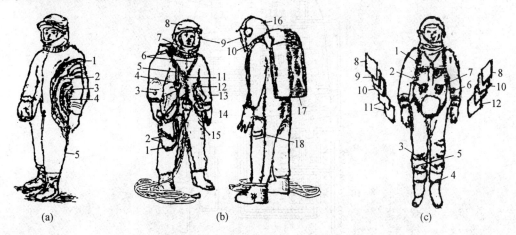

(a)　　　　　　　　　　　(b)　　　　　　　　　　　(c)

图 17.6　宇航服

(a)1—承力层；2—主密封套；3—橡胶密封套；4—贴身内层；5—内宇航服套。(b)1—遥测绳索；2—分离器；3—压力计；4—管路接头；5—保险绳索；6—背囊悬褂带；7—头盔关闭卡板；8—滤光片；9—头盔窗；10—活动环；11—背囊生保系统固定销；12—工作状态选择开关；13—镜子；14—压力维持闸门；15—生保系统控制台；16—密封头盔；17—生保系统背囊；18—应急贮备氧的打开阀门把手。(c)1—颈部密封口袋子；2—从宇航服抽气接头；3—小刀袋子；4—剪子袋子；5—地图袋；6—压力计；7—供氧接头；8—尼龙外衣；9—尼龙防流星层；10—真空保温层；11—尼龙防流星层；12—涂胶的尼龙防流星层

宇航服应能抗辐射,应有供氧和保证压力系统,还有通信系统,而且保证人的关节的活动,又要求保温。

载人航天器都有生命保障系统,图17.7是联盟号飞船生命保障系统,图17.8是阿波罗飞船的生命保障系统。

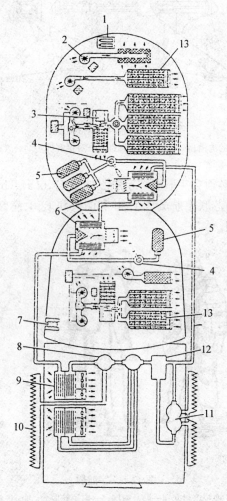

图 17.7　联盟号生保系统

1—食品加热器;2—二氧化碳自动吸收器;3、13—贮热装置;4—手摇泵;5、6—冷凝水吸收器;7—压力调节器;8—液 – 液热交换器;9—汽 – 液热交换器;10—辐射换热器;11—分段式液 – 液热交换器;12—液体流量调节器

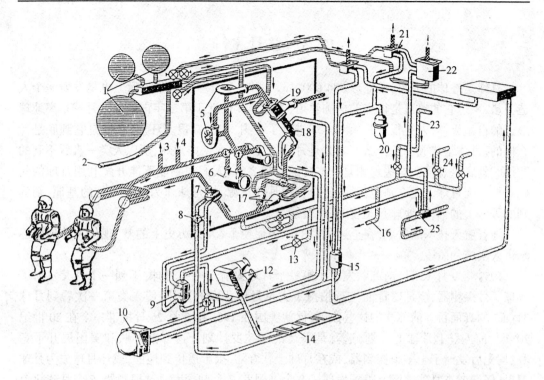

图 17.8　阿波罗飞船生保系统

1—贮水容器；2—背囊生保系统的水加注器；3—向舱内加注氧气；4—从舱内抽出氧气；5—宇航服通风器；6—有害物质吸收器；7、18—氧—乙二醇热交换器；8—进入宇航服的氧气温度调节器；9—乙二醇—乙二醇热交换器；10—无线电设备；11—舱内温度调节器；12—带通风设备的舱内温度调节器；13—舱的应急增压阀；14—冷却板；15—乙二醇泵；16—背囊生保系统氧气加注口；17—气、水分离器；19—升华器；20——乙二醇箱；21—水蒸发器；22—乙二醇蒸发器；23—低压氧；24—高压氧；25—氟利昂蒸发器

由以上两图可以看出，生命保障系统由如下部分组成：

食品贮存和加热器组成的食品供应系统；处理人排放的二氧化碳的设备和供氧的为人的呼吸提供条件的系统；提供饮用水和生活用水的供水系统；由各种换热器组成的温控系统；处理尿和屎的系统；处理人排放的水蒸气的系统，除了这些系统之外，还有健身器材，以锻炼身体。

这里介绍的是开环式生命保障系统，即飞船所带的水、氧用完之后，需要再提供，这种开环式生命保障系统适合于短期飞行的任务，或者有定期供给的情况。

如果在空间长期飞行时为了减少再提供的次数，化学工作者正在探索再生利用的闭环生命保障系统，在闭环系统中把污水和二氧化碳再处理变成干净的水和氧以便再用。

17.3　登月飞行

月球是地球的卫星,离地球 384 000 km,发射一个月球探测器实际上也是发射一个人造卫星,不过它的轨道是很扁的椭圆轨道,发射速度接近于第二宇宙速度。月球是离地球最近的自然天体,人类很早开始对月球进行了观测,知道有很多环形山,但是它到底是什么样的,月球组成成份是什么? 尤其是月球始终一个面朝向地球,所以人类一直看不到的"背面"到底是怎样? 这些观测月球本身的兴趣之外,人们想到能不能开发利用月球的问题。如人到月球上建立基地长期居住,利用月球资源,把月球作为航天飞行的基地,则到别的天体去的话,比地球起飞省时间、省能量。

随着航天技术的发展,在上述提到的原因促使下,人类历史上的梦、现代人的理想逐渐进入实施的阶段。

1959 年 9 月 12 日,前苏联发射了第一个月球火箭击中了月球,不到一个月又发射了月球 3 号探测器,绕月球背面飞行拍摄了大量月球背面的照片,使人类第一次看到月球"背面"的真面目。前苏联的这些成就,促使美国在 1961 年 5 月 25 日批准一个在 20 世纪70 年代前人登上月球的计划,这就是著名的阿波罗计划。这样前苏联和美国展开了竞赛,均先后发射了十多个探测器,或在月球上软着陆,摄影遥传到地面,或环月球成为月球卫星,仔细考查月球表面。美国发射了 9 个徘徊者,7 个勘探者月球探测器,5 个月球轨道环行器,为登月作充分的准备,最后于 1969 年 7 月 21 日,美国两名宇航员乘阿波罗 11 号的登月舱登上了月球,第一位踏上月面的是尼·阿姆斯特朗,当时他说出了那句永载史册的名言:"对一个人来说这是一小步,但对人类来说是一次飞跃。"随后,艾·奥尔德林也踏上了月面。

美国为阿波罗计划共耗资 240 亿美元。到 1972 年 7 月 21 日,美国共发射七次,除一次因故障未登上月球外,其他六次均登上月球,七次均安全返回。在月球上采集了标本,设置了科学站,驾驶月球车进行了勘测。

1970 年,前苏联用无人月球探测器,在月球表面软着陆,采集标本后,返回地球。

美国的阿波罗登月飞行方案如图 17.9 所示。美国最大的运载火箭土星 5 号把有三名宇航员的飞船送入停泊轨道,然后再加速飞向月球,第三级与飞船分离,此时飞船的指令舱和服务舱与登月舱壳子分离并转 180°倒过来与原来在后面的登月舱对接,启动服务舱的发动机使之减速,飞船继续飞行三天之后,进入月球轨道,通过服务舱的发动机改变轨道,使之绕月球飞行,这时登月的两名宇航员进入登月舱,然后与飞船主舱(指令及服务舱)分离。登月舱发动机工作转入月球着陆轨道实现着陆,宇航员出来在月球上执行任务,还有一名宇航员仍坐在指令舱里,环绕月球飞行,进行观察及做科学试验。完成预定

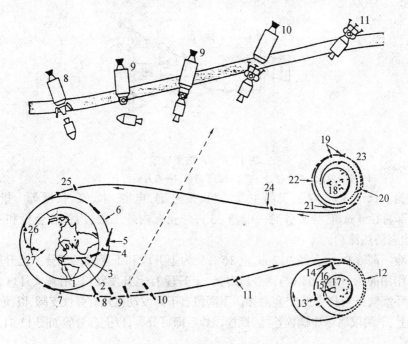

图 17.9 阿波罗登月飞行

1—发射；2—第一级推力飞行；3—第一级分离、第二级点火；4—抛掉救生塔；5—第二级分离、第三级点火入停泊轨道；6—停泊轨道；7—第三级再次点火进入飞向月球轨道；8—指令服务舱分离；9—指令服务舱与登月舱对接；10—指令服务舱、登月舱与三级分离；11—用服务舱发动机轨道修正；12—进入绕月轨道；13—飞行员进入登月舱；14—指令服务舱与登月舱分离；15—转入月球着陆轨道；16—月球上着陆；17—月面探查；18—登陆舱的上升段起飞；19—上升段与指令服务舱对接；20—飞行员转入指令舱；21—上升段分离；22—进入返回地球轨道进行准备；23—转入返回地球轨道；24—轨道修正；25—服务舱分离；26—转入地球着陆轨道；27—在海上降落

任务之后登月宇航员返回登月舱启动上升火箭，登月舱下半部作为发射台，上升段飞上月球环绕轨道，与指令和服务舱交会对接，宇航员从上升段转移到指令舱，然后分离掉上升段，由宇航员驾驶指令和服务舱返回地球，在进入大气层时又将服务舱抛掉，只剩指令舱在海上溅落回收。土星 5 号运载火箭总高 110 m，起飞重 2 950 t，飞船部分高 25 m、重 500 t，火箭第一级高 41.8 m，直径 10 m，煤油－液氧推进剂，发动机为五台 F－1，每台推力为 680 t，总推力达 3 400 t；第二级高 24.7 m，直径也是 10 m，液氧－液氢推进剂，发动机为五台 J－2，每台推力为 90 t；第三级高 17.8 m，直径 6.6 m，液氧－液氢推进剂，发动机是一台 J－2，第三级前面为制导控制舱，再前面即为阿波罗飞船，火箭总功率达到二亿马力。

阿波罗飞船由四部分组成：服务舱、指令舱、登月舱的上升段和登月舱的下降段，如图 17.10 所示。

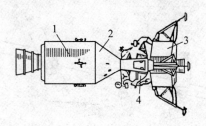

图 17.10　阿波罗飞船

1—服务舱；2—指令舱；3—登月舱的下降段；4—登月舱的上升段

服务舱　长 7.3 m，内装飞船主发动机，推进剂，电源、水、氧、仪器等。指令舱：高 3.6 m，底部直径 4 m，它与服务舱一起重 33 t，外壳有内外二层，用钛合金板和不锈钢制成，外层涂有防热涂料。

登月舱　高 6.9 m，直径 9.2 m，重 16 t，分为上升段和下降段两部分。上升段上有供宇航员工作用的舱，顶部可以与指令舱对接，上升段有上升发动机，用来从月球表面起飞进入月球环绕轨道与指令舱交会对接。下降段有下降发动机还有弹性支脚，以便着陆时减少振动。上、下两段靠爆炸螺栓连接，螺栓爆炸后即可分离，以上各分舱如图 17.11 所示。

17.4　航天飞机

英语 shuttle 是梭的意思，所以 space shuttle 是往返于空间和地球之间的飞行器的意思。从它的功能看，它是运载工具、飞船、飞机三者的功能合在一起的飞行器。它的起飞像运载火箭，轨道运行像飞船，着陆像飞机。

我们知道过去的航天器是用一次性运载工具发射上去的，而运载工具很贵，从而发射成本很高。因此人们设想能不能多次重复使用的运载工具代替一次用运载工具呢？从而开始了航天飞机的研制。

17.4.1　美国航天飞机研制经过

从 1972 年开始方案选择、初步设计、初样试制，到 1977 年飞机搭载试验和整机振动试验为止都按预定计划进行的。

1978 年发动机地面试验中出了一连串问题，甚至发生了火灾，航天飞机上粘接 31 000 块防热瓦，1979 年防热瓦粘接不顺利而且其强度不够，于是进行补充试验又替换，所以原定 1978 年 3 月首次飞行的计划延期到 1981 年 4 月 12 日首航成功，研制周期 10 年，两架轨道器、四次试验飞行，及研制推迟而追加的费用在内，按 1982 年美元计算研制费为 100 亿美元。

1981 年 4 月 12 日至 1982 年进行了四次试验飞行，到 1992 年 5 月 7 日对五架航天飞

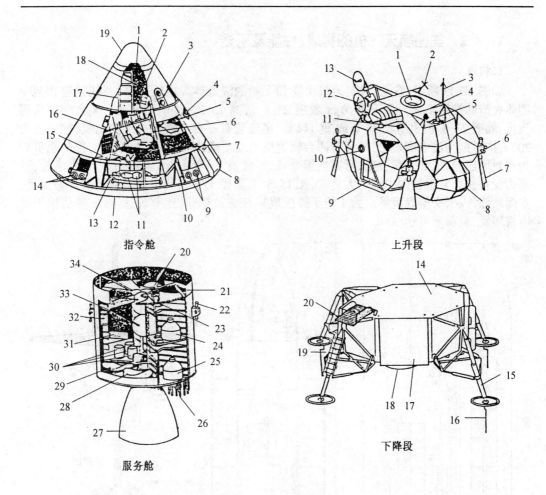

图 17.11　阿波罗飞船分舱

指令舱,服务舱:1—前舱口;2—回收顺序控制器;3—俯仰控制喷咀;4—交会窗;5—仪器架;6—座席;7—出入口;8—电线盒;9—俯仰控制喷咀;10—排气阀;11—滚转控制喷咀;12—后部防热板;13—后室;14—偏航控制喷咀;15—机械架;16—仪器架;17—主伞;18—前室;19—前防热罩;20—燃料箱;21—接线板;22—喷咀;23—液氧箱;24—液氢箱;25—液氧箱;26—高增益天线;27—发动机喷管;28—燃料箱;29—氧化剂箱;30—燃料电池;31—压力控制板;32—喷咀用燃料箱;33—氦箱;34—速接框。上升段,下降段:1—上面对接口;2—天线;3—舱外活动用天线;4—VHF 天线;5—对接目标;6—辅助发动机组;7—燃气导流板;8—对接用电灯;9—出入前舱门;10—跟踪用电灯;11—对接观测窗;12—交会天线;13—天线;14—防热板;15—着陆架;16—着陆检测器;17—月球车;18—软着陆发动机;19—下月面用梯子;20—出入平台

机哥伦比亚号、挑战者号、发现者号、阿特兰蒂斯号、奋进号进行了研制并试飞过。

　　1986 年 1 月 23 日挑战者号爆炸前共进行了 24 次空间飞行,部署 29 颗通信和军用卫星并携带过 125 人次宇航员,到 2000 年 11 月底已飞行 101 架次。

17.4.2　美国航天飞机的构成、性能及用途

1.构成

　　如图 17.12 所示,它是飞机、运载火箭和飞船的混合体。由轨道器、外挂贮箱和两个固体火箭助推器组成。总长 56.0 m,翼展 23.8 m,高 23.2 m。轨道器像一架大型三角翼飞机,翼展 23.8 m,机身长 37.2 m,重 114 t。尾部装有三台主液体火箭发动机,推力各为 200 t,推进剂为液氧液氢,另外还有两台轨道机动发动机,推力各为 2.7 t。前部的乘员舱为密封增压舱,上部为驾驶舱,可容纳指令长、驾驶员、科学家 3~4 人;中部为生活舱;下部为设备舱。轨道器的中部为大货舱,长 18.3 m,直径 4.6 m,用以运送有效载荷如卫星、空间站部件、天文望远镜等。为了便于释放或捕获有效载荷,还有长达 18 m 的机械手及电视装置,载荷重可达 90 t。

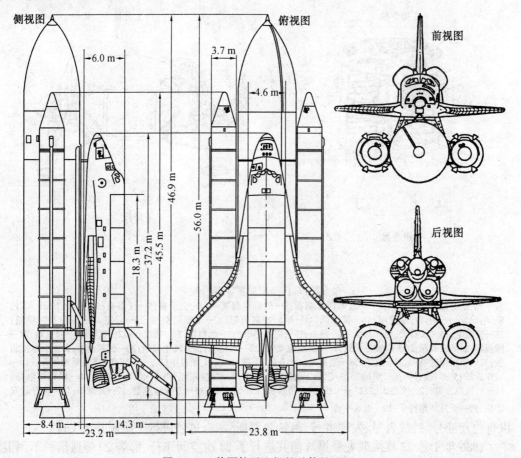

图 17.12　美国航天飞机的总体外形图

轨道器后部为三台主发动机及垂直尾翼。轨道器有相当于飞机的气动舵面(方向舵及升降副翼)、襟翼及减速板;另外还有 44 个小发动机分布在机头和机尾,作为姿态控制用,轨道器外部根据返回大气层时受热程度粘贴了 31 000 块不同的防热瓦。

轨道器下面挂主发动机用的推进剂贮箱,直径 8.4 m,长 46.9 m,重约 60 t,内装液氧和液氢共 736 t。

两台固体火箭助推器与轨道器机翼和推进剂贮箱固定,直径 3.7 m,长 45.5 m,每台推力为 1 260 t,重 340 t。

2.性能

发射到离地面高度 185 km 的轨道时,如果从美国的东部发射,轨道倾角 28.5°时载重为 30 t,而在美国西部发射,轨道倾角为 104°时载重为 14.5 t。

轨道飞行时间为 7 天,计划将来延长到 30~60 天。

乘航天飞机的宇航员为 2~7 人,其中一名机长,一名驾驶员和几名科学家。

航天飞机最大过载小于 3,于是一般的人员进行短期训练后,可以乘坐航天飞机。

轨道器可重复使用 100 次,固体火箭助推器可以重复使用 20 次,外挂贮箱只用一次。

3.用途

在航天飞机上可以进行侦察、反卫星、战略轰炸、气象摄影、资源探查、通信、广播和空间科学研究。

航天飞机可以把大型空间结构、空间站的器材运输到轨道上并组装。

航天飞机飞到人造卫星轨道上排除卫星的故障、替换零部件或仪器设备,又可以根据需要把卫星回收到地面。

航天飞机上可以看到地球全貌,更清楚地看到月球和广阔的宇宙空间中的各种天体,于是用航天飞机可以进行天文观测,又可以进行空间旅游。

航天飞机上可以进行有价值的材料或药品的制造实验。

17.4.3 美国航天飞机飞行程序

航天飞机发射总重量约 2 019.79 t。发射时三个主发动机和两个固体火箭助推器一起工作,总推力为 3 120 t,垂直发射,发射时过载 1.54,发射后 40 s 时,飞行高度约 4.8 km,上升段最大加速度小于 3 g,发射后 122 s,飞行高度达 46 km 时,两个助推器分离并用降落伞减速在海面上回收,靠轨道器的三个主发动机继续上升。发射后 8.53 min 时,飞行高度达到 113 km 时主发动机停止工作并把外挂贮箱分离掉,紧接着靠轨道控制发动机的推力送入运行轨道,轨道高度 300 km 或 185 km,进入运行轨道。

航天飞机入轨之后打开货舱门,用机械臂从货舱取出卫星发射,或回收卫星,或执行其他任务。

　　飞行任务完成之后,关闭货舱门,姿态调过来,轨道控制发动机工作,从而脱离运行轨道进入返回轨道,然后轨道器进入无动力自由飞行。

　　在自由飞行中,由于地球重力作用速度越来越大,达到 25 Ma 时,姿态再调过来进入着陆段,这时十几分钟电波通信中断,然后像滑翔机一样空中滑翔到着陆场着陆。着陆后进行安全检查,拆下火工品之后把轨道器送入技术阵地,修复之后再送到发射场准备发射。

　　以上程序如图 17.13 所示。

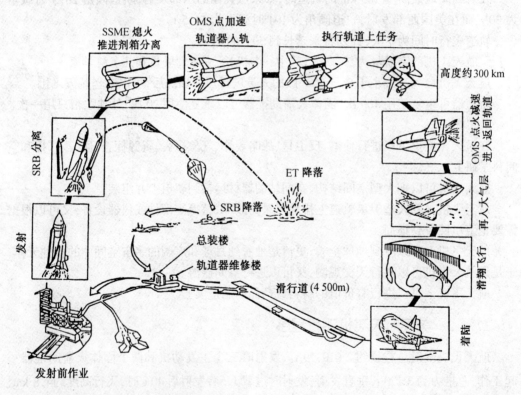

图 17.13　航天飞机飞行程序

17.4.4　航天飞机的其他方案

　　下一代航天飞机的样式如图 17.14 所示,分为单级式和二级式,它们又分为水平起飞式和垂直起飞式。

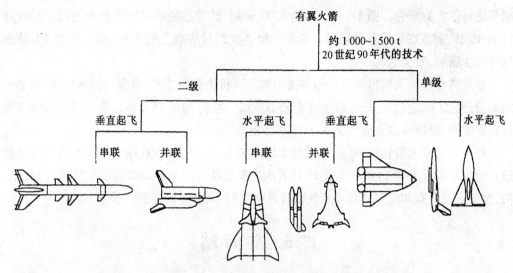

图 17.14　第二代航天飞机可能的方案

　　前苏联曾研制过小型航天飞机和大型航天飞机。如图 17.15 所示,小型航天飞机装在中型两级火箭的顶部上发射,这个运载火箭的直径 6 m,高 67 m,两级都采用液氢液氧火箭发动机,发射推力约 600 多 t,在 180 km 高轨道上的有效载荷 15 t,如图 17.15(a)所示。

高 67 m　　　高 70 m

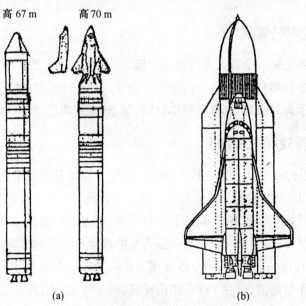

(a)　　　　　　　　　　(b)

图 17.15　前苏联的运载火箭和航天飞机

　　这个小型航天飞机,将向空间站运送航天员和轻的物资和器材。对这种小型航天飞机只进行了方案研究。图 17.15(b)是前苏联研制,试飞过的暴风雪号航天飞机。1988 年 11 月 15 日,前苏联第一架暴风雪号航天飞机由能源号运载火箭发射成功,经过 3 h 绕地球飞行 2 圈后,安全返航。

暴风雪号航天飞机轨道器外形与美国航天飞机轨道器类似,机翼为三角形,轨道器长 36 m,翼展 24 m,直径 5.6 m,起飞质量 75 000 kg。可载 10 名航天员。暴风雪号航天飞机计划因政治、经济等多方面的原因于 1993 年被取消。

能源号运载火箭长约 60 m,总质量 2 400 000 kg,能把 100 000 kg 有效载荷送上近地轨道。能源号运载火箭 1987 年 5 月 15 日首次发射成功。由于暴风雪号航天飞机计划已取消,世界上又没有如此重的商业有效载荷需要发射,因而能源号的前景未卜。

17.5 空 间 站

空间站是在空间创造人能够长期居住的条件,以便在此进行科学研究、生产和军事活动的空间基地。

空间站是尖端科学技术基地、效益很高的生产基地,又是威力很大的新型军事基地,它可以显示国威。

17.5.1 空间站概况

前苏联是世界上第一个载人飞行成功的国家,又是第一个发射空间站的国家。前苏联的空间站已发展到第三代,在这个过程中创造了人在空间站里连续飞行 438 天的记录。在空间站里进行了金属冶炼、制造半导体材料、制造药品、栽培植物、饲养动物等试验。

17.5.2 前苏联的空间站

礼炮 1 号到礼炮 5 号属于第一代空间站。礼炮 1 号是 1971 年 4 月 19 日发射,礼炮 5 号是 1982 年 4 月 19 日发射的。这些空间站对接口只设了一个。礼炮 6 号、礼炮 7 号属于第二代空间站。礼炮 6 号是 1977 年 9 月 27 日发射,礼炮 7 号是 1982 年 4 月 19 日发射的。它们设有两个对接口,以便同时对接运送航天员的联盟号飞船和送货物的进步号飞船。

礼炮 7 号长 15.1 m,最大直径 4.15 m,重 18.9 t,如图 17.16 所示。三个电池帆板呈 T 形安装在第一工作舱周围,可在 340° 范围内旋转,两个电池帆板跨度 17 m,帆板总面积 60 m^2,可提供 44 W 的功率。

两组红外敏感器及其姿态控制系统使它对地定向,用离子敏感器确定飞行方向。

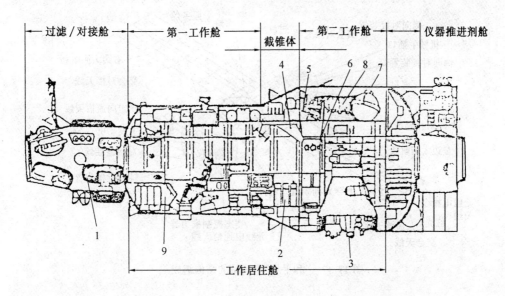

过滤/对接舱　　第一工作舱　　　第二工作舱　　仪器推进剂舱

截锥体

工作居住舱

图 17.16　礼炮站 – 7

1—宇航服存放箱;2—MKF – LM 相机;3—SKR – 02M X 射线望远镜;4—速度计;5—质量仪;6—KFT 跑步训练器;

7—SHI 密封室;8—睡袋;9—主控台(没有画出太阳电池帆板).

计算机、无线电高度计、径向加速度计和太阳敏感器组成导航系统,预报 24 小时内礼炮 7 号的位置,并自动地确定轨道参数。

它采用了局部再生式生命保障系统,即人所需要的一部分氧气和水是从处理人的排泄物经处理而得到补充的。

它能装两吨左右的科学研究设备和实验仪器,以进行生物学、天文学、对地观测、金属冶炼等实验与观测研究。

前苏联的第三代空间站叫做和平号,它是 1986 年 2 月 20 日发射的,如图 17.17,17.18 所示。

和平号空间站有六个对接口,如果全部接上各种科研、资源、载人飞船和货运飞船,即可组成一个容积很大的空间站系统。和平号空间站不仅可供航天科学研究和材料加工用,更重要的是巩固了前苏联早已在礼炮站上取得的军事优势,其原设计寿命为 5 年,实际运行了 15 年。在运行期间,共有 31 艘"联盟"号载人飞船、62 艘"进步"号货运飞船与其实现了对接,先后有 28 个长期考察组和 16 个短期考察组造访空间站,并在上面从事科研考察活动。在 15 年间,共有来自十多个国家的 104 名宇航员造访过空间站,他们总共进行了 1.65 万次科学实验,为人类进一步认识宇宙和远征火星提供了重要的信息和数据。

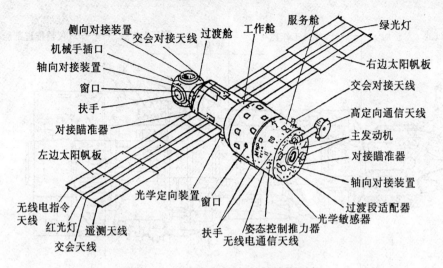

图 17.17　"和平号"空间站的结构组成

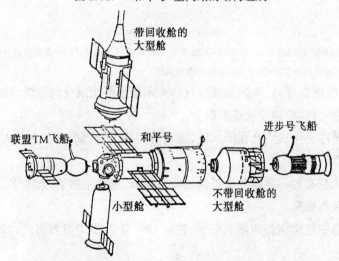

图 17.18　"和平号"空间站与其他航天器的对接示意图

和平号运行的 15 年间,共发生过大小故障近 2 000 起。尽管它每次都大难不死,但每一次的死里逃生都留下了新的隐患。和平号已经"年迈体弱",难以支撑下去了。最可怕的是,这个重达 130 多 t 的庞然大物已经对宇宙空间,特别是对地球的安全构成了严重的威胁。因此,俄罗斯政府于 2000 年 11 月 16 日决定坠毁和平号空间站。为此,发射进步号货运飞船,将携带比平常多 1.5 倍的燃料,使它的轨道控制发动机工作产生冲量,使 130 多 t 重的空间站脱离运行轨道,从 200 km 高度缓缓下坠。2001 年 3 月 6 日,即和平号度过自己

15 岁生日两周之后,坠毁在距离澳大利亚 1 500 ~ 2 000 km 的太平洋水域。

17.5.3 国际空间站

国际空间站的设想是 1983 年由美国总统里根首先提出的,即在国际合作的基础上建造迄今为止最大的载人空间站。经过近十余年的探索和多次重新设计,直到前苏联解体、俄罗斯加盟,国际空间站才于 1993 年完成设计,开始实施。

该空间站以美国、俄罗斯为首,包括加拿大、日本、巴西和欧空局(11 个国家)共 16 个国家参与研制。其设计寿命为 10 ~ 15 年,总质量约 423 t,长 108 m,宽(含翼展)88 m,运行轨道高度为 397 km,载人舱内的气压与地表面相同,可载 7 人。

其主要结构是:①基础桁架。它用来安装各舱段、太阳能电池板、移动服务系统及站外暴露试验设施等。②居住舱。它主要用于航天员的生活居住,其中包括走廊、厕所、淋浴、睡站和医疗设施,由美国承担研制并发射到太空。③服务舱。它内含科学仪器设备等服务设施,也含一部分居住功能,由俄罗斯研制并发射。④功能货舱。它内设有航天员生命保障设施和一部分居住功能(如厕所、卫生设施等),以及电源、燃料暂存处等,舱体外部设有多向对接口,由俄罗斯研制并发射。⑤多个实验舱。其中美国 1 个、欧空局 1 个、日本 1 个、俄罗斯 3 个。美国、日本和欧空局的 3 个实验舱将提供总计为 33 个国际标准的有效载荷机柜。俄罗斯的实验舱中也有 20 个实验机柜。另外,日本的实验舱还连有站外暴露平台,用于对空间环境进行直接接触实验。⑥3 个节点舱。它们由美国和欧空局研制,是连接各舱段的通道和航天员进行舱外活动的出口。此外,节点 1 号舱还可作为仓库,用于存储;节点 2 号舱内有电路调节机柜,用于转换电能,供国际合作者使用;节点 3 号舱为空间站的扩展留有余地。⑦能源系统和太阳能电池帆板,它们由美国和俄罗斯两国提供。⑧移动服务系统,它由加拿大研制。

国际空间站在组装阶段,其主要设施由俄罗斯的质子号火箭、欧空局阿里安 5 号火箭以及美国的航天飞机发射运送。组装完成后的运输工作由美国的航天飞机、俄罗斯的联盟 – TM 飞船及进步号货运飞船完成。美国还计划研制一种有升力的救生飞船参与工作。

到 2000 年 7 月为止,国际空间站已有 3 个舱送入太空,即俄罗斯提供的功能货舱、服务舱和美国提供的节点 1 号舱。按计划,此后还将陆续发射加拿大制造的遥控机械臂、美国的中央桁架和节点 2 号舱、日本的实验舱和站外暴露平台、欧空局的实验舱和美国的居住舱等。如果顺利,预计在 2006 年将完成全站的组装任务。

组装成功后的国际空间站将作为科学研究和开发太空资源的手段,为人类提供一个长期在太空轨道上进行对地观测、天文观测、生命科学、生物技术、航天医学、材料科学、流体物理和燃烧科学等研究的场所。

国际空间站如图 17.19 所示。

图 17.19　国际空间站(2001 年 9 月)

17.5.4　空间站系统

归纳已经发射过的礼炮号空间站、和平号空间站和正在组建中的国际空间站、空间站本身系统如图 17.20 所示。其中结构系统、热控制系统、通信系统、轨道姿态控制系统、生命保障锻炼休息娱乐、氧气、水、食品系统、航天员站内外活动系统、交会对接系统、电源系统、数据管理系统、安全保障系统是任何空间站都必须具有的共用系统。而执行任务的武器系统、生物实验系统、遥感系统、天体观测系统、材料制造系统、药品制造系统是空间站的有效载荷系统,随着科学技术的发展将会增加新的有效载荷系统。

17.5.5　空间站大系统

空间站的发射,在轨道上执行任务所需要的所有系统组成空间站大系统,如图 17.21 所示。其中空间站、发射场、地面站、运载器是已经有的基本系统,为了更好地发挥空间站的效能,现在探讨增设同轨道平台、极轨道平台、轨道间运载飞船、轨道作业飞船、数据中继卫星,这些新系统的配置如图 17.21 所示。

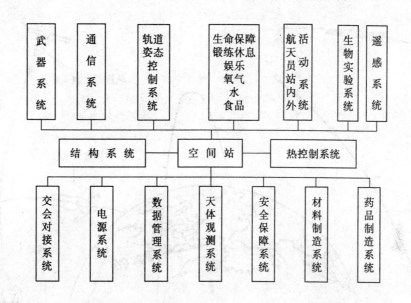

图 17.20 空间站本身系统

航天员在空间站里的活动破坏微重力条件,航天员的废弃物对空间环境产生污染,因此为了满足微重力,高洁净的环境下进行材料制造、药物制造的需要,美国等国家计划设置同轨道平台和极轨道平台,极轨道平台的最重要任务是观测整个地球。

轨道作业飞船来往于空间站和同轨道平台之间,给平台提供服务。

轨道间飞船将来往于空间站和其他轨道之间,并为此轨道上的卫星提供服务,例如为地球静止轨道上的卫星提供服务。

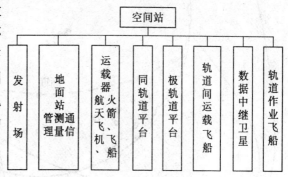

图 17.21 空间站大系统

数据中继卫星将把平台和空间站的信息传送给地面站,同时把地面站的指令传送给平台和空间站以减轻空间站的负担。

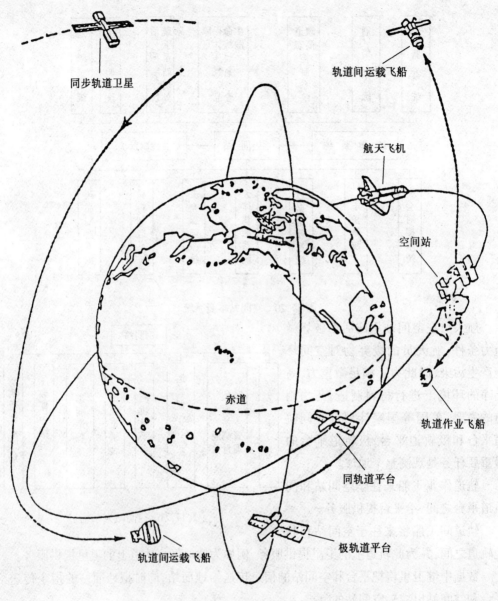

同步轨道卫星

轨道间运载飞船

航天飞机

空间站

赤道

轨道作业飞船

同轨道平台

极轨道平台

轨道间运载飞船

图 17.22　空间站大系统

第十八章 空间科学与空间探测

18.1 概 述

20 世纪 50 年代末,随着航天技术的诞生,人类开始利用新兴的航天器探测太空的各种自然现象及其规律,同时借助地球外层空间的微重力、高真空、超低温、强辐射、高洁净和高远位置等特殊环境,开展各种科学研究和工艺实验,从而大大扩展了人类的活动范围,促进了空间科学向着更深、更广的领域发展。

空间科学是指利用航天器研究发生在日地空间、行星际空间乃至整个宇宙空间的物理、天文、化学及生命等自然现象及其规律的科学。空间科学以航天技术为基础,包括空间飞行、空间探测和空间开发等几个方面。它不仅能揭示宇宙奥秘,而且也能给人类带来巨大的利益。

空间探测既包括对地球空间范围的探测,也包括对月球、行星和行星际空间进行探测。对地球以外的空间探测的主要目的是:研究月球和太阳系的起源和现状,通过对太阳系各大行星及其卫星的考察研究,进一步揭示地球环境的形成和演变情况、认识太阳系的演化、探寻生命的起源和演变历史。利用宇宙空间的特殊环境进行各种科学实验,直接为国民经济服务。

空间探测器装有科学探测仪器,执行空间探测任务。空间探测的主要方式有:(1)在近地空间轨道上进行远距离空间探测。(2)从月球或行星近旁飞过,进行近距离探测。(3)成为月球或行星的人造卫星,进行长期的反复观测。(4)在月球或行星及其卫星表面硬着陆,利用着陆之前的短暂时间进行探测。(5)在月球或行星及其卫星表面软着陆,进行实地考察,也可将获取的样品送回地球进行研究。(6)在深空飞行,进行长期考察。

空间探测的范围集中在地球环境、空间环境、天体物理、材料科学和生命科学等方面。自 1957 年 10 月 4 日第一颗人造卫星发射上天,到 2000 年全世界已发射了 100 多个空间探测器。它们对宇宙空间的探测取得了丰硕成果,所获得的知识超过了人类数千年所获知识总和的千百万倍。

18.2　空间科学

18.2.1　空间物理学

空间物理学是空间科学的一个重要领域。它是伴随人造地球卫星进入空间而迅速发展起来的一门新兴基础学科,是利用航天器探测研究发生在日地空间和日球层范围内物理现象的学科。空间物理学主要研究太阳能量的产生、辐射、传播和对地球产生的影响,包括中高层大气、电离层、磁场、空间粒子辐射和宇宙线等。空间物理学的研究,对一个国家的国民经济建设和科学技术发展都有广泛影响,特别是对航天技术本身的完善和提高有重要意义,人类的航天活动要大量应用空间物理学的研究成果。

40 多年来,世界各国共发射 500 多颗空间物理探测卫星。它们探测了日地空间环境,测量了地球重力场、磁场大小和形状。经过探测发现,地球的形状不是纯球形,实际有点像"鸭梨"形状;地球上空 600 ~ 6 000 km 之间有两条辐射带,距地面 1 000 km 左右的高空有一个由氢和氦组成的地冕,证实了太阳风的存在和地球周围延伸到 60 000 km 远处的磁层。它们还研究了太阳辐射中各种波长的电磁波、各种成分的带电粒子对日地空间的影响,特别是与地球磁场、电离层、臭氧层等相互作用的物理过程,太阳能量的变化对地球环境及生物圈的影响,以及辐射环境对微电子器件的影响等。这些探测和研究都取得了丰硕成果。

18.2.2　空间生命科学

空间生命科学是借助航天技术提供的条件,研究在空间环境特殊因素作用下生命活动的现象和本质。其研究对象包括微生物、植物、动物及人类本身。它包括研究空间环境对生物体影响的空间生物学和空间医学,以及研究地球以外太阳系的其他天体或更遥远、更广阔宇宙空间生命现象的地外生物学。这一空间科学领域是由空间生物学、空间生理学、空间医药学和地外生命科学等组成一个完整的科学研究体系。

空间生命科学的研究范畴包括两个方面:一是研究空间环境对各种生物细胞和器官的影响,特别是空间的辐射和微重力效应对生物发育、修复、免疫和骨骼等的影响程度,以及研究防治失重和辐射引起的免疫功能改变、骨质丧失、肌肉松弛、空间运动病和细胞组织的再生能力损伤等症状;二是寻找地外生命和研究生命的起源。

40 年来,许多生物卫星和其他航天器将一些动物和植物种子载入太空,观察实验了空间环境对生物的影响。在俄罗斯的和平号空间站和美国的航天飞机上,航天员对带上太空的微生物、植物、动物以及人体本身进行了长期观察和反复实验,并取得了有意义的成果。

　　在和平号空间站上,开辟了一间温室,航天员培植了 100 多种植物,用以研究太空失重环境对植物生长的影响。大多数植物在太空完成了播种、发芽、生长、开花、结果的发育生长全过程,例如,收获了小麦和油菜,从而证明太空也适于作物生长。还多次用猴子、家犬、老鼠进行实验,观察了在失重条件下鹌鹑蛋的发育与孵化、果蝇的产卵和繁殖、蜜蜂筑巢、红鳟鱼卵孵出鱼苗等。1999 年 2 月带到空间站上的 60 只鹌鹑蛋经过 7 天太空飞行后,就有 30 只孵化出了小鹌鹑,返回地球时仅有 3 只存活下来,表明宇宙环境对胚胎发育有一定影响。

　　航天员还把生物样品,如装有氨基酸、细菌、蛋白质的容器放置在和平号空间站外5 000 h,研究在紫外线照射条件下生物材料的稳定性和反应,以了解构成地球生命的最基本物质到底来自何处,并通过化学方法收集彗星尘埃中分离出的有机分子,以寻觅地球生命之源。

　　美国航天飞机从 1982 年开始就载植物种子到太空,观察它们在失重条件下的发芽生长情况;还载各种小动物到太空,研究它们在失重条件下的活动反应和发育情况。1984年 4 月 6 日挑战者号航天飞机升空,它载有蔬菜、水果、花卉等 120 个品种的种子,其中有1 200 粒西红柿种子,研究了宇宙辐射对植物种子的效应和失重状态对植物萌芽的影响。1992 年 9 月 12 日升空的奋进号航天飞机,载有 180 只大黄蜂、7 600 只果蝇和 30 只受精鸡蛋等,进行了 19 项生物学实验,观察了它们在失重环境下繁殖和习性行为。1993 年 10 月18 日哥伦比亚号航天飞机上天,载有 48 只老鼠,研究了哺乳动物从微重力条件下返回重力场后对重力的适应过程。1995 年 7 月 13 日升空的发现号航天飞机,载有 10 只怀孕实验鼠和其他生物活体,研究了在太空失重环境下其生长和发育受到的影响。1998 年 4 月17 日哥伦比亚号航天飞机上天,载有 1 500 只蟋蟀、233 条鱼、152 只老鼠和 135 只蜗牛,研究了太空环境对动物神经系统的作用,其中还有 11 项实验以航天员本身为实验对象,研究了太空环境对人体的影响。

　　中国自 1987 年以来,已利用返回式卫星先后搭载过水稻、小麦等 50 多种植物 300 多个品种以及微生物、蚕卵等,开展了空间生命科学研究。

　　1990 年搭载的小麦种子,第一代收获后株高、穗长,每株穗数、粒数和每粒质量均出现优良性状。1998 年培育的航育 1 号太空稻种,株高 80 cm,穗长 19 cm,结实率达 97%,亩产 407 kg,比同类优质稻每亩产量增加 100 kg 以上。而且这个品种还具有基秆粗壮、高抗瘟病和抗倒伏的优点。经过空间环境处理的黄瓜种子,植株生长的速度比一般种子快,而且叶片数目多,开花结果早。经过空间环境考验的西红柿种子,亩产增加 17.2% ~ 23.3%,其后代具有较强的抗病性,而且抗病性越来越稳定。经过空间环境处理的青椒,抗病力强,单果实质量平均提高 1 ~ 3 倍,维生素 C 含量提高 20%,增产 50% 以上。用经过空间环境处理的微生物菌发酵拌料喂鹿,鹿茸增产 20%,氨基酸含量提高 5%,饲料用量也显著减少。

在 1990 年 10 月 5 日发射的第 12 颗返回式卫星上,搭乘了两只小白鼠、果蝇和蚕卵等,提供了动物心血管功能、免疫功能和生物遗传等方面的实验数据。果蝇实现了空间产卵、孵化、生殖生长的全过程,蚕卵也经过了在空间孵化发育的全过程,从而研究了空间环境因素对果蝇遗传、繁殖发育和蚕卵胚胎发育的影响。

18.2.3　空间材料科学

空间材料科学是研究空间环境条件下材料加工、生产、工艺过程的物理规律,从而获得性能全新的材料。从材料生成机理看,空间材料可分为晶体生长和金属、复合材料制备两类;按材料的性能用途分,它又可分为包括半导体、超导、磁性和光纤等在内的功能性材料,包括合金、金属、泡沫多孔和复合材料等在内的结构材料,以及陶瓷、玻璃材料等几类。

在航天器上利用空间微重力条件进行材料科学研究和实验,已取得了很大进展。在空间失重环境中,对流、沉积、浮力、静压力等现象都消失了,另外一些物理现象却显现出来。例如,液体的表面张力使液体在不和其他物体接触时,紧紧抱成一团,在空中悬浮;液体和其他物体接触时,液体在物体表面能无限制地自由延展。太空毛细现象加剧了液体的浸润性,气体泡沫能均匀地分布在液体中,不同密度的液体可均匀混合。通过大量的研究实验,不仅清楚地认识了这些在微重力环境下产生的物理现象以及产生这些物理现象的机理,而且也进一步了解了地球重力环境限制材料加工的各种因素。利用这些在微重力环境下特殊的空间物理现象和过程,人类已试验了空间焊接、铸造、无容器悬浮冶炼等工艺,冶炼出高熔点金属,制造出了具有特殊性能的各种合金、半导体晶体、复合材料和光学玻璃等新材料。

40 年来,人类已在各种航天器上进行了许多次空间材料实验,从而对空间晶体生长和空间材料加工过程中的特殊现象及其规律有了较深入的了解,并取得许多新的成果。

美国早在阿波罗号飞船上就开展过微重力条件下的材料科学实验。在 1973 年发射升空的"天空实验室"空间站上,航天员进行了 28 项微重力研究实验;1975 年在阿波罗号—联盟号联合飞行中又开展了 13 项微重力实验。自 1981 年航天飞机飞行以来,美国航天员利用空间微重力环境开展了晶体生长、特殊材料的工艺研究和生产,特别是把空间微重力实验室送入轨道进行材料加工,生产砷化镓晶体等材料。

中国利用自行研制、发射的返回式卫星,多次搭载空间晶体炉,进行空间材料加工实验,研究了砷化镓单晶、碲镉汞晶体的生长、超导材料的烧结、铝基碳化硅复合材料的制备,钯镍磷、锑化铟、锑化镓、铝铌合金的生长。

中国利用返回式卫星进行微重力条件下空间材料加工实验,主要包括单晶生长、超导材料和合金凝固等多项。例如,在地面混合并与石英管浸润的镉铟样品,经空间熔化后分离成两个成分分别为镉和铟的球体,并且与石英管都不浸润。通过空间进行铝锂、锌铅、铝铅、铝铌、铝锌铋等难混合金和偏晶合金凝固实验,发现空间的块状锌铅样品中实现了弥散相分布。在空间粉末液相烧结中也能够得到定向生长的晶体结构。所有这些实验成果表明,中国空间材料科学研究迈上了一个新的台阶。

18.3　空间探测

18.3.1　空间探测器的轨道

为了能以最近的航线,最省时、省力地飞向目标,必须为空间探测器选择合理的飞行轨道。

如果是行星探测器,则发射它的运载火箭必须达到第二宇宙速度,使其进入绕太阳飞行的轨道。但若要使探测器与被探测的行星会合,或绕行星运行甚至在行星上着陆,就需要选择适当的发射时间和飞行航线。因为地球与其他行星都围绕太阳运行,而且轨道平面大致重叠,只是轨道半径大小不同。因此,为了最省能量地飞抵目标行星,行星探测器通常选择相切于地球轨道和目标行星轨道的椭圆轨道。

行星探测器飞向被探测目标的轨道通常分成三段。第一段是发射段,即从地面起飞进入行星际飞行轨道;第二段是自由飞行段,即进入行星际飞行轨道后,在太阳引力作用下飞向目标天体;第三段是进入绕目标天体运行或向目标天体降落的阶段。

由地球飞往其他行星,最省能量的轨道就是双切轨道,即与地球轨道和目标行星轨道相切的日心椭圆轨道。采用这种轨道可以很好地利用地球和其他行星的公转运动。若按此轨道飞行,探测器只要在初始时候得到必要的速度就行,然后大部分时间按惯性飞行。但是,这样飞行的时间较长。如果探测器从相当近的地方飞越某颗行星,在借助行星引力改变轨道的同时,又获得更大的速度,使探测器飞向目标行星,就可以减少飞行的时间,这种借助行星引力的飞行,通常称为引力变轨。

行星之间飞行时,向目标行星飞行途中利用其他行星引力来控制轨道的技术叫做引力变轨技术。通过其他行星时,由于受到其引力作用而使接近速度和脱离速度的大小和方向都改变,如图18.1所示。这样可不消耗能量进行轨道控制。这是行星际飞行中经常采用的技术。

为了采用引力变轨技术,别的行星必须到所要控制轨道的位置上才行,于是发射时间的选择和轨道的精确计算是很必要的。

图18.1是美国先驱者10号的飞行轨道,利用木星的引力进行引力变轨而进入了脱

离太阳系的轨道。

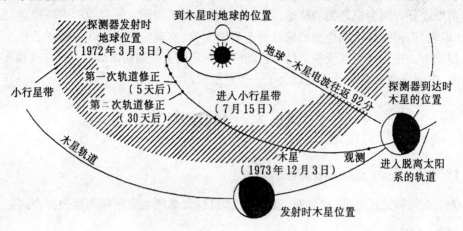

图 18.1　先驱者 10 号轨道

　　图 18.2 是先驱者 10 号和 11 号利用木星引力进行引力变轨,前者进入脱离太阳系的轨道,而后者进入飞向土星的轨道。

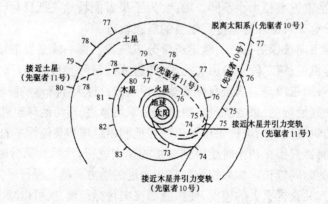

图 18.2　先驱者 10 号、11 号的轨道

　　地球上发射的探测器速度达到脱离地球引力场的速度时,进入以太阳为焦点的椭圆轨道。如图 18.3 所示,在木星附近时其速度为 v_A,接近木星时木星的引力是主要的作用力,而进入以木星为焦点的双曲线轨道上。木星公转速度以 v_P 表示,则探测器相对木星的速度为 v_a,由于木星的引力经过双曲线轨道而以 v_D 速度脱离木星。

　　以太阳为焦点的轨道上看,探测器的速度为 v_d 和 v_P 向量之和 v_D,即接近木星之前的探测器的速度 v_A,由于木星的引力变轨而其速度变为 v_D。例如先驱者 10 号在接近木星时

$v_A = 8 \text{ km/s}$,由于引力变轨 v_D 达到 21 km/s,变成以太阳为焦点的双曲线轨道,而脱离太阳系。先驱者 11 号经木星引力变轨,使 v_D 达到飞向土星的速度,则比由地球直接飞到土星省很多时间。旅行者 2 号经木星、土星、天王星三次引力变轨,探测海王星之后飞出了太阳系。

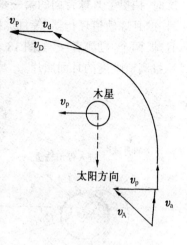

图 18.3　用引力变轨时速度关系

引力变轨时探测器的速度大小和方向的改变,取决于引力变轨天体的质量、探测器的飞越高度和相对速度,使轨道受到一定程度的偏转,又取决于探测器的飞入角大小而改变速度大小。因此,为了准确地实施引力变轨,应当事先确定探测器的飞入高度和飞入角度,并随时注意其速度的微小变化。这样,探测器在行星际航行中,必须进行跟踪、监测和调整,而且只要确切知道探测器在任何时刻的位置和速度,就有可能对它的轨道进行必要的调整,从而最终飞向目标。

18.3.2　月球探测

月球是距地球最近的天体,平均距离约为 38.4 万 km。人类把地外探测的第一个目标选择了月球。这不仅是因为它距地球较近,探测方便,而且更因为探测月球是进一步认识地球形成的一种有效手段。月球形成以来,没有经受过风雨、冰川和自然力的冲蚀和改造,保存了完好的原始状态,这样直接考察月球,就有助于更好地了解地球的组成、结构和起源,也有助于揭示太阳系的起源。

此外,月球上拥有丰富的物质资源,在月球岩石中含有地壳里的全部元素,约有 60 种矿藏。其中还含有地球上没有的氦 - 3,这是一种理想的核燃料。月球上没有大气的影响,利用太阳能的效率比地球上高 1.5 倍,而且因为拥有丰富的硅元素,所以可以充分利用太阳能,就地生产水泥、陶瓷和玻璃,在月球上建立起工业生产基地。同时,由于月球上月震和重力波很小,没有大气影响,也没有人造电波和光源干扰,因而是进行科学研究和天文观测的理想场所。由于月球的重力只有地球的 1/6,若能提供航天器的推进剂,它就可以成为人类通往太空的发射基地。

鉴于月球上的优越条件,以及开发月球的重要价值,40 年来人类对月球探测兴趣始终不减,世界上已有数十个不载人探测器和 6 艘载人飞船飞到月球进行考察。概括起来对月球的探测可分为如下几个阶段:

第一阶段是飞越月球。1959 年 1 月 2 日,前苏联发射了"月球"1 号探测器,两天后它从距月球 6 000 km 处飞过,首次飞访了月球。同年 10 月 7 日,"月球"3 号探测器在飞过月球时,拍摄了月球背面的第一张照片。随后,美国相继发射了数个"徘徊者"号、"勘测者"号和"月球轨道环行器"等月球探测器,其中第三个"徘徊者"号在距月球 3.7 万 km 处飞过月球,两个"勘测者"号如图 18.4 飞近月球,5 个"月球轨道环行器"围绕月球飞行,拍摄了一批高清晰度的月面照片。

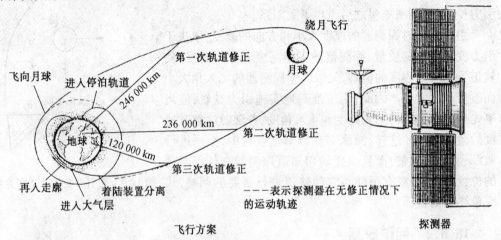

图 18.4　前苏联的"勘测者 – 6"月球探测器

第二阶段是用探测器击中月球。1959 年 9 月 12 日,前苏联发射的"月球"2 号探测器击中月面,成为第一个到达月面的人造物体。它的探测表明,月球没有磁场,月球周围没有辐射带。1964 年 7 月 28 日,美国"徘徊者"7 号在月球云雾海区硬着陆,用 6 台电视摄像机向地面传回 4 308 幅月面照片;1965 年 2 月,"徘徊者"8 号在月球静海地区硬着陆之前,成功地传回 7 137 张月面照片;同年 3 月,"徘徊者"9 号在撞击月球云雾海附近火山区前,传回 5 814 张月面近景照片。

第三阶段是用探测器在月面软着陆。1966 年 2 月 3 日,前苏联发射的"月球"9 号首次在月球上的风暴洋软着陆成功,从月球发回一批月球全景照片。美国在 1966 年 5 月 ~ 1968 年 1 月期间发射了 17 个勘测者号探测器,其中有 5 个在月面软着陆成功。

第四阶段是环月飞行。1966 年 3 月,前苏联发射的"月球"10 号成为第一个绕月飞行的月球卫星,测量了月球周围辐射和微流星环境。后来发射的"月球"11 号、12 号、14 号、19 号和 22 号探测器,也都成功地进入绕月球的轨道飞行,对月面进行了电视摄像探测。美国 1966 年 8 月至 1967 年 8 月发射的 5 个"月球轨道环行器",共拍摄了 2 800 多幅高清晰度的月球照片,绘制了 98% 的月面图,选择了载人登月 5 个着陆地点。

第五阶段是把月球车和航天员送上月球。1970 年 11 月 17 日,前苏联的"月球"17 号在月面雨海地区软着陆,它用首次携带的"月行者"1 号月球车,在地面遥控下对月面进行考察,一直工作到 1971 年 10 月 4 日止。1973 年 1 月,"月球"21 号带有"月行者"2 号月球车在月面澄海地区着陆,月球车在月面漫游 37 km,分析了月球土壤,发回大量月面照片。1969 年 7 月 16 日,美国用"土星"5 号运载火箭将第一艘载人登月的"阿波罗"11 号飞船送入登月轨道。经过四天的航行,飞船登月舱抵达月面。1969 年至 1972 年,美国发射"阿波罗"号载人飞船,分 6 次把 12 人送上月球,航天员在月面共停留约 300 h,从月球带回约 382 kg 的月球岩石和土壤样品。

自 20 世纪 80 年代后期开始,许多国家提出了重返月球的计划。特别是 1998 年 1 月 6 日,美国发射成功"月球勘探者"号探测器,又掀起探测月球的热潮。"月球勘探者"号探测器载有 5 个探测装置。它除探测月球的地质结构、气体和矿藏外,主要是确定月球上是否存在水源。"月球勘探者"号于 1998 年 1 月 10 日抵达月球轨道进行环月飞行,距离月面的高度为 100 km。1998 年 3 月 5 日根据月球勘探者号发回的数据资料表明,月球的北极和南极地区存在氢元素,这表明月球两极下面可能存在冰态水,总储量多达 100 亿 t。1999 年 7 月 31 日,美国宇航局决定让"月球勘探者"号撞击月球南极一座环形山内侧的山壁,以便利用撞击的高温把游离存在于月球土壤和岩石中的冰汽化,以蒸气的形式挥发出来,从而确定是否存在水源。但遗憾的是,实施撞击后未观测到有水蒸气出现。因此,"月球勘探者"号探测月球的水源尚无结果。月球上究竟有无水源,这仍将是今后发射月球探测器的一个十分诱人的目标。

18.3.3　金星探测

金星是太阳系九大行星中距地球最近的一颗行星,在地球内侧的轨道上运行。它也是浩瀚星空中最亮的一颗启明星。但是金星总是被浓厚的云层包围着,即使用天文望远镜也很难窥见到它的真面目。

金星的外表最像地球,且质量和大小都同地球相近,因此人们一直把它看作是地球的孪生星球。然而,金星在许多方面也与地球迥然不同,它逆向自转,速度很慢,周期为 243 天,比它绕太阳公转的周期还长 18.3 天,也就是说金星上的一天比一年还长。由于它上面的大气实在太厚,比地球大气浓密近百倍,而且总是一面朝向地球,另一面要隔 200 年才能看见一次,所以在 20 世纪 50 年代以前谁也不知道它是什么模样。可是当雷达的回波传到地球之后,人们无不为之惊奇:原来在浓密的大气之下,金星是一个表面温度高达 480 ℃的火球,同时,金星上有无数火山不断喷发,加剧了金星大气的对流,形成一年到头的狂风,风力比地球上的台风还要猛烈 6 倍。面对这样的高温和充满狂风的世界,空间探测器也很难接近它进行考察。

人类对太阳系行星的探测首先是从金星开始的。迄今虽然只有约 20 个探测器造访过金星,但它们已初步揭开了金星的面纱。

前苏联于 1967 年 6 月 12 日发射的"金星"4 号如图 18.5,于同年 10 月 18 日直接命中金星,它测量了大气的温度、压力和化学组成,第一次向地面发回探测数据。1970 年 8 月 17 日发射的"金星"7 号,首次在金星上软着陆成功,它发回的数据表明,金星表面的大气压强为地球的 90 倍,温度高达 470 ℃。

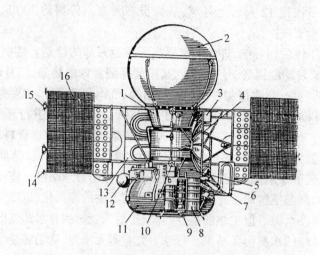

图 18.5　前苏联的金星探测器

1—轨道飞行器;2—着陆器;3—科学仪器;4—锐向天线;5—贮箱组;6—温度调节系统热边界辐射器;7—地球定向仪器;8—星定向仪器;9—太阳定向仪器;10—小方向天线;11—仪器舱;12—定向系统气瓶;13—温度调节系统冷边界辐射器;14—定向系统气体喷嘴;15—磁力仪;16—太阳帆板

1989 年 5 月 5 日,阿特兰蒂斯号航天飞机将一个名叫"麦哲伦"号的金星探测器携带升空,并于第二天把它送入飞往金星的轨道。"麦哲伦"号探测器重 3 365 kg,装有一套先进的电视摄像雷达系统,能透过厚实的云层测绘出金星表面上小如一个足球场的物体图像,其清晰度可胜过迄今所获金星图像的 10 倍。它经过 460 多天的太空飞行,于 1990 年 8 月 10 日进入金星轨道,并于同年 8 月 16 日首先用合成孔径雷达对金星表面进行试验性测绘,并发回第一张金星照片,该照片显示出金星表面有面积为 40 km × 80 km 大的熔岩平原。1990 年 9 月 15 日"麦哲伦"号探测器首次获得第一张完整的金星地图,从中发现金星上有巨大的熔岩流、数以千计的裂缝和火山口,还有高耸的山岭、巨大的峡谷、陨石坑、沙丘和活火山等。"麦哲伦"号的探测表明,金星上有时发生大的风暴,有过火山活动,表面温度高达280 ~ 540 ℃。它没有卫星、没有水滴、磁场强度很小,大气成分主要是二氧化碳,形成很厚的二氧碳层,而起到温室效应,金星的热不易辐射出去,因此金星表面保持很高的温度,于是金星上不适宜生命存活。

18.3.4　火星探测

火星是位于地球轨道外侧的第一颗行星,距地球的最近距离为 5 670 多万 km。它和地球一样也自转,而且速度与地球几乎相等,自转一周为 24.6 h,公转周期为 687 天。火星上有稀薄的大气,有四季交替的气候变化。特别是 1878 年天文学家用望远镜观测火星,宣称在火星上发现了 40 条又长又直的"水道,这些"水道"被看作是"运河",于是推断火星上存在着生命。许多科学家还认为,火星上曾经有过大量的液态水,如果不曾有过高等生物,也会有过低级生命。

同时,火星的地貌同地球地貌差不多,有高原、平原和环形山,有许多与地球相似的特征。火星上有大气,可能曾经有过水,还有各种矿藏和氧化物。特别是火星大气层中也存在臭氧层,可以吸收太阳光中的紫外线,为火星表面造成有利于生物生长发育的条件。因此,人类希望有朝一日在火星建立居住基地,最终向火星移民,把它变成人类的第二家园。

迄今,人类已发射了约 30 个火星探测器。从 1962 年前苏联发射"火星"号系列探测器、1964 年美国发射"水手"号系列探测器起,人类开始了探测火星的历程。

前苏联于 1971 年 5 月 10 日和 28 日发射的"火星"2 号和 3 号探测器如图 18.8,半年后进入火星轨道,其中火星 3 号着陆舱还在火星表面软着陆,虽然它仅发送了 20 s 的电视信号,但它是第一个到达火星表面的探测器。1973 年 7 月 26 日发射的"火星"5 号于 1974 年 2 月 12 日进入火星轨道,成为火星的人造卫星,发回首批火星照片。1973 年 8 月 5 日发射的"火星"6 号在着陆过程中对火星大气进行了观测,发回了火星大气参数。

美国从 1964 年起发射"水手"号系列探测器如图 18.6,其中有 4 个成功地探测了火星。1964 年 11 月 28 日升空的"水手"4 号于 1965 年 7 月 14 日从距火星约 1 万 km 的地方掠过,第一次对火星作了近距离考察,探测到火星的大气密度不足地球的 1%。它还拍摄了 212 张照片,从中可鉴别出火星的约 300 个火山口,火星表面布满环形山和沙漠。1969 年 2 月 24 日和 3 月 27 日发射的"水手"6 号和 7 号于同年 7 月 31 日和 8 月 4 日在距火星约 3 400 km 处飞过,对火星的大气成分和结构作了探测,发现火星上到处是沙漠和大大小小的含铁硅酸盐岩石。1971 年 5 月 30 日发射的"水手"9 号,于同年 11 月 14 日进入火星轨道飞行,拍摄了 70% 的火星表面,传回 7 000 多张火星照片。其中第一张照片从根本上否定了火星存在运河的说法,因为从照片上看到的是如同沙漠里一样的由火星风形成的沙粒带状条纹。这些照片只发现了许多干涸的河床,其中有的长达 1 500 km,宽 200 km,这表明火星上可能曾经存在过液态水。"水手"9 号拍摄的火星照片,为后来的"海盗"号在火星着陆探测选定了地点。

1975 年 8 月 20 日和 9 月 9 日,美国先后发射两个"海盗"号探测器如图 18.7。它们在进入火星上空时轨道舱绕火星飞行,着陆舱则在火星表面上软着陆,1976 年 7 月 20 日和

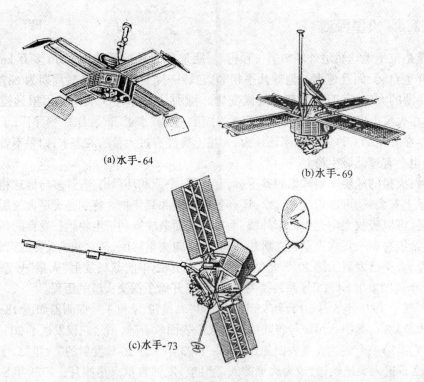

(a)水手-64

(b)水手-69

(c)水手-73

图 18.6　美国"水手"号探测器(Mariner)

9 月 3 日它们先后在火星软着陆后,着陆舱经轨道舱中继站向地球发回探测数据,共发回 5 万多张火星照片。它们还对火星表面的土壤取样化验分析,结果表明,火星上没有发现任何生命存在的痕迹,也未探测到火星上有任何有机分子。

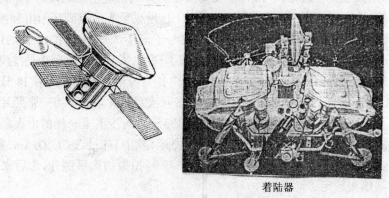

着陆器

图 18.7　美国"海盗"号探测器

　　20世纪90年代,世界上又掀起新一轮火星探测热潮。美国于1996年12月4日发射了"火星探路者"探测器,它于1997年7月4日在火星的阿瑞斯谷地登陆,并用其携带的"索杰纳"火星车在火星上实地考察,获得很大成功。

　　"火星探路者"在火星上着陆6小时后,便向地面传回了第一批彩色照片,其中一幅360°全景照片显示,火星表面很像地球上的沙漠,着陆点附近有一些鹅卵石,远处约见300 m高的丘陵和山峰。"索杰纳"火星车在崎岖不平的火星表面上绕着"火星探路者"转动,不断向地面发回有关火星表面的探测情况。截至1998年3月,"索杰纳"火星车共向地面发回26亿bit数据和1.6万幅火星景观照片。探测表明,火星上也有山脉、丘陵和沟谷以及许多陨石坑,火星岩石中含有1/3的石英成分,其化学成分与地球上发现的12颗陨石相同,含有有机分子和铁矿物成分,火星白天温度为 – 12 ℃,黑夜低至 – 76 ℃,火星在几十亿年前曾发生过特大洪水。1998年3月10日,"火星探路者"完全停止发回电波信号,结束了它的使命。

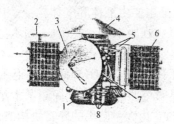

《火星-3》的着陆装置

图18.8　火星 – 3探测器(Mars – 3)

1—仪器舱;2—"立体"科学仪器天线;3—抛物面锐向天线;4—着陆装置;5—温度调节系统的冷却管;6—太阳帆板;7—发动机装置贮箱组;8—天文定向系统的仪器

18.3.5　木星探测

　　木星是太阳系九大行星中最大的一颗,直径达14.28万 km,体积是地球的1 316倍,质量为地球的318倍。在地球上用望远镜可看到木星表面有连绵不断而又明亮的条纹形状。它拥有浓厚的大气层,厚度超过地球大气层的10倍,足有1万 km。木星大气成分主要是氢和氦,还有氨、甲烷等。由于木星的表面温度在 – 140 ℃左右,所以尽管氢气和氦气不会因寒冷而液化,但氨和水分却都冻结成颗粒状,这就构成了木星的厚厚云层。木星的表面除了条纹之外,还可看到呈卵圆形的"大红斑",它长有5万 km,宽有1.1万 km,大小、颜色和位置在不断变化,已发现300多年了,它的形成始终是个谜。

　　木星大约每11.86地球年绕太阳公转一周,可是木星的自转周期却大约只有9小时50分。与地球一天24小时相比,木星自转速度快得惊人。由于木星自转太快,因此它并不是球形,而是沿赤道隆起、上下扁平的椭球形。木星还有两个特点:第一,木星是一个内部具有热能的行星,它向空中散发的热量是它从太阳那里接收到的热量的 2～2.5 倍;第二,在木星背着太阳的一面,发现了 30 000 km 长的北极光,这是太阳系行星中除地球以外发现的惟一的北极光。

据推测,木星与太阳极其相似。木星为液体表面,有一个很小的铁硅固体核。其周围有一个巨大的行星环。木星还拥有一个为数众多的卫星群,在结构上也颇似太阳系。因此,通过对木星的研究,能有助于了解太阳的演变和起源。

美国的"先驱者"10 号和 11 号、"旅行者"1 号和 2 号两对空间探测器曾掠过木星,对木星进行详细考察。1972 年 3 月 2 日发射的"先驱者"10 号探测器,于 1973 年 12 月在距木星13 万 km 附近飞过,它在穿过木星云层时拍摄并发回 300 多幅木星及其卫星的照片,提供了木星的第一批近景图像。"先驱者"10 号是首次飞过木星并首次发回木星照片的探测器。它发现木星有辽阔的磁场和巨大的辐射带,分析了木星大气中的气流情况,得知木星由近似于土星光环的昏暗光环环绕,并首次发现木星主要由液体和气体构成。1973年 4 月 5 日"先驱者"11 号探测器升空,1974 年 12 月 5 日它在距木星 4.2 万 km 的木星北极上空掠过,发回了探访木星的一批照片。

1977 年 9 月 5 日发射的"旅行者"1 号探测器,于 1979 年 3 月 5 日到达距木星27.8 万 km的地方,它向地面发回第一批极为清晰的木星彩色照片,并靠近探测了木星的前 5 颗卫星的情况。从照片中显示木星有一个光环系统,它由大量暗黑的碎石块构成,每个石块大小从数十米到数百米,它们绕木星旋转。木星环最明亮部分宽约 6 000 km,厚度不超过30 km,距木星中心 128 000 km。在木星背阳面的照片上,发现了长达 30 000 km 的北极光。木星的大红斑在不停地运动,还有波动的大气环流。在所拍木卫 1 的照片上,第一次看见了地球以外的火山爆发景象,上面没有陨星撞击坑;在木卫 2 上同样看不到大的陨石坑;在木卫 3 上表面有一种因冰壳损坏变形破裂的条带图案,且缺少山脉;木卫 4 上主要由水冰与岩石混合而成;木卫 5 是一块暗红色的大石头,形状很不规则,布满撞击坑,直径大约 150 km。1977 年 8 月 20 日发射的"旅行者"2 号探测器,于 1979 年 7 月 9 日与木星会合,距离最近时超过 64 万 km。从它拍摄回的照片上发现了木星的第 14、15、16 颗卫星,证实了有木星环,木卫 1 上有爆发的活火山,木卫 2、3 和 4 的表面存在水冰等。

经过 10 年的准备,美国于 1989 年 10 月 18 日由阿特兰蒂斯号航天飞机把一个名叫"伽利略"号的木星探测器带上太空并施放入轨。"伽利略"号探测器重 2 550 kg,由轨道器和"神风"号子探测器组成。它在 1995 年 12 月 7 日进入绕木星飞行的轨道进行探测,"神风"号子探测器则于 1995 年 12 月 8 日以 16 万 km/h 的速度冲入木星大气层,收集了木星大气的化学成分、压力、辐射强度、风速、温度、雷电和云层高度等数据。这次探测发现,木星的大气层上层里存在水上升和下降的现象,使紧连着沙漠般干燥的云层里产生雷暴活动。木星大气中有强烈的狂风和湍流,风速为 530 km/h,这可能是由木星深处释放的热量造成的;木星大气比预料的干燥,缺少含水量丰富的云;记录到木卫 1 上一次巨大的火山爆发,最大喷射高度达 500 km,木卫 1 上至少有 8 座活火山;发现木卫 2 上存在着冰山,冰层厚约 97 km,很可能是由看不见的水流动和旋转而形成的,在其冰层下可能存在一个暗海洋,蕴藏的水量可能是地球上总水量的 3 倍;木卫 3 上有一个与行星一样的磁场;在木卫 4 上布满环形山,而且被尘埃覆盖着,并且有一条由 25 个环形山一个扣一个连成的大锁链。

　　1995 年"伽利略"号探测器抵达木星后,一直进行了卓有成效的探测。于是美国宇航局决定将它延期到 2000 年度,使它与 1997 年 10 月升空的"卡西尼"号探测器在木星附近会合,对木星开展一次联合探测,主要研究太阳风对木星周围磁场的影响。

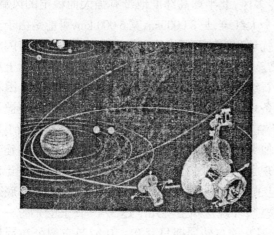
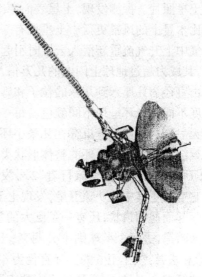

图 18.9　"伽利略"号探测器

18.3.6　土星探测

　　土星是一颗美丽的行星,其质量和体积仅次于木星,保留着大量的太阳系形成时的原始物质。它距地球约 12.7 亿 km,体积是地球的 120 多倍,而质量是地球的 95 倍,特别是它有绚丽多姿的光环。20 世纪 60 年代以前人们一直认为土星有 5 道光环,有 10 颗卫星,其中土卫 6 和地球一样也有大气,是太阳系中惟一有大气的卫星。科学家认为,探测土星及土卫 6,对于了解和认识太阳系的形成和演变历史具有重要意义。

　　迄今只有"先驱者"11 号、"旅行者"1 号和 2 号 3 个探测器飞临土星进行过探测土星的活动。1979 年 9 月 1 日,"先驱者"11 号经过 6 年半的太空旅程,成为第一个造访土星的探测器。它在距土星云顶 20 200 km 的上空飞越,对土星进行了 10 天的探测,发回第一批土星照片。"先驱者"11 号不仅发现了两条新的土星光环和土星的第 11 颗卫星,而且证实土星的磁场比地球磁场强 600 倍。9 月 2 日它第二次穿过土星环平面,并利用土星的引力作用拐向土卫 6,从而探测了这颗可能孕育有生命的星球。

　　1980 年 11 月 12 日,旅行者 1 号从距土星 12 600 km 的地方飞过,一共发回 1 万余幅彩色照片。这次探测不仅证实了土卫 10、11、12 的存在,而且又发现了 3 颗新的土星小卫星。当它距离土卫 6 不到 5 000 km 的地方飞过时,首次探测分析了这颗土星的最大卫星的大气,发现土卫 6 的大气中既没有充足的水蒸气,其表面也没有足够数量的液态水。

　　1981 年 8 月 25 日,"旅行者"2 号从距离土星云顶 10 100 km 的高空飞越,传回 18 000多幅土星照片。探测发现,土星表面寒冷多风,北半球高纬度地带有强大而稳定的风暴,甚至比木星上的风暴更猛。土星也有一个大红斑,长 8 000 km,宽 6 000 km,可能是由于土星大气中上升气流重新落入云层时引起扰动和旋转而形成的。土星光环中不时也有闪电穿过,其威力超过地球上闪电的几万倍乃至几十万倍。它再次证实,土星环有 7 条。土星环是由直径为几厘米到几米的粒子和砾石组成,内环的粒子较小,外环的粒子较大,因粒子密度不同使光环呈现不同颜色。每一条环可细分成上千条大大小小的小环,即使被认为空无一物的卡西尼缝也存在几条小环,在高分辨率的照片中,可以见到 F 环有 5 条小环相互缠绕在一起。土星环的整体形状类似一个巨大的密纹唱片,从土星的云顶一直延伸到 32 万 km 远的地方。"旅行者"2 号发现了土星的 13 颗新卫星,使土星的卫星增至 23颗。它考察了其中的 9 颗卫星,发现土卫 3 表面有一座大的环形山,直径为 400 km,底部向上隆起而呈圆顶状,还有一条巨大的裂缝,环绕这颗卫星几乎达 3/4 周;土卫 8 的一个半球为暗黑,另一个半球则十分明亮;土卫 9 的自转周期只有 9～10 h,与它的公转周期550 天相去甚远;土卫 6 的实际直径为 4 828 km,而不是原来认为的 5 800 km,是太阳系行星中的第二大卫星,它有黑暗寒冷的表面、液氮的海洋和暗红的天空,偶尔洒下几点夹杂着碳氢化合物的氮雨等,这是人类了解生命起源和各种化学反应的理想之处。

　　为了进一步探测土星和揭开土卫 6 的生命之谜,美国与欧空局联合研制了价值连城的"卡西尼"号土星探测器。1997 年 10 月 15 日这个探测器发射升空,开始为期 7 年的漫长旅途。它预计 2004 年飞临土星附近空间,开展长达 4 年的环土星就近探测,并将首次实现在土星的最大卫星土卫 6 上着陆,进行实地考察。"卡西尼"号直径约 2.7 m,总重达6 t,由轨道探测器和着陆器组成。其轨道探测器取名"卡西尼"号,装有 12 种探测仪器;着陆器取名"惠更斯"号,装有 6 台科学仪器。为了加快奔向土星的飞行速度,"卡西尼"号于1998 年 4 月经金星引力变轨,获得第一次加速。随后它绕太阳公转一周,于 1999 年 6 月再次经金星引力变轨,获得第二次加速。同年 8 月,它在地球附近飞过,获得第三次加速。

之后,"卡西尼"号探测器于 2000 年 12 月飞掠木星,得到最后一次加速。它定于 2004 年 7 月飞抵目的地与土星会合,进入环绕土星运行的轨道。同年 11 月,"惠更斯"号着陆器将脱离"卡西尼"号探测器飞向土卫 6,穿过其云层,在土卫 6 上软着陆,然后将探测到的数据通过环绕土星飞行的"卡西尼"号轨道器传回地球。"卡西尼"号进入环绕土星轨道后的任务是:环绕土星飞行 74 圈,就地考察土星大气、大气环流动态,并多次飞临土星的多颗卫星,其中飞掠土卫 6 近旁 45 次,用雷达透过其云气层绘制土卫 6 表面结构图,预计可发回近距离探测土星、土星环和土卫家庭的图像 50 万帧。"惠更斯"号将成为第一个在一颗大行星的卫星上着陆的探测器。它将在 2.5 小时的降落过程中,用所带仪器分析土卫 6 的大气成分,测量风速和探测大气层的悬浮粒子,并在着陆后维持工作状态 1 小时,揭示土卫 6 上是否有水冰冻结的海洋和是否存在某种形态的生命。它所收集到的数据和拍摄的图像通过"卡西尼"号探测器传回地球。

18.3.7　天王星、海王星和冥王星探测

天王星是太阳系的第 7 颗行星,距太阳的平均距离有 29 亿 km。1986 年 1 月 24 日"旅行者"2 号在距天王星 8 万 km 的地方掠过,对它作了 46 天的考察,第一次精确地测得天王星的公转和自转周期,天王星绕太阳公转一周大约相当于 84 个地球年,自转周期是 16.82 h。这次探测超过了自天王星发现以来 205 年积累的成果。

从"旅行者"2 号探测器发回的照片上,科学家发现天王星大气中氦的体积分数约为 10%～15%,其余为氢,还有少量其他气体。大气中有风暴云,南极上空有棕色雾霭,南极高层大气受太阳照射的温度为 1 800 ℃,而处在黑夜中的北极高层大气温度更高,达 2 400 ℃,这与地球上的温度变化正好相反。天王星有扭曲的磁场,有辐射强度与地球相当的辐射带,新发现了 10 颗直径约数 10 km 大小的小卫星,使天王星卫星总数增至 15 颗,天王星至少有 20 条光环,而在地面上只能看见 9 条,这些光环很暗,主要由冰和石块组成。

"旅行者"2 号还发现,天王星的表面被汪洋大海所覆盖,其深度达 8 000 km,温度高达几千摄氏度。由于其海洋上面包围着厚达几千千米的大气层,所以超高温的海水未能沸腾。在天王星的云层中,还发现有向外喷射的气流,大气层中有猛烈的风暴,风速达 1 600 km/h。在它的天空中有奇异的"电辉光",这可能和氢的存在有关。在天王星的卫星中发现,天卫 1 是天王星中最亮的一颗卫星,上面有一条巨大的峡谷;天卫 2 则是天王星中最暗的一颗卫星,上面有两块白斑;天卫 3 上有白色的覆盖物,可能是冰,其地貌以断层和裂谷为特征;天卫 4 上有一片星罗棋布的陨石坑和一座高 6 400 m 的高峰;天卫 5 上有一座 24 km 高的山峰和一个 16 km 深的峡谷。旅行者 2 号揭示了天王星的两个谜:①它的体积是地球的 64 倍,但质量仅为地球的 11.6 倍,这是因为天王星的构成与地球不同,后者以铁石为主,故密度比前者大得多;②天王星的磁场强度很弱,只有地球磁场强度的

1/10,而且它的磁场方向不是朝着星体旋转的轴线,其磁轴偏离它的自转轴55°,这种扭曲的无规则的磁场可能是由它巨大的海洋和岩心缓慢搅动所引起的。科学家据探测结果认为,天王星是由数百万个彗星相结合形成的,这些彗星本是巨大的冰块,但在形成行星过程中受到高压和冲击作用产生高温,使冰球变成了水球。

1989年8月25日,"旅行者"2号探测器飞越海王星,这是人类首次用空间探测器探测海王星。它在距海王星4 827 km的最近点与海王星相会,从而使人类第一次看清了远在距地球45亿km之外的海王星面貌。它发现了海王星的6颗新卫星,使其卫星总数增至8颗。首次发现海王星有5条光环,其中3条暗淡、2条明亮。从"旅行者"2号拍摄的6 000多幅海王星照片中发现,海王星南极周围有两条宽约4 345 km的巨大黑色风云带和一块面积有如地球那么大的风暴区,它们形成了像木星大红斑那样的大黑斑。这块大黑斑沿中心轴向逆时针方向旋转,每转360°需10天。海王星也有磁场和辐射带,大部分地区有像地球南北极那样的极光。海王星的大气层动荡不定,大气中含有由冰冻甲烷构成的白云和大面积气旋,跟随在气旋后面的是时速为640 km的飓风。海王星上空有一层因阳光照射大气层中的甲烷而形成的烟雾。

"旅行者"2号还飞向海卫1进行了考察,发现海卫1确是太阳系中惟一一颗沿行星自转方向逆行的大卫星,也是太阳系中最冷的天体。它比原来想像的更亮、更冷和更小,表面温度为 – 240℃,部分地区被水冰和雪覆盖,时常下雪。上面有3座冰火山,曾喷出过冰冻的甲烷或氮冰微粒,喷射高度有时达32 km。海卫1上可能存在液氮海洋和冰湖,到处都有断层、高山、峡谷和冰川,这表明海卫1上可能发生过类似地震的现象。海卫1上有一层由氮气组成的稀薄大气层,它的极冠被冻结的氮形成一个耀眼的白色世界。

在太阳系的九大行星中,冥王星是20世纪中人类惟一没有就近探测过的一颗行星。1994年哈勃空间望远镜曾拍摄到冥王星的照片,照片清晰地显示了冥王星的表面有12个明暗不同的区域,亮区是因严寒冻结而成的固态氮,暗区系甲烷凝霜所致。它具有类似地球的覆盖着坚冰的两极,确是一个浑圆的球体。自1930年发现冥王星以来,对它的身世和详细情况一直不很清楚,因此在未来空间探测中它将成为人们关注的一个目标。

美国航宇局已计划在冥王星处于在近日点的2010年3月左右,研制发射一个名叫"快车"号的冥王星探测器。这个探测器是一个宽0.5 m的六边形柱体,装有一架探测冥王星地质地形的可见光照相机、一台用于记录高层大气特征的紫外分光仪和一个测量低空大气特征的振荡器等仪器。冥王星探测器的能源由一台放射性同位素发电机提供,总功率65 W。由于冥王星的自转速度太慢,所以需要同时用二个探测器才能对它的全貌进行有效的探测。但只有到这项计划实施之日,人们才能揭开这最后一颗被探测的行星的真实面貌。

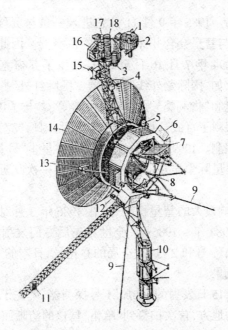

图 18.10 先驱者 10、11 号探测器

1—紫外线频谱仪;2—红外干涉频谱仪;3—光偏振仪;4—低能带电粒子探测器;5—定向用的小发动机;6—防流星屏;7—校准光学仪器的标板;8—轨道修正微型发动机架;9—记录等离子体中波和行星无线电辐射的天线;10—同位素反应器;11—磁力计;12—测量巨大磁场的磁力计;13—太阳敏感器;14—锐向天线反射器;15—宇宙射线探测器;16—等离子体探测器;17—带有广用镜头的电视摄像机;18—带有望远镜头的电视摄像机

18.3.8 彗星探测

彗星是太阳系中一种质量微小的天体,它沿着一定轨道围绕太阳公转。绝大多数彗星远离太阳,少数彗星周期性地飞近太阳。在接近太阳时,彗星结构分为彗头和彗尾,彗头外层是彗发,中间是彗核,有的彗星在彗头外边还有一层彗云,它又叫彗冕。天文学家认为,彗星是自太阳系形成以来早期的遗迹,几十亿年内不受太阳热和引力分解的影响,很少有变化,有一些彗星上可能有外来的有机成分,而数百万个有机分子集合在一起就形成聚合物,变成形成生命所必需的蛋白质、脱氧核糖核酸和核糖核酸分子螺旋体。因此探测彗星,能说明地球上生命的起源。此外,彗星撞击地球会引起灾变,地球上的水也可能来自彗星,探测彗星有助于揭开这些长期令人困惑不解的谜。探测彗星的本质及其组成成分,还可了解太阳风的物理性质和化学成分。

1978 年 8 月美国发射一颗叫作"国际日地探险者"3 号的卫星。其原定任务是观测太阳风,但当它在太空运行 4 年之后,便借助月球重力场的作用,于 1983 年 3 月接受考察贾科比尼－津纳彗星的使命。1985年9月11日它进入一条与贾科比尼－津纳彗星交会的轨道，成为世界上第一个与彗星会合并穿越彗尾的探测器。因此后来将这个探测器改名为"国际彗星探险者"。1994年7月16日至22日发生了苏梅克－利维彗星撞击木星事件，世界上有许多探测器，如"国际紫外线"探测器、"国际红外"探测器和"克莱门汀"号探测器以及哈勃空间望远镜和"伽利略"号木星探测器等，参与了该事件的探测活动。1996年3月哈勃空间望远镜探测了百武彗星。1997年3月4日，"克莱门汀"号探测器对海尔－波普彗星回归进行了探测。1999年2月7日发射的"星尘"号彗星探测器，将于2004年飞抵维尔特2号彗星收集星际尘埃并带回地球，并将第一次从近处看到太阳系中可能存在的原始组成材料。

　　世界上规模最大、影响最大的彗星探测，是在1986年3月对著名的"哈雷"彗星回归所进行的探测活动。从1984年～1986年，全世界先后专门发射了5个"哈雷"彗星探测器，其中有前苏联的"维加"1号和2号、欧空局的乔托号、日本的"先驱"号和"彗星"号，它们都取得了很好的探测成果。

　　前苏联1984年12月15日发射的"维加"1号探测器，率先于1986年3月6日飞到距"哈雷"彗核8 900 km处的地方，首次拍摄到"哈雷"彗核的清晰照片，发现彗核是由冰雪和尘埃粒子构成的"肮脏雪球"。"哈雷"彗核接近太阳时，其中的冰升华为水蒸气，与尘埃一起形成壮观的彗发。1984年12月21日发射的"维加"2号探测器，于1986年3月9日从距"哈雷"彗核8 200 km处拍摄到了更为清晰的照片，发现彗核形状如同花生壳，它长约11 km，宽约4 km。"维加"1号和2号还首次发现"哈雷"彗核中有二氧化碳，并找到了简单的有机分子。这两个彗星探测器测得了彗核表面温度，过去猜测它大约是－50℃，但实际上要比这高出100℃。

　　1985年7月2日欧空局发射的"乔托"号探测器，高2.85 m，直径1.86 m，重960 kg。它于1986年3月14日在距地球1.5亿 km与与"哈雷"彗星会合，并根据"维加"号探测器提供的数据，飞到与"哈雷"彗核相距500 km的地方，拍摄到"哈雷"彗核的第一张照片。在近4 h的近距离飞行中，"乔托"号每秒拍摄一张彩色照片，最终共拍摄到1 480张哈雷彗星照片，收集并发回哈雷彗星的大量宝贵资料。在这次探测中，"乔托"号遭到彗星尘埃的袭击，在68 km/s的穿梭飞行中，通信中断25 min，摄像机镜头被撞坏。在最后2 min时，甚至遭到120次/s的冲击，但幸好仍有50%的仪器能正常工作。"乔托"号拍摄到的照片显示，哈雷彗星有一个明亮的白色内核，周围被代表不同尘埃和离子层的绿色、紫色和红色环状物所环绕。彗核的实际尺寸为15 km×8 km，外形凹凸不平，有两条正在喷射气体和尘埃的喷气流。彗头像一块五彩斑斓的地毯，彗核犹如一个被扭曲的"烧焦的马铃薯"，表面覆盖着一层黑色天鹅绒一样柔软光滑的尘埃。

　　日本于1985年1月8日发射了"先驱"号探测器。1986年3月11日它从距哈雷彗核

700 km 的地方飞过,发现彗核周围发出很强的射电波,这种射电波是太阳风和彗发的离子碰撞所形成的冲击波。1985 年 8 月 15 日,日本又发射了"彗星"号探测器,它于 1986 年 3 月 8 日从距"哈雷"彗核 1.2 亿 km 外拍摄到彗星的氢冕照片,观测到彗发周围直径达 1 000 万 km 以上的氢冕,彗发中的氢原子因散射太阳光中的紫外线而发亮。同时,彗星号还探测到"哈雷"彗发的气体由于紫外线的照射而变化,并沿太阳风运动的磁力线流去,形成离子彗尾。

此外,美国利用"国际日地探险者"3 号卫星改变轨道,在"哈雷"彗星回归时从 3 000 m 以外对"哈雷"彗星的尘埃进行了探测,并观测了太阳风在彗星表面引起的变化。

在彗星探测器中,大都装有摄像机、中子分析仪和离子质量分析仪等探测设备,用以探测彗尾中的等离子体密度、温度和重离子特性等。它还装有变轨发动机,用以改变探测器的轨道,以便拦截彗尾。

18.3.9　太阳探测

太阳犹如是地球的母亲,为地球上的生命提供光和热,哺育万物生长。地球距离太阳尽管有 1.5 亿 km,但太阳上的一些活动,如出现大黑子或耀斑等,也对地球上的生命和人类活动带来严重的影响。

太阳以光辐射形式到达地球大气层外的热能,使地球人类能够繁衍生息,使地球万物生机盎然。太阳的黑子活动,向外发射高能粒子,可引起地球上电离层扰动和磁场爆发;太阳的耀斑爆发所产生的大量紫外线、X 射线、γ 射线和高能带电离子,能扰乱地球磁场,引起磁暴,破坏电离层,造成短波电信中断,伤害地球上的生物和电信设备;太阳上带电粒子流形成的太阳风,会影响地球的气候、短波通信和人造卫星的正常运行。

因此,对太阳及日地空间的探测,不仅有利于加强日地空间物理研究,对认识宇宙有重大意义,而且可为制定航天活动有效的安全防护措施提供可靠的依据,从而推动航天技术和空间资源开发利用的深入发展。

由于大气的阻隔,从地面观测太阳受到很大限制,无法了解太阳电磁辐射的全部情况。20 世纪 60 年代以来,空间探测器以及探测太阳的人造卫星,如太阳辐射监测卫星、轨道太阳观测站、国际日地探险者和太阳峰年探测卫星等,探测了太阳的结构、化学成分、黑子周期、太阳光耀斑和太阳质子事件,监测了太阳发射的 X 射线、紫外线和 γ 射线辐射,研究了太阳活动变化及对地球的影响,获得了一系列探测成果。

1995 年 12 月 2 日,美国和欧空局联合研制的太阳观测卫星(SOHO,其全称为"太阳和日球层观测台")发射升空,开始了一次规模空前的太阳探测活动。

太阳观测卫星总长 3.8 m,重 1 851 kg。它携带有太阳大气遥感仪、太阳风测量仪、太阳震动测量仪三大类 11 种探测仪器,在日地之间的引力平衡点日晕轨道上运行,不受引力干扰,每天 24 小时不间断地工作,探测太阳的内部结构、最外层和太阳风的起源与组成。"太阳观测卫星"升空不久,便捕捉到太阳喷射现象,并拍摄了最清晰的喷射照片。卫星上的光学日冕仪观测到喷射现象持续了 5 小时,喷射的物质首尾相距 56 万 km,喷射的物质达 100 亿 t,主要是氮和氦。它于 1996 年 7 月 9 日观测到太阳上发生的太阳耀斑,伴随有太阳内部的强烈震动,这种日震释放出巨大能量,其强度相当于地球上的 11.3 级大地震。1997 年 8 月"太阳观测卫星"又发现太阳内部有巨大的高温等离子体在其表层下流动,日面下的气流环宽约 2.7 万 km,其移动速度约为 300 km/s。这些气流环有的移向太阳的两极,有的则迁至太阳的赤道。太阳赤道附近的带电气流在日面下方 2.4 万 km 深处流动,范围达 6.4 万 km^2,其速度为 80 km/h,故约需一年时间方能从赤道附近移至两极。这些气流环的运动与这些区域边缘所出现的太阳黑子有着密不可分的关系。

1998 年 4 月,太阳观测卫星发现,在太阳上存在巨大的太阳旋风,其宽度大致相当于地球直径,时速高达 50 万 km,比地球上的龙卷风移动速度高出上千倍。在头两年中,它已探测到 10 多股穿越太阳大气层的旋风,其中多数位于太阳南北两极附近。1999 年初,它又发现了太阳风的源头。太阳风来自太阳表面蜂窝状磁场的边缘,并以 830 km/s 的速度闯入太空。太阳磁场像拉紧的琴弦一样,当被碰撞时便产生震动,而当太阳磁场震动的频率与其周围呈螺旋状运动的带电粒子的频率相同时,带电粒子就会得到巨大的离心加速度,从而风达到惊人的速度。太阳风为太阳大气最外层日冕因高温膨胀不断向外喷射的粒子,喷射现象隔数天发生一次,速度约为 400 km/s,每 2~3 个月有一次奔地球而来。当太阳风掠过地球时,会使地球磁场发生改变,这有可能使地球轨道上的航天器遭到破坏,通信受到干扰,电力供应中断,并对地球环境产生巨大影响。太阳观测卫星原定探测两年,现在探测期限延长到 2003 年,因此它必将还有新的探测成果。

1990 年 10 月 6 日,美国发现号航天飞机携带一个名叫"尤利西斯"号的太阳探测器升空,并把它发射到飞往太阳两极的轨道上进行探测考察。"尤利西斯"号探测器总重 380 kg,其中科学仪器重 55 kg,由九种探测仪器组成。1994 年 6 月 26 日,它飞抵位于黄道面 70° 的太阳南极上空,俯瞰过去人类从未见过的太阳极区景观。它测量了极区磁场的强度和方向,测定了极区太阳风的速度、密度和温度,测定了极区日冕的温度,探测了那里的带电粒子和宇宙线、X 射线等。"尤利西斯"号探测到几个巨型冕洞喷射出的太阳风速度达 800 km/s,相当赤道太阳风速度的 2~3 倍;太阳南极的物质喷发所产生的震波宽度达 1 000 万 km,宇宙线密度比预期的要低,而星际尘的质量则比预期的要大。1995 年 2 月,"尤利西斯"号探测器又穿越黄道面,发回太阳风和磁场分布的探测数据;6 月在飞临太阳北极上空时又探测到了这一极区从未见过的情况。

2000 年又是太阳活动高峰期,并出现强太阳风。为此,欧空局于 2000 年 7~8 月发射 4 颗名叫"团星 23"的科学实验卫星,来测量太阳风对地球的影响。

18.4　探测地外文明

偌大的宇宙空间,除地球上有生命和人类文明以外,是否还存在"外星人"和地外文明? 随着航天科技的发展,人类不断拓展了探索的领域和范围,"外星人"或"宇宙人"成为地球人类寻觅的重要目标。

据科学家分析和计算,以一个星系平均有 300 亿颗恒星作基数,像太阳这样具有行星系统的恒星约占 25%,即有 75 亿颗恒星。如果这些恒星拥有的行星只有 1.7% 才有可能发展成某些"生物圈",那么银河系内就可能有 13 亿颗与地球类似的行星。再考虑到生命进化、文明进化中的其他因素,估计银河系中也应有 3.25 万个与地球生命形态相当的星球。1995 年以来,已陆续找到太阳系以外的行星,并发现 40 种以上的星际分子,其中有不少可成为生命的素材。因此许多科学家认为,宇宙深处有人类的"知音",地外存在"生命交响乐"。但是,"外星人"究竟藏身何处? 他们的生命形态是什么样子的? 地外文明发展到了何种程度? 所有这些问题,都吸引着人们不断地利用航天科技成果去寻觅地外智慧生物和地外文明的踪迹。自 20 世纪 50 年代以来,许多国家就开始利用监听从地球以外传来的无线电波的方法,去寻觅"外星人"的蛛丝马迹。1960 年美国制订了一个"奥兹玛"计划,即利用射电天文台监测宇宙中两个星座的无线电波,但未获得任何结果。1985 年开始实施"米塔"计划,用 840 个无线电频道对宇宙天体进行扫描,其规模相当于一分钟完成 100 万个"奥兹玛"计划。1992 年美国又实施寻找外层空间智慧生物的"凤凰"计划,利用当时最大的天文望远镜和射电望远镜搜索宇宙中各类天体传来的不同波长的无线电信号。此外,美国在 1974 年 11 月还从天文台向宇宙中外星人发了一份二进制编码的报文,传达了地球人类的信息,但至今仍无"知音"。

人类借助空间探测器对太阳系各大行星及其卫星的探测表明,除地球之外,目前没有发现有高等智慧生物存在,但却发现火星、木卫 2 和木卫 6 有存在低级生命的条件。那么,太阳系以外到底有没有高等智慧生物和地外文明? 为了回答这个问题,人类曾派出两对"特使"到浩瀚的宇宙空间去寻找自己的伴侣。

1972 年 3 月 2 日和 1973 年 4 月 5 日,美国相继发射了"先驱者"10 号和 11 号探测器。这对孪生探测器各携带有一张地球人类的"名片"。"名片"是一块镀金铝质金属牌,上面的辐射线代表 14 颗脉冲星,反映地球在银河系中的方位;下边是太阳和它的九大行星,表示太阳系在银河系的位置和太阳系的主要组成;左上方两个用横线连接的圆圈,表示地球上第一号元素氢的分子结构;右边是"先驱者"号探测器的简图和男女地球人,探测器和男女地球人是按比例绘制的,男人招手,表示地球人类向外星人致意,行星间的曲线表示探测器的飞行轨迹,它的出发点是太阳系的第三颗行星——地球。如果银河系中的外星人获得这张"名片",破译了"名片"上的内容,就有可能和地球人取得联系了。

1977 年 8 月 20 日和 9 月 5 日,美国又发射了"旅行者"1 号和 2 号一对孪生探测器。它们携带了一张直径 30.5 cm 的镀金铜质唱片。该唱片密封在一个铝盒内,可以保存 10 亿年。在这张镀金唱片上,一面录制有 116 张照片,一面录有美国总统和联合国秘书长的贺辞、55 种语言的问候语、27 首世界古今乐曲和 35 种自然界声响。

唱片上录制的照片,反映了太阳系的方位、地球人的细胞组成、男女性别、家庭组成和风土人情等,其中包括一张中国的万里长城和一张中国人全家聚餐家宴的照片。

唱片上录制的美国总统签署的电文是:这是一个来自遥远的小小星球的礼物。它是我们的声音、科学、形象、音乐、思想和感情的缩影。我们正在努力使我们的时代幸存下来,使你们能了解我们生活的情况……

在 55 种语言的问候语中,包括汉语的普通话、广东话、厦门语和江浙一带的吴语。在汉语中一位小姐用广东话向外星人问候:"各位都好吗? 祝各位平安、健康、快乐!"接着是一位厦门妇女的口音:"太空朋友,你们好,你们吃过饭了吗? 有空请来这儿坐坐。"吴语的问候话是:"祝你们大家好!"最后是一位男子用普通话说:"各位都好吧! 我们都很想念你们,有空请到这儿来玩!"

其上的 35 种地球上自然界中的声响,包括火山爆发声,滂沱大雨声,海浪波涛声,火车、飞机和汽车轰鸣声,火箭发射隆隆声,婴儿第一次啼哭声,鸟啼虫鸣声等等,表示地球 45 亿年的发展历史。

唱片中的 27 首世界名曲包括中国的京剧唱段和古琴演奏的《高山流水》古典等。

"先驱者"10 号和 11 号、"旅行者"1 号和 2 号,在先后探测了木星、土星、天王星和海王星之后,分别于 1989 年 6 月、1990 年 2 月、1988 年 11 月和 1989 年 10 月越过冥王星轨道,开始飞出太阳系,到银河系去造访"外星人"和地外文明。

附　录

附录一

单级火箭发动机停止工作时的速度为

$$v_b = v_E \cdot l_n \frac{m_0}{m_b} \tag{1}$$

其中 $m_0 = m_s + m_p + m_u$，m_s 为结构质量；m_p 为推进剂质量；m_u 为有效载荷质量；$m_b = m_s + m_u$；v_E 为有效排气速度。

式(1) 可以写为

$$v_b = v_E \ln \frac{m_s + m_p + m_u}{m_s + m_u} = v_E \ln \frac{1 + \dfrac{m_u}{m_s + m_p}}{\dfrac{m_s}{m_s + m_p} + \dfrac{m_u}{m_s + m_p}} \tag{2}$$

当 $m_u = 0$ 时得到极限速度，根据现在用的材料和设计水平 $\dfrac{m_s}{m_s + m_p}$ 达到 0.1 是很不错的，而且 v_E 一般小于 3 000 m/s，于是单级火箭极限速度为

$$v_b = 3\,000 \text{ m/s} \times \ln 10 = 6\,907.6 \text{ m/s}$$

这个值小于第一宇宙速度，于是要发射卫星必须采用二级以上的多级火箭才行。

附录二

式(10.16) 改写为

$$d\theta = \frac{dr}{r^2 \sqrt{\dfrac{2E}{H^2} + \dfrac{2\mu_E}{H^2 r} - \dfrac{1}{r^2}}} \tag{1}$$

取 $\rho = \dfrac{1}{r}$，$dr = -\dfrac{d\rho}{\rho^2}$ 代入式(1) 得

$$d\theta = -\frac{d\rho}{\sqrt{\dfrac{2E}{H^2} + \dfrac{2\mu_E}{H^2}\rho - \rho^2}} = -\frac{d\rho}{\sqrt{\dfrac{2E}{H^2} + \dfrac{\mu_E^2}{H^4} - \left(\rho - \dfrac{\mu_E}{H^2}\right)^2}}$$

两边积分得

$$\theta = \arccos \frac{\rho - \dfrac{\mu_E}{H^2}}{\sqrt{\dfrac{2E}{H^2} + \dfrac{\mu_E^2}{H^4}}}$$

代入 $\rho = \dfrac{1}{r}$ 得

$$\theta = \arccos \frac{\dfrac{1}{r} - \dfrac{\mu_E}{H^2}}{\sqrt{\dfrac{2E}{H^2} + \dfrac{\mu_E^2}{H^4}}}$$

所以

$$\cos \theta = \frac{\dfrac{1}{r} - \dfrac{\mu_E}{H^2}}{\sqrt{\dfrac{2E}{H^2} + \dfrac{\mu_E^2}{H^4}}} \tag{2}$$

整理上式得

$$r = \frac{l}{1 + \sqrt{1 + \dfrac{2EH^2}{\mu_E^2}} \cos \theta} \tag{3}$$

附录三

开普勒(1571～1630)是德国的天文学家及物理学家。他在1609～1618年间发现了行星的运动定律。

参 考 文 献

1　刘育华,金永德编.航天技术概论.哈尔滨:哈尔滨工业大学出版社,1991

2　过崇伟等编著.航空航天技术概论.北京:北京航空航天大学出版社,1992

3　钱振业主编.航天技术概论.北京:宇航出版社,1992

4　杨军主编.导弹控制系统设计原理.西安:西北工业大学出版社,1997

5　方群,袁建平,郑谔编.卫星定位导航基础.西安:西北工业大学出版社,1999

6　袁建平等编.GPS在飞行器定位导航中的应用.西安:西北工业大学出版社,2000

7　娄寿春主编.导弹制导技术.北京:宇航出版社,1989

8　G P 萨登著.火箭发动机.王兴铺,王广经等译.北京:宇航出版社,1992

9　狄连顺,方丁酉,马德义编.火箭发动机原理.长沙:国防科学技术大学出版社,1992

10　Mariette Dichristina.等离子体发动机带你远走高飞.科技新时代.2000(7):44～47

11　栾恩杰总主编.核能(国防科技知识普及丛书).北京:宇航出版社,1999

12　M H 卡普兰著.空间飞行器动力学和控制.凌福根译,胡海昌校.北京:科学出版社,1981

13　钱骥主编.空间技术基础.北京:科学出版社,1986

14　大坪也治等著.宇宙开发と设计技术.日本:大河出版社,1982

15　前田弘著.飞行力学.日本:养贤堂发行,1981

16　俞文鱿,陈守吉著.人造卫星轨道的分析和计算.上海:上海教育出版社,1982

17　河崎俊夫著.宇宙航行の理论と技术.日本:地人书馆,1986

18　斋藤成文等著.宇宙基地と宇宙利用.日本:日经マグロウヒル社,1986

19　王祖温主编.航天科普知识百题.哈尔滨:哈尔滨工业大学出版社,2001

20　任萱主编.军事航天技术.北京:国防工业出版社,1999

21　罗格主编.世界航天器与运载火箭集锦.北京:宇航出版社,2000

22　栾恩杰主编.航天.北京:宇航出版社,1999

23　日本放送協会编.放送卫星技術.日本:田中制本,1982

24　任萱主编.人造地球卫星轨道力学.长沙:国防科技大学出版社,1988

25　Главный редактор В П Глушко. Космонавтика энциклопедия. Москва: Издательство Советская энциклопедия,1985